高等职业教育土木建筑类专业新形态教材

建筑构造

主　编　孟　琳
副主编　蔡　萌　王　晶

北京理工大学出版社
BEIJING INSTITUTE OF TECHNOLOGY PRESS

内 容 提 要

本书根据建筑工程新标准规范进行编写。全书共分为8个模块，主要内容包括建筑构造概论及组成认知、地基与基础构造认知、墙体构造认知、楼地层构造认知、楼梯构造认知、屋面构造认知、门窗构造认知及变形缝构造认知。全书每个模块后均配有模块小结。

本书可作为高等职业院校土木工程类相关专业的教材，也可供建筑工程设计及施工现场技术管理人员工作时参考。

图书在版编目(CIP)数据

建筑构造／孟琳主编.—北京：北京理工大学出版社，2021.1（2021.4重印）

ISBN 978-7-5682-9505-5

Ⅰ.①建…　Ⅱ.①孟…　Ⅲ.①建筑构造　Ⅳ.①TU22

中国版本图书馆CIP数据核字（2021）第019869号

出版发行／北京理工大学出版社有限责任公司
社　　址／北京市海淀区中关村南大街5号
邮　　编／100081
电　　话／（010）68914775（总编室）
　　　　　（010）82562903（教材售后服务热线）
　　　　　（010）68948351（其他图书服务热线）
网　　址／http://www.bitpress.com.cn
经　　销／全国各地新华书店
印　　刷／北京紫瑞利印刷有限公司
开　　本／787毫米×1092毫米　1/16
印　　张／12.5
字　　数／272千字
版　　次／2021年1月第1版　2021年4月第2次印刷
定　　价／36.00元

责任编辑／钟　博
文案编辑／钟　博
责任校对／周瑞红
责任印制／边心超

前　言

本书依据新建筑规范、图集更新了教学内容，主要依据的规范有《民用建筑设计统一标准》（GB 50352—2019）、《建筑模数协调标准》（GB/T 50002—2013）、《屋面工程技术规范》（GB 50345—2012），主要依据的图集有《住宅建筑构造》（11J930）等。

根据“建筑构造”课程在专业中的定位，为满足《建筑与市政工程施工现场专业人员职业标准》（JGJ/T 250—2011）中对建筑工程技术专业施工员、造价员等工种的技能要求，同时为帮助读者获取建筑工程识图职业技能等级证书、建筑信息模型（BIM）职业技能等级证书等相关证书，本书完善和补充了我国当前建筑构造方面的新技术、新材料、新工艺以及建筑设计的新发展动态。

针对“建筑构造”课程的特点，为了使学生更加直观地理解建筑构造，也方便教师讲授，编者以信息化教学模式开发了配套的“线上+线下”资源。线上，读者可以通过中国大学慕课学习平台，观看学习资源，完成相关知识点测试、每个模块测试及期末测试，及时了解学习情况；线下，读者可以通过扫描二维码，随时观看知识点对应的视频、动画、微课。

本书分为8个模块，主要内容包括建筑构造概论及组成认知、地基与基础构造认知、墙体构造认知、楼地层构造认知、楼梯构造认知、屋面构造认知、门窗构造认知及变形缝构造认知。每个模块后都配有模块小结。本书内容按照60～70学时安排。

本书由陕西交通职业技术学院孟琳担任主编，并负责全书的统稿；由马建国际建筑设计顾问有限公司蔡萌、王晶担任副主编。具体编写分工如下：孟琳编写模块1、模块2、模块3、模块5和模块6；蔡萌编写模块4和模块8，并提供部分实例；王晶编写了模块7。

由于编者水平有限，书中难免存在不足和疏漏之处，敬请读者批评指正。

编　者

目 录

模块1 建筑构造概论及组成认知

知识目标

建筑构造的学习内容及学习方法；

建筑的概念；

建筑构成三要素；

建筑的耐久年限、耐火等级、燃烧性能；

建筑基本模数、导出模数、模数数列；

民用建筑构造的组成及其作用；

影响建筑构造的主要因素；

建筑构造的设计原理以及构造构图的表达方法。

能力目标

了解本课程的学习内容、学习方法；

能根据建筑构成三要素分析建筑；

能对民用建筑进行正确分类；

能对建筑按照建筑的等级进行正确划分；

能理解建筑模数概念，识读建筑图纸尺寸；

能识读建筑施工图总说明部分；

能分析建筑构造的组成部分及作用；

能查阅《民用建筑设计统一标准》(GB 50352—2019)、《建筑设计防火规范(2018年版)》(GB 50016—2014)。

1.1 建筑构造的学习内容、学习任务及学习方法认知

1.1.1 建筑构造的学习内容

"建筑构造"课程是建筑工程技术专业核心课程，主要研究建筑构造组成、建筑构造原

理和构造方法，研究对象是建筑物。

(1)建筑构造组成。建筑构造组成研究的是一般民用建筑的各个组成部分及其作用。

(2)建筑构造理论。通过建筑构造理论可了解一般民用建筑各个部分的组成、设计要求。

(3)建筑构造方法。建筑构造方法是在建筑构造原理的指导下，研究如何运用建筑材料和制品构成构件和配件，以及构配件之间连接的方法。

视频：课程介绍

1.1.2 建筑构造的学习任务和学习方法

1. 建筑构造的学习任务

(1)了解民用建筑构造的原则和原理，选择合理的构造方案；

(2)掌握民用建筑构造的基本知识，正确理解构造设计意图；

(3)能按照设计意图识读民用建筑施工图纸，有效地处理建筑中的构造问题，正确组织和指导施工，满足设计要求；

(4)能按照设计意图绘制建筑构造图；

(5)能查阅相关图集、规范。

2. 建筑构造的学习方法

(1)掌握构造规律：从简单、常见的具体构造入手，逐步掌握建筑构造原理和方法的一般规律；

(2)理论联系实际：观察、学习已建或在建工程的建筑构造，了解建筑构造和施工过程；

(3)学会查阅资料：查阅建筑相关规范、图集，收集、阅读有关科技文献和资料，了解建筑构造的工艺、技术和材料，指导工程施工。

1.2 建筑基本构成要素认知

讨论：在日常生活中，人们会接触到各种不同类型的建筑，如教学楼、宿舍楼、办公楼、实训楼、艺术中心、体育馆等，它们的作用和功能是什么呢?

建筑是建筑物和构筑物的总称。建筑物是用建筑材料构筑的空间和实体，供人们居住和进行各种活动的场所(图 1-1)。构筑物是为某种使用目的而建造的、人们一般不直接在其内部生产和生活的工程实体或附属建筑设施(图 1-2)。

建筑是人们为了满足社会生活需要，利用所掌握的物质技术手段，并运用一定的科学规律和美学法则创造的人工空间环境。建筑构成要素主要包括建筑功能、建筑技术条件和建筑形象。

图 1-1　建筑物

图 1-2　构筑物

1. 建筑功能

建筑功能是人们建造房屋的目的和使用要求的综合体现。建筑功能在建筑中起决定性作用，对建筑平面布局组合、结构形式、建筑体型等方面都有极大的影响。人们建筑房屋不仅要满足生产、生活、居住等要求，也要适应社会的需求。各类房屋的建筑功能并不是一成不变的，随着科学技术的发展、经济的繁荣、物质和文化水平的提高，人们对建筑功能的要求也将日益提高。

视频：建筑概述及建筑构成三要素的认知

2. 建筑技术条件

建筑技术条件是实现建筑功能的物质基础和技术条件。物质基础包括建筑材料与制品、建筑设备和施工机具等。技术条件包括建筑设计理论、工程计算理论、建筑施工技术和管理理论等。建筑不可能脱离建筑的物质基础和技术条件而存在，如 19 世纪中叶以前的几千年间，建筑材料一直以砖、瓦、石、木为主，所以古代建筑的跨度和高度都受到限制；19 世纪中叶到 20 世纪初，钢材、水泥等材料、21 世纪膜材料的相继出现，为大力发展高层和大跨度建筑创造了物质技术条件，可以说，高度发展的物质基础和技术条件是现代建筑的一个重要标志。

3. 建筑形象

建筑既是物质产品，又具有一定的艺术形象，不仅用来满足人们的物质功能要求，还应满足人们的精神和审美要求。建筑形象包括建筑内部空间组合、建筑外部体型、立面构图、细部处理、材料的色彩和质感及装饰处理等内容。良好的建筑形象具有较强的艺术感染力，如庄严雄伟、宁静幽雅、简洁明快等，使人获得精神上的满足和享受。另外，建筑形象要反映社会和时代的特点。不同时期、不同地域、不同民族的建筑具有不同的建筑形象，从而形成了不同的建筑风格和特色。

建筑功能、建筑技术、建筑形象三者之间是辩证统一的关系，它们不能分割，但又有主次之分。建筑功能是主导因素，它对建筑的技术条件和建筑形象起决定作用；建筑的技术条件是实现建筑功能的手段，它对建筑功能起制约或促进的作用；建筑形象则是建筑功能、技术和艺术内容的综合表现。

1.3 建筑分类和分级认知

讨论：在建筑施工图设计总说明部分，都会介绍该建筑物的结构或类型，如砖混结构、钢筋混凝土结构、高层建筑等。那么，这些建筑物的结构分类的依据是什么呢？

1.3.1 建筑的分类

1. 按建筑使用性质分类

建筑按使用性质通常分为民用建筑、工业建筑、农业建筑。

(1)民用建筑是供人们居住和进行公共活动的建筑。民用建筑又分为居住建筑和公共建筑。居住建筑是供人们居住使用的建筑，包括住宅、公寓、宿舍等(图 1-3)。公共建筑是供人们进行社会活动的建筑，包括行政办公建筑、文教建筑、科研建筑、托幼建筑、医疗福利建筑、商业建筑、旅馆建筑、体育建筑、展览建筑、文艺观演建筑、邮电通信建筑、园林建筑、纪念建筑、娱乐建筑等(图 1-4～图 1-6)。

微课：民用建筑分类的认知

图 1-3　住宅楼

图 1-4　教学楼

图 1-5　体育场

图 1-6　商场

(2)工业建筑是供人们进行工业生产的建筑，包括生产用建筑及生产辅助用建筑，如工业厂房、动力配备间、机修车间、锅炉房、车库、仓库等(图 1-7)。

(3)农业建筑是供人们进行农牧业种植、养殖、贮存等活动的建筑，以及农业机械用建筑，如种植用的温室大棚、养殖用的鱼塘和畜舍、贮存用的粮仓等(图 1-8)。

图 1-7　工业厂房

图 1-8　温室大棚

2. 按层数分类

建筑层数是房屋建筑的一项非常重要的控制指标，但必须结合建筑总高度综合考虑。根据《民用建筑设计统一标准》(GB 50352—2019)，民用建筑按地上层数或高度分别有如下分类：

(1)一般建筑：

①建筑高度不大于 27.0 m 的住宅建筑、建筑高度不大于 24.0 m 的公共建筑及建筑高度大于 24.0 m 的单层公共建筑为低层或多层民用建筑。

②建筑高度大于 27.0 m 的住宅建筑和建筑高度大于 24.0 m 的非单层公共建筑，且高度不大于 100.0 m 的为高层民用建筑。

③建筑高度大于 100.0 m 的为超高层建筑。

注：建筑防火设计应符合国家标准《建筑设计防火规范(2018 年版)》(GB 50016—2014)有关建筑高度和层数计算的规定。

(2)其他民用建筑：根据《建筑设计防火规范(2018 年版)》(GB 50016—2014)的规定，民用建筑根据其建筑高度和层数可分为单层民用建筑、多层民用建筑和高层民用建筑。高层民用建筑根据其建筑高度、使用功能和楼层的建筑面积可分为一类和二类。民用建筑的分类须符合表 1-1 的规定。

①单层建筑：建筑层数为 1 层。

②多层建筑：建筑高度不大于 24 m 的非单层建筑，一般为 2～6 层。

③高层建筑：建筑高度大于 24 m 的非单层建筑。

④超高层建筑：建筑高度大于 100 m 的高层建筑。

表 1-1　民用建筑的分类

名称	高层民用建筑		单、多层民用建筑
	一类	二类	
住宅建筑	建筑高度大于 54 m 的住宅建筑(包括设置商业服务网点的住宅建筑)	建筑高度大于 27 m，但不大于 54 m 的住宅建筑(包括设置商业服务网点的住宅建筑)	建筑高度不大于 27 m 的住宅建筑(包括设置商业服务网点的住宅建筑)
公共建筑	1. 建筑高度大于 50 m 的公共建筑； 2. 建筑高度 24 m 以上部分任一楼层建筑面积大于 1 000 m^2 的商店、展览、电信、邮政、财贸金融建筑和其他多种功能组合的建筑； 3. 医疗建筑、重要公共建筑； 4. 省级及以上的广播电视和防灾指挥调度建筑、司局级和省级电力调度建筑； 5. 藏书超过 100 万册的图书馆、书库	除一类高层公共建筑外的其他高层公共建筑	1. 建筑高度大于 24 m 的单层公共建筑； 2. 建筑高度不大于 24 m 的其他公共建筑

3. 按承重结构的材料分类

建筑按承重结构的材料一般分为以下六类：

(1)木结构。木结构是指单纯由木材或主要由木材承受荷载的结构，通过各种金属连接件或榫卯手段进行连接和固定。我国古代庙宇、宫殿、民居等建筑多采用木结构(图 1-9)。木结构建筑具有易燃烧、易腐蚀、耐久性差等缺陷，单纯的木结构建筑在我国已极少新建。

图 1-9　木结构

(2)砖石结构。砖石结构是指用砖石块材与砂浆配合砌筑而成的建筑。我国古建筑以木结构建筑为主，砖石材料只在少数建筑中有所使用。西方古建筑主要是砖石结构，我国砖石结构建筑有赵州桥、长城等，如图 1-10 所示。

(3)砖混结构。砖混结构的竖向承重构件是墙体、柱子等，水平承重构件为钢筋混凝土楼板及屋面板。这种结构一般用于多层建筑，如图 1-11 所示。

(4)钢筋混凝土结构。钢筋混凝土结构是由钢筋和混凝土两种材料结合成整体共同受力的工程结构。这种结构的竖向承重构件和水平承重构件均采用钢筋混凝土制作，施工时可以在现场浇筑，或在加工厂预制，在现场吊装。这种结构可以用于多层和高层建筑。钢筋混凝土结构具有整体性好、抗震性能良好、耐火性好、可模性好、比钢结构节约钢材等优点，也具有施工周期长、自重大、易开裂等缺点。钢筋混凝土结构是我国目前应用最广泛的结构形式。

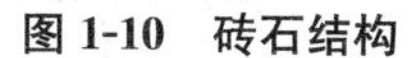

图 1-10　砖石结构

图 1-11　砖混结构

(5)钢结构。钢结构是以型钢等钢材作为建筑承重骨架的建筑。这种结构具有强度高、质量小、抗震性能好、布局灵活、便于制作和安装、施工速度快等特点，适宜超高层和大跨度建筑采用。随着我国高层、大跨度建筑的发展，采用钢结构的趋势正在增长，轻钢网架结构在多层建筑中的应用日益增多，如图 1-12 所示。

图 1-12　轻钢网架结构

(6)特种结构。特种结构又称为空间结构，包括悬索、网架、拱、壳体等结构形式。这种结构多用于大跨度的公共建筑。

4. 按施工方法分类

施工方法是指建筑房屋所采用的方法，它分为以下三类：

(1)现浇现砌式(图 1-13)。主要构件在施工现场砌筑(如砖墙等)或浇筑(如钢筋混凝土构件等)。

(2)预制装配式(图 1-14)。主要构件在加工厂预制，在施工现场进行装配。

(3)部分现浇现砌、部分装配式。部分构件在现场浇筑或砌筑(大多为竖向构件)，部分构件为预制吊装(大多为水平构件)。

图 1-13 现浇现砌式

图 1-14 预制装配式

5. 按建筑规模和建造数量分类

建筑按建筑规模和建造数量可分为大量性建筑(图 1-15)和大型性建筑(图 1-16)。

(1)大量性建筑是指量大面广，与人民的生活、生产密切相关的建筑，如住宅、幼儿园、学校、商店、医院、中小型厂房等。这些建筑在城市和乡村都是不可缺少的，因建造数量很大，故称为大量性建筑。

(2)大型性建筑是指规模宏大、耗资较多的建筑，如大型体育馆、大型影剧院、大型车站、航空港、展览馆、博物馆等。这类建筑与大量性建筑相比，虽然建造数量有限，但对城市的景观和面貌影响较大。

图 1-15 大量性建筑

图 1-16 大型性建筑

1.3.2 民用建筑的等级划分

民用建筑的等级主要是从工程设计等级、建筑使用年限及耐火等级三个方面划分的。

1. 民用建筑按工程设计等级分

民用建筑按工程设计等级的不同可划分为特级、一级、二级和三级(表 1-2)，它是基本建设投资和建筑设计的重要依据。

表 1-2　民用建筑工程设计等级分类

类型与特征工程等级		特级	一级	二级	三级
一般公共建筑	单体建筑面积	>8 万 m^2	≥2 万 m^2 ≤8 万 m^2	≥0.5 万 m^2 ≤2 万 m^2	≤0.5 万 m^2
	立项投资	>20 000 万元	>4 000 万元 ≤20 000 万元	>1 000 万元 ≤4 000 万元	≤1 000 万元
	建筑高度	>100 m	>50 m ≤100 m	>24 m ≤50 m	≤24 m(砌体建筑不得超过抗震规范高度限值要求)
住宅、宿舍	层数		20 层以上	12<层数≤20	≤12 层

2. 按建筑使用年限分类

建筑耐久等级的指标是建筑使用年限。建筑使用年限的长短是由建筑的性质决定的。《民用建筑设计统一标准》(GB 50352—2019)对建筑使用年限作了规定，见表 1-3。

表 1-3　按建筑等级划分的使用年限

类别	设计使用年限/年	示例
1	5	临时性建筑
2	25	易于替换结构构件的建筑
3	50	普通建筑物和构筑物
4	100	纪念性建筑和特别重要的建筑

3. 按建筑的耐火等级分类

建筑的耐火等级是衡量建筑耐火程度的标准。划分耐火等级是《建筑防火设计规范(2018 年版)》(GB 50016—2014)中规定的防火技术措施中最基本的措施之一。为了提高建筑对火灾的抵抗能力，在建筑构造上采取措施对控制火灾的发生和蔓延就显得非常重要。《建筑设计防火规范(2018 年版)》(GB 50016—2014)根据建筑材料和构件的燃烧性能及耐火极限，把建筑的耐火等级分为四级。

(1)燃烧性能。燃烧性能是指建筑构件在明火或高温辐射情况下是否能燃烧，以及燃烧的难易程度。建筑构件按燃烧性能分为不燃烧体、难燃烧体和燃烧体。

①不燃烧体指用不燃烧材料制成的构件。不燃烧材料在空气中受到火烧或高温作用时不起火、不微燃、不碳化，如金属材料(钢材)、无机矿物材料(天然石材、混凝土)等。

②难燃烧体指用难燃烧材料制成的构件或用燃烧材料做成而用不燃烧材料作保护层的

构件。难燃烧材料在空气中受到火烧或高温作用时难燃烧、难碳化，离开火源后，燃烧或微燃立即停止，如沥青混凝土、板条抹灰、水泥刨花板、经防火处理的木材等。

③燃烧体指用燃烧材料制成的构件。燃烧材料在空气中受到火烧或高温作用时，立即起火或燃烧，且离开火源继续燃烧或微燃，如木材、胶合板等。

(2)耐火极限。建筑构件的耐火极限是指对任一建筑构件按时间-温度标准曲线进行耐火试验，从受到火的作用时起，到失去支持能力或完整性被破坏或失去隔火的作用时为止的时间，用小时(h)计算。

建筑物的耐火等级分为四级，我国《建筑设计防火规范(2018 年版)》(GB 50016—2014)规定，不同耐火等级建筑主要构件的燃烧性能和耐火极限不应低于表 1-4 所示的规定。通常具有代表性的、性质重要的或规模宏大的建筑按一、二级耐火等级进行设计；大量性或一般建筑按二、三级耐火等级进行设计；很次要的或临时建筑按四级耐火等级设计。

表 1-4　建筑构件的燃烧性能和耐火极限　　h

构件名称		耐火等级			
		一级	二级	三级	四级
墙	防火墙	不燃性 3.00	不燃性 3.00	不燃性 3.00	不燃性 3.00
	承重墙	不燃性 3.00	不燃性 2.50	不燃性 2.00	难燃性 0.50
	非承重外墙	不燃性 1.00	不燃性 1.00	不燃性 0.50	可燃性
	楼梯间和前室的墙、电梯井的墙、住宅建筑单元之间的墙和分户墙	不燃性 2.00	不燃性 2.00	不燃性 1.50	难燃性 0.50
	疏散走道两侧的隔墙	不燃性 1.00	不燃性 1.00	不燃性 0.50	难燃性 0.25
	房间隔墙	不燃性 0.75	不燃性 0.50	难燃性 0.50	难燃性 0.25
柱		不燃性 3.00	不燃性 2.50	不燃性 2.00	难燃性 0.50
梁		不燃性 2.00	不燃性 1.50	不燃性 1.00	难燃性 0.50
楼板		不燃性 1.50	不燃性 1.00	不燃性 0.50	可燃性
屋顶承重构件		不燃性 1.50	不燃性 1.00	可燃性 0.50	可燃性
疏散楼梯		不燃性 1.50	不燃性 1.00	不燃性 0.50	可燃性
吊顶(包括吊顶格栅)		不燃性 0.25	难燃性 0.25	难燃性 0.15	可燃性

1.4　建筑模数认知

讨论：图 1-17 是某建筑中某一种门窗详图，请仔细观察图中尺寸，它有什么特点和规律?

为了保证建筑设计标准化和构配件生产工厂化，建筑物及其各组成部分的尺寸必须统一协调，因此，我国制定了《建筑模数协调标准》(GB/T 50002—2013)作为建筑设计的依据。

1.4.1 建筑模数的概念

建筑模数是选定的标准尺度单位，是建筑物、建筑构配件、建筑制品以及有关设备尺寸相互协调的基础(图 1-17)。

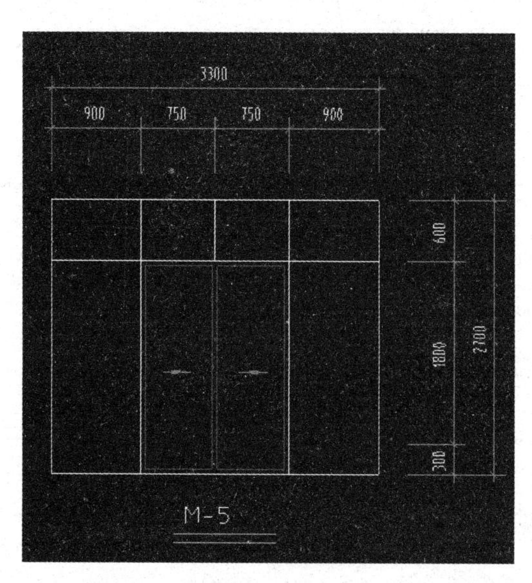

图 1-17 门窗详图

1.4.2 建筑模数的类型

1. 基本模数

基本模数是模数协调中选用的基本尺寸单位，其数值为 100 mm，符号为 M，即 1 M=100 mm。整个建筑物及其一部分或建筑组合构件的模数化尺寸应为基本模数的倍数。

2. 导出模数

导出模数是在基本模数的基础上发展的相互之间存在某种内在联系的模数，包括扩大模数和分模数两种。

(1)扩大模数。扩大模数是基本模数的整数倍数。

水平扩大模数基数为 2M、3M、6M、12M、15M、30M、60M，其相应的尺寸分别是 200 mm、300 mm、600 mm、1 200 mm、1 500 mm、3 000 mm、6 000 mm，主要适用于建筑物的开间或柱距、进深或跨度、构配件尺寸和门窗洞口尺寸。

竖直扩大模数基数为 3M、6M，其相应的尺寸分别是 300 mm、600 mm，主要适用于建筑物的高度、层高、门窗洞口尺寸。

(2)分模数。分模数是整数除基本模数的数值。分模数基数为 M/10、M/5、M/2，其相应的尺寸分别是 10 mm、20 mm、50 mm，主要适用于缝隙、构造节点、构配件断面尺寸。

1.4.3 模数数列

模数数列是以选定的模数基数为基础而展开的模数系统，它可以保证不同建筑及其组成部分之间尺度的统一协调，有效减少建筑尺寸的种类，并确保尺寸具有合理的灵活性。模数数列根据建筑空间的具体情况拥有各自的适用范围，建筑的所有尺寸除特殊情况之外，均应满足模数数列的要求，见表 1-5。

表 1-5 我国现行的模数数列

模数名称	基本模数	扩大模数						分模数		
模数基数	1M	3M	6M	12M	15M	30M	60M	1/10M	1/5M	1/2M
基数数值	100	300	600	1 200	1 500	3 000	6 000	10	20	50
模数数列	100	300						10		
	200	600	600					20	20	
	300	900						30		
	400	1 200	1 200	1 200				40	40	
	500	1 500			1 500			50		50
	600	1 800	1 800	1 800				60	60	
	700	2 100						70		
	800	2 400	2 400	2 400				80	80	
	900	2 700						90		
	1 000	3 000	3 000		3 000	3 000		100	100	100
	1 100	3 300						110		
	1 200	3 600	3 600	3 600				120	120	
	1 400	3 900						130		
	1 500	4 200	4 200	4 200				140	140	
	1 600	4 500			4 500			150		150
	1 800	4 800	4 800	4 800				160	160	
	1 900	5 100						170		
	2 000	5 400	5 400					180	180	
	2 100	5 700						190		
	2 200	6 000	6 000	6 000	6 000	6 000	6 000	200	200	200

续表

模数名称	基本模数	扩大模数						分模数		
模数数列	2 400	6 300							220	
	2 500	6 600							240	
	2 600	6 900								250
	2 700	7 200	7 200	7 200					260	
	2 800	7 500							280	
	2 900		7 800						300	300
	3 000		8 400	8 400					320	
	3 100		9 000			9 000			340	
	3 200		9 600	9 600						
	3 300					10 500			360	350
	3 400			10 800					380	
	3 500			12 000	12 000	12 000	12 000		400	400
	3 600									
应用范围	主要用于建筑物层高、门窗洞口和构配件截面	1. 主要用于建筑物的开间或柱距、进深或跨度、层高、构配件截面尺寸和门窗洞口等处； 2. 扩大模数 30M 数列按 3 000 mm 进级，其幅度可增至 360M；60M 数列按 6 000 mm 进级，其幅度可增至 360M						1. 主要用于缝隙、构造节点和构配件截面等处； 2. 分模数 1/2M 数列按 50 mm 进级，其幅度可增至 10M		

(1)模数数列应根据功能性和经济性原则确定。

(2)建筑物的开间或柱距，进深或跨度，梁、板、隔墙和门窗洞口宽度等分部件的截面尺寸宜采用水平模数和水平扩大模数数列，且水平扩大模数数列宜采用 2M、3M(M 为自然数)。

(3)建筑物的高度、层高和门窗洞口高度等宜采用竖向基本模数和竖直扩大模数数列，且竖直扩大模数数列宜采用 1M。

(4)构造节点和分部件的接口尺寸等宜采用分模数数列，且分模数数列宜采用 M/10、M/5、M/2。

1.4.4 模数协调应用规定

(1)模数协调利用模数数列调整建筑与部件或分部件的尺寸关系，减少种类，优化部件或分部件的尺寸。

(2)部件与安装基准面关联到一起时，应利用模数协调明确各部件或分部件的位置，使设计、加工及安装等各个环节的配合简单、明确，达到高效率和经济性。

(3)主体结构部件和内装、外装部件的定位可通过设置模数网格来控制，并应通过部件安装接口要求进行主体结构，内装、外装部件和分部件的安装。

1.5 民用建筑构造的构造组成及设计原则认知

微课：民用建筑构造的认知

讨论：在日常工作、生活、学习中，我们接触的各种建筑物的构造组成有哪些？它们是否相同？

1.5.1 民用建筑的构造组成及作用

民用建筑一般由基础、墙(或柱)、楼地层(楼板层和地坪层)、楼梯、屋顶、门和窗六大部分所组成，如图 1-18 所示。

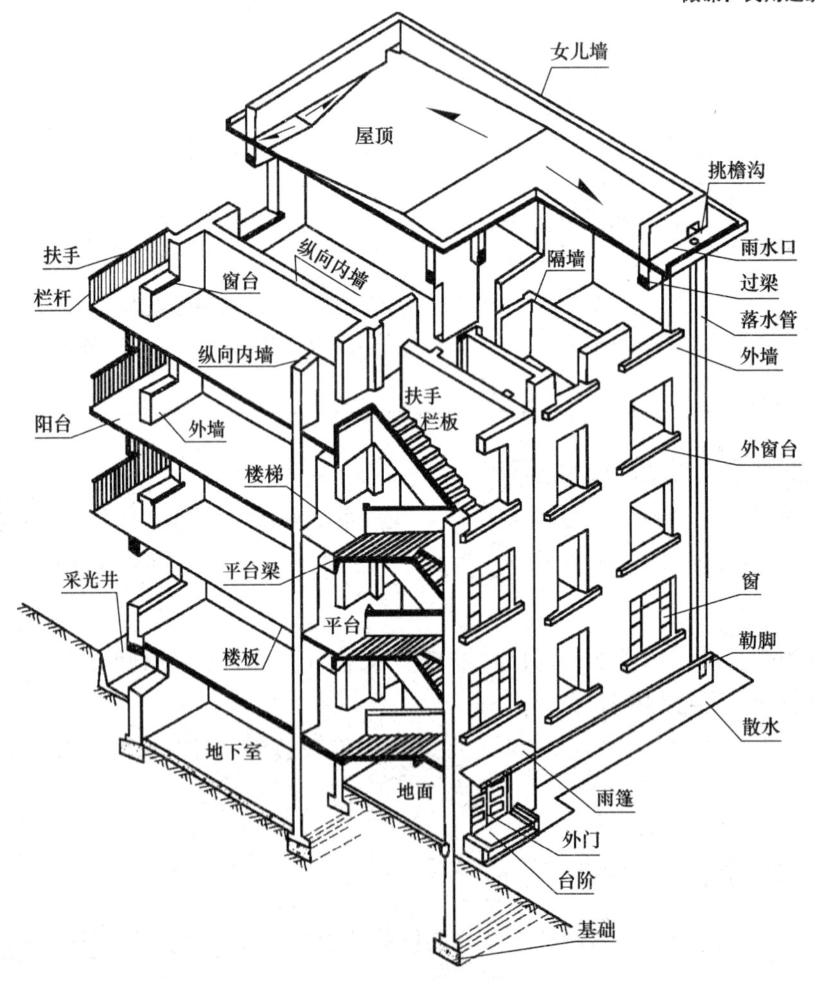

图 1-18　民用建筑的构造组成

1. 基础

基础是建筑物最下部的承重构件，其作用是承受建筑物的全部荷载，并将这些荷载传给地基。基础必须具有足够的强度、刚度和耐久性，并能抵御地下各种有害因素的侵蚀。

2. 墙(或柱)

墙(或柱)是建筑物的承重构件和围护构件。

墙体作为围护构件的外墙，其作用是抵御自然界各种因素对室内的侵袭；内墙主要起分隔空间及保证环境舒适的作用。框架或排架结构的建筑物中，柱起承重作用，墙仅起围护作用。墙体应具有足够的强度、稳定、保温、隔热、防水、防火、耐久及经济等性能。

柱是框架或排架等以骨架结构承重的建筑物的竖向承重构件，承受屋顶和楼板层传来的各种荷载，并进一步传递给基础，要求具有足够的强度、刚度、稳定性。

3. 楼地层

楼地层指楼板层和地坪层。楼板层是水平方向的承重构件，按房间层高将建筑物沿竖直方向分为若干层；楼板层承受家具、设备和人体荷载以及本身的自重，并将这些荷载传给墙(或柱)，同时对墙体起着水平支撑的作用。因此，要求楼板层具有足够的抗弯强度、刚度和隔声、防潮、防水的性能。

地坪层是底层房间与地基土层相接的构件，它承担着底层房间的地面荷载，故除要求具有承受底层房间荷载的作用外，还要求具有耐磨、防潮、防水、防尘和保温的性能。

4. 楼梯

楼梯是建筑的垂直交通设施，供人们上下楼层和紧急疏散之用。要求楼梯具有足够的通行能力，并且防滑、防火，能保证安全使用。目前，我国许多高层建筑或大型建筑的竖向交通主要依靠电梯、自动扶梯等设备解决，但楼梯作为安全通道仍是不可或缺的组成部分，在建筑设计中不容忽视。

5. 屋顶

屋顶是建筑物顶部的围护构件和承重构件，用于抗风、雨、雪、霜、冰雹等的侵袭和太阳辐射热的影响，还要承受风雪荷载及施工、检修等屋顶荷载，并将这些荷载传给墙(或柱)，故屋顶应具有足够的强度，刚度及防水、保温、隔热等性能。在建筑设计中，屋顶的造型、檐口、女儿墙的形式等，对建筑的体型和立面形象具有较大的影响。

6. 门和窗

门和窗均属于非承重构件，也称为配件。门主要供人们出入、内外交通和分隔房间。窗主要起通风、采光、分隔、眺望等作用。处于外墙上的门窗又是围护构件的一部分，要满足热工及防水的要求，某些有特殊要求房间的门和窗应具有保温、隔声、防火的能力。

建筑物除上述六大基本组成部分以外，具有不同使用功能的建筑物还有许多特有的构件和配件，如阳台、雨篷、台阶、排烟道等。

1.5.2　民用建筑构造的影响因素及设计原则

1. 民用建筑构造的影响因素

民用建筑构造的影响因素，归纳起来主要有外界环境因素、建筑技术条件因素和经济条件因素。

(1)外界环境因素。外界环境因素包括各种自然条件和人为因素，归纳起来大致可分为以下三个方面：

①外力作用。作用在建筑上的各种外力统称为荷载。荷载可分为恒荷载(如结构自重)和活荷载(如人群、家具、风雪及地震荷载)两类。荷载的大小是建筑结构设计的主要依据，也是结构选型及构造设计的重要基础，起着决定构件尺度大小、用料多少的重要作用。

在荷载中，风力的影响不可忽视，风力往往是高层建筑水平荷载的主要影响因素，风力随高度不同而变化，特别在沿海、沿江地区，对高层建筑水平荷载影响更大。此外，地震力是目前自然界中对建筑影响最大的一种因素。地震时，建筑质量越大，受到的地震力也越大。我国是地震多发国家，地震带分布相当广泛，在建筑构造设计中，必须根据各地区的实际情况设防。

②气候条件。我国各地区地理位置及环境不同，气候条件有许多差异。太阳的辐射热，自然界的风、雨、雪、霜、地下水等构成了影响建筑的多种因素。在进行建筑构造设计时，应针对建筑所受影响的性质与程度，对各有关构配件及部位采取必要的防范措施，如防潮、防水、保温、隔热设计，设伸缩缝、隔蒸汽层等，防患于未然。

③各种人为因素。建筑往往受到火灾、爆炸、机械振动、化学腐蚀、噪声等人为因素的影响。在进行建筑构造设计时，必须针对这些影响因素，采取相应的防火、防爆、防振、防腐、隔声等构造措施，以防止建筑遭受不应有的损失。

(2)建筑技术条件因素。由于建筑材料日新月异，建筑结构技术持续发展，建筑施工技术不断进步，建筑构造技术也更加丰富多彩。例如悬索、薄壳、网架等空间结构建筑，点式玻璃幕墙，采用彩色铝合金等新材料的吊顶，采光天窗中庭等现代建筑设施大量涌现。随着科学技术的不断发展，建筑新材料、新工艺、新技术等不断出现，相应地促进了建筑构造技术的不断进步，促使建筑朝大空间、大跨度、大体量的方向发展，涌现出一批现代建筑。建筑构造没有一成不变的固定模式，在建筑构造设计中要以建筑构造原理为基础，在利用原有的、标准的、典型的建筑构造的同时，不断发展或创造新的建筑构造方案。

(3)经济条件因素。随着建筑技术的不断发展和人们生活水平的日益提高，人们对建筑的使用要求也越来越高。建筑标准的变化使建筑质量标准、建筑造价等也出现较大差别，对建筑构造的要求也将随着经济条件的改变而改变。

2. 民用建筑构造的设计原则

设计民用建筑时，在满足建筑物各项功能要求的前提下，必须综合运用有关技术知识，并遵循以下设计原则：

(1)满足建筑使用功能要求。建筑的使用性质和所处条件、环境不同，对建筑构造设计的要求也不同。如北方地区要求建筑在冬季能保温，南方地区要求建筑能通风隔热，影剧院要求考虑吸声、隔声等需求，影剧院、音乐厅要求满足视听要求。在进行建筑构造设计时，必须满足使用功能要求。

(2)有利于结构安全。建筑除按荷载大小及结构要求确定构件的基本断面尺寸外，对阳台、楼梯栏杆、顶棚、门窗与墙体的连接以及抗震加固构配件的构造设计，都必须采取必要的措施，以保证建筑和构配件在使用时的安全。

(3)适应建筑工业化的需要。为了提高建设速度、改善劳动条件、保证施工质量，在进行建筑构造设计时，应大力改进传统的建筑方式，在材料、结构、施工等方面引入先进技术，采用标准设计和定型构件，并注意因地制宜，为构配件生产的工厂化、现场施工的机械化创造有利条件，以适应建筑工业化的需要。

(4)提高建筑经济的综合效益。各种建筑构造设计均要注重提高建筑的综合效益，即经济、社会和环境三方面的效益。在经济上既要降低建筑造价、节省材料能源消耗，还要有利于减少正常运行、维护和管理的费用。在合理降低造价的同时，必须保证工程质量，不能单纯追求效益而偷工减料，降低质量标准。

(5)形象美观。建筑的形象除了取决于建筑设计中的体型组合和立面处理外，一些建筑细部的构造设计对整体美观也有很大影响。为此，建筑构造方案还要考虑其造型、尺度、质感、色彩等艺术和美观问题。

总之，在建筑构造设计中，全面考虑功能适用、坚固耐久、技术先进、经济合理、美观大方是最基本的原则。

1.6 建筑构造详图的表达认知

讨论：在建筑施工图中，你见过哪些建筑构造详图？它们反映了建筑构造的哪些内容？

在建筑施工图中，由于平面图、立面图、剖面图所用的比例较小，建筑的细部构造无法清楚表示。为了满足施工的需要，必须分别将其形状、尺寸、材料、做法等用较大的比例详细画出图样，这种图样称为构造详图。其比例常采用1∶1、1∶2、1∶5、1∶10、1∶20、1∶30六种，构造详图中除了构件形状和必要的图例外，还应该标明相关的尺寸以及所用的材料、级配、厚度和做法。

1.6.1 构造详图的索引方法

构造详图一般用索引符号注明详图的位置、详图的编号以及详图所在的图纸编号。索引符号有详图索引符号、局部剖切索引符号和详图符号3种。

1. 详图索引符号

按规定，详图索引符号的圆和引出线均应以细实线绘制，圆直径为10 mm。引出线应对准圆心，圆内过圆心画一水平线，上半圆中用阿拉伯数字注明该详图的编号，下半圆中用阿拉伯数字注明该详图所在图纸的图纸号，如图 1-19(a)所示。如果详图与被索引的图样在同一张图纸内，则在下半圆中间画一水平细实线，如图 1-19(b)所示。索引出的详图如采用标准图，应在详图索引符号水平直径的延长线上加注该标准图册的编号，如图 1-19(c)所示。

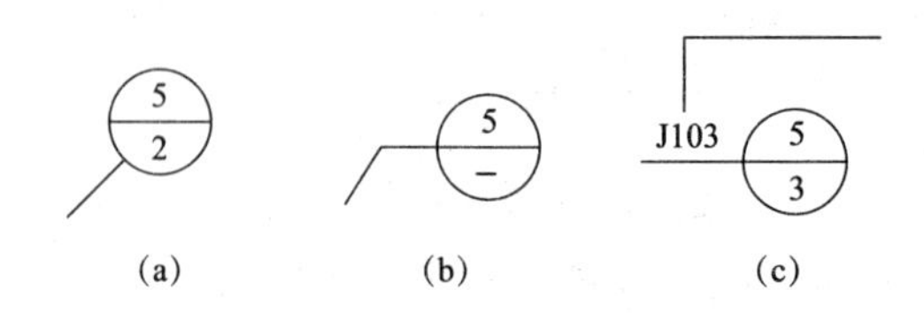

图 1-19　详图索引符号

(a)详图与被索引图不在同一张图纸上；(b)详图与被索引图在同一张图纸上；(c)采用标准圆的详图

2. 局部剖切索引符号

当索引符号用于索引剖面详图时，应在被剖切的部位绘制剖切位置线，并且以引出线引出索引符号，索引线所在一侧为剖视方向，引出线所在一侧为投射方向，如图 1-20 所示。局部剖切索引符号用于索引剖面详图，它与详图索引符号的区别在于增加了剖切位置线，图中用粗短线表示。

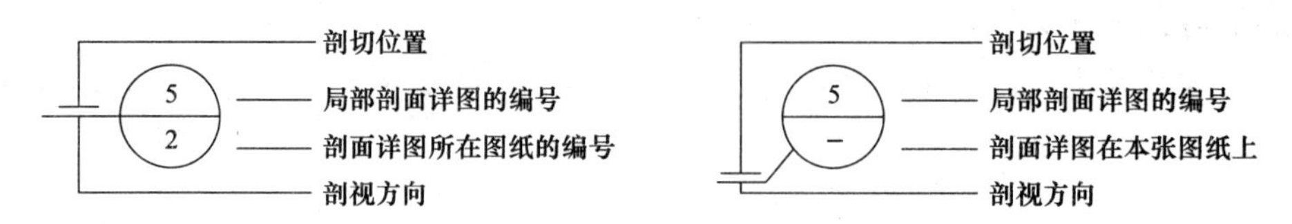

图 1-20　局部剖切索引符号示意

3. 详图符号

索引出的详图画好之后，应在详图下方编上号，称为详图符号。详图符号用一个粗实线圆绘制，直径为 14 mm。详图与被索引的图样同在一张图纸上时，应在详图符号内用阿拉伯数字注明详图编号；不在同一张图纸上时，可用细实线在详图符号内画一水平直径，在上半圆中注明详图编号，在下半圆中注明被索引图纸的图纸号，如图 1-21 所示。

图 1-21　详图符号示意

1.6.2　常用建筑材料图例

建筑的各专业对其图例都有明确的规定，采用一系列的图形符号代表建筑构配件、卫生设备、建筑材料等，部分图例见表 1-6。

表 1-6　常用建筑材料图例

序号	名称	图例	备注
1	自然土壤		包括各种自然土壤
2	夯实土壤		—
3	砂、灰土		靠近轮廓线绘较密的点
4	砂砾石、碎砖三合土		—
5	石材		—
6	毛石		—
7	普通砖		包括实心砖、多孔砖、砌块等砌体。断面较窄不易绘出图例线时，可涂红

1.6.3　建筑构件的尺寸

为了保证建筑构配件的安装与有关尺寸相互协调，在建筑模数协调中把尺寸分为标志尺寸、构造尺寸和实际尺寸。

1. 标志尺寸

标志尺寸符合模数数列的规定，用以标注建筑物定位轴面、定位面或定位轴线、定位线之间的垂直距离以及建筑构配件、建筑组合件、建筑制品、有关设备界限之间的尺寸。

2. 构造尺寸

构造尺寸是指建筑构配件、建筑组合件、建筑制品等的设计尺寸，一般情况下，标志尺寸减去缝隙尺寸或加上支承程度为构造尺寸，即构造尺寸＝标志尺寸－缝隙尺寸。缝隙尺寸的大小应符合模数数列的规定。

构造尺寸与标志尺寸的关系如图 1-22 所示。

3. 实际尺寸

实际尺寸是指建筑构配件、建筑组合件、建筑制品等生产后的实际尺寸，实际尺寸与构造尺寸的差数应符合建筑公差的规定。

实际尺寸＝构造尺寸±允许偏差

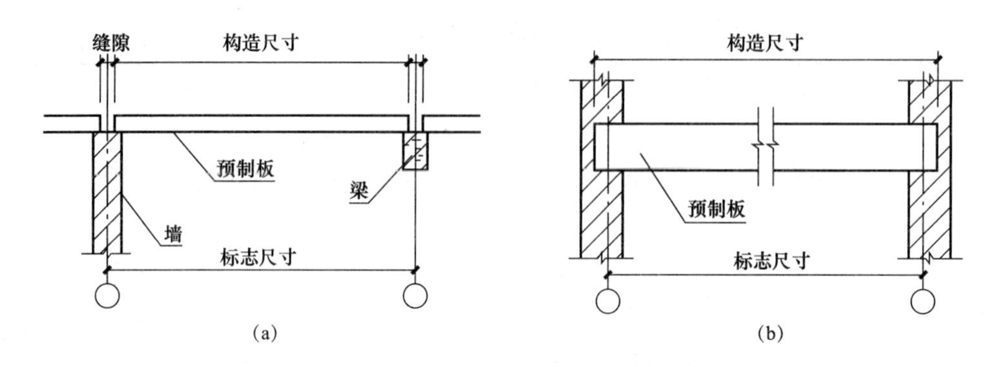

图 1-22　构造尺寸与标志尺寸的关系

(a)构件标志尺寸大于构造尺寸；(b)构件标志尺寸小于构造尺寸

模块小结

“建筑构造”课程主要研究建筑构造组成、建筑构造原理和建筑构造方法，研究对象是建筑物。建筑构造组成研究的是一般民用建筑的各个组成部分及其作用；建筑构造原理研究的是民用建筑各个组成部分的构造原理和构造方法；建筑构造方法研究的是在建筑构造原理的指导下如何用建筑材料和建筑制品构成构件和配件，以及构配件之间的连接方法。

建筑的构成要素主要包括建筑功能、建筑技术条件和建筑形象。建筑可按使用性质、施工方式、承重结构材料、层数、规模和数量等标准分为不同的类型。建筑的等级主要是从建筑物的使用耐久性和耐火程度两个方面划分的。建筑模数是选定的标准尺度单位，作为建筑物、建筑构配件、建筑制品以及有关设备尺寸相互协调的基础。

民用建筑一般由基础、墙(或柱)、楼地层、楼梯、屋顶、门和窗六大部分组成。民用建筑构造的影响因素包括外界环境因素、建筑技术条件因素、经济条件因素。

在建筑施工图中，由于平面图、立面图、剖面图所用的比例较小，建筑的细部构造无法清楚表示，因此，采用构造详图分别将建筑细部构造的形状、尺寸、材料、做法等用较大的比例详细画出。

模块 2　地基与基础构造认知

知识目标

地基、基础的概念，人工加固地基的方法；

基础埋深的概念、影响基础埋深的因素；

基础按材料及受力特点分类、按构造形式分类；

地下室的类型及组成；

地下室的防潮、防水构造；

常见的防水等级、防水材料。

能力目标

能根据地质情况、建筑结构特点，判断地基的选择类型；

能根据地下水水位高低、原有建筑物的基础埋深等正确判断新建建筑物的基础埋深设计原则；

能根据建筑特点选择合适的基础类型，并根据基础构造特点，识读建筑施工图，正确指导工程施工；

能根据地下室防潮、防水构造做法，查阅《地下工程防水技术规范》(GB 50108—2008)、《住宅建筑构造》(11J930)，进行正确的施工指导。

2.1　地基与基础概述

赵州桥又称为安济桥(图 2-1)，它坐落在我国河北省石家庄市赵县的洨河上，横跨在 37 m 多宽的河面上，因桥体全部用石料建成，当地称其为“大石桥”。

动画：地基与基础的重要性

微课：地基与基础关系的认知

赵州桥建于隋朝(公元 595—605 年)，由著名匠师李春设计建造，距今已有 1 400 多年的历史，是当今世界上现存第二早(还有一座小商桥)、保存最完整的古代单孔敞肩石拱桥。赵州桥是中国古代劳动人民智慧的结晶，其开创了中国桥梁建造的崭新局面。

图 2-1　赵州桥

赵州桥是中国第一石拱桥，在漫长的岁月中，虽然经过无数次洪水冲击、风吹雨打、冰雪风霜的侵蚀和 8 次地震的考验，却依然安然无恙，巍然挺立在洨河之上。

李春根据自己多年丰富的实践经验，经过严格周密的勘察、比较，选择了洨河两岸较为平直的地方建桥。这里的地层由河水冲积而成，地层表面是久经水流冲刷的粗砂层，以下是细石、粗石、细砂和黏土层。根据现代测算，这里的地层每平方厘米能够承受 4.5～6.6 kg① 的压力，而赵州桥对地面的压力为 5～6 kg/cm^2，能够满足大桥的要求。选定桥址后在上面建造地基和桥台。1 400 多年来，桥基仅下沉了 5 cm，说明这里的地基非常适合建桥。

讨论：赵州桥的地基材料是什么？该地为什么适合建桥？

2.1.1　地基与基础的概念

在建筑中，将建筑上部结构所承受的各种荷载传到地基上的结构构件称为基础。支承基础的土体或岩体称为地基，地基承受建筑物上部结构传下来的全部荷载，并把这些荷载连同本身的重量一起传给地基，如图 2-2 所示。地基不是建筑的组成部分，但它对保证建筑物的坚固耐久具有非常重要的作用。

动画：地基与基础的关系

2.1.2　地基分类

地基可分为天然地基和人工地基两大类。

1. 天然地基

如果天然土层具有足够的承载力，不需要经过人工改良和加固就可直接承受建筑物的全部荷载并满足变形要求，即可称为天然地基。岩石、碎石土、砂土、粉土、黏土和人工填土均可作为天然地基[图 2-3(a)]。

---

① 千克力单位现已不用。

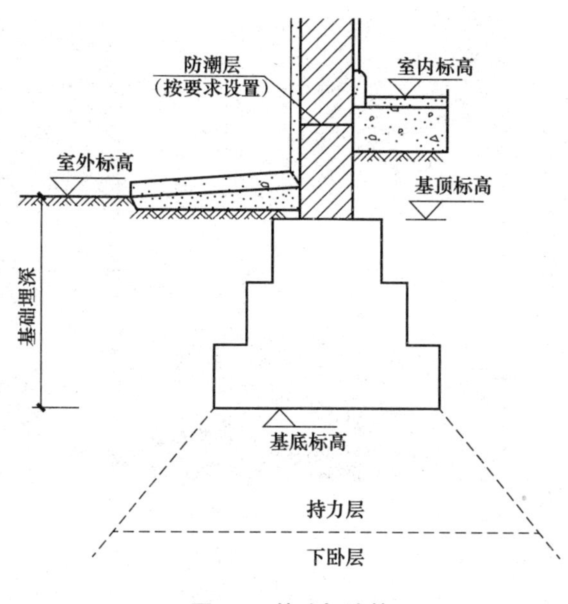

图 2-2　基础与地基

2. 人工地基

当土层的承载能力较弱或虽然土层较好，但因上部荷载较大，土层不能满足承受建筑物荷载的要求时，必须对土层进行地基处理，以提高其承载能力，改善其变形性质或渗透性质，这种经过人工方法进行处理的地基称为人工地基[图 2-3(b)]。

(a)　(b)

图 2-3　地基

(a)天然地基；(b)人工地基

人工地基常用的处理方法有换填垫层法、预压法、强夯法、强夯置换法、深层挤密法、化学加固法等。

(1)换填垫层法：挖去地表浅层软弱土层或不均匀土层，回填坚硬、粒径较大的材料，并夯压密实，形成垫层的地基处理方法。

(2)预压法：对地基进行堆载或真空预压，使地基土固结的地基处理方法。

(3)强夯法：反复将夯锤提到高处使其自由落下，给予地基冲击和振动能量，以此将地基土夯实的地基处理方法[图 2-4(a)]。

(4)强夯置换法：将重锤提高到高处使其自由落下形成夯坑，并不断夯击坑内回填的砂石等硬粒料，使其形成密实的墩体的地基处理方法。

(5)深层挤密法：主要是靠桩管打入或振入地基后对软弱土产生横向挤密作用，从而使土的压缩性减小，抗剪强度提高。其通常有灰土挤密桩法[图 2-4(b)]、土挤密桩法、砂石桩法、振冲法、石灰桩法、夯实水泥土桩法等。

(a)

(b)

图 2-4　地基处理方法

(a)强夯法；(b)灰土挤密桩法

(6)化学加固法：将化学溶液或胶黏剂灌入土中，使土胶结以提高地基强度、减少沉降量或防渗的地基处理方法。其主要有高压喷射注浆法、深层搅拌法、水泥土搅拌法等。

2.1.3　地基与基础的设计要求

1. 对地基的要求

(1)地基应具有一定的承载力和较小的可压缩性。

(2)地基的承载力应分布均匀。在一定的承载条件下，地基应有一定的深度范围。

(3)要尽量采用天然地基，以降低成本。

2. 对基础的要求

(1)基础要有足够的强度，能够起到传递荷载的作用。

(2)基础的材料应具有耐久性，以保证建筑的持久使用。因为基础处于建筑物最下部并且埋在地下，对其维修或加固是很困难的。

(3)在选材上尽量就地取材，以降低造价。

3. 基础工程应注意经济问题

基础工程占建筑总造价的10%～40%，减少基础工程的投资是减少工程总投资的重要一环。因此，在设计中应选择较好的土质地段，对需要特殊处理的地基和基础，应尽量使用地方材料，并采用恰当的形式及构造方法，从而节省工程投资。

2.1.4 基础埋深及其影响因素

1. 基础埋深

为了确保建筑物的坚固安全，基础要埋入土层中一定的深度。一般把自室外设计地面标高至基础底部的垂直高度称为基础的埋置深度，简称为基础埋深，如图 2-5 所示。

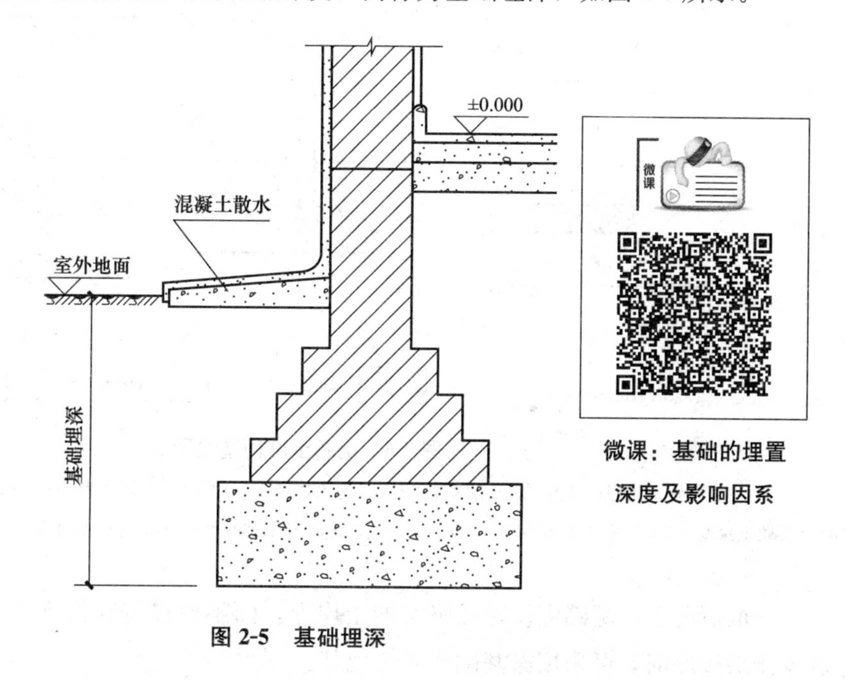

图 2-5 基础埋深

根据基础埋深的不同，基础常分为深基础和浅基础。通常把埋置深度不小于 5 m 的称为深基础，埋置深度小于 5 m 的称为浅基础。一般来说，基础埋深越小，土方开挖量就越小，基础材料用量也越少，工程造价也就越低，但当基础埋深过小时，基础底面的土层受到压力后会把基础周围的土挤走，使基础产生滑移而失去稳定性；同时基础埋得过浅，还容易受外界各种不良因素的影响，所以，基础埋深最小不能小于 500 mm。

2. 基础埋深的影响因素

(1)地基土层构造的影响。不同的建筑场地，其土质情况也不相同，即同一地点，当深度不同时土质也会有变化。根据地基土层分布不同，通常有以下六种情况，如图 2-6 所示。

①土质均匀的良好土，基础宜浅埋，但不得低于 500 mm，如图 2-6(a)所示。

②上层软土深度不超过 2 m，下层为好土，基础宜埋在好土内，如图 2-6(b)所示。

③上层软土深度为 2～5 m，下层为好土，对于低层、轻型建筑可埋在软土内；总荷载较大的建筑宜埋在好土内，如图 2-6(c)所示。

④上层软土深度＞5 m，下层为好土，低层、轻型建筑可埋在软土内；总荷载较大的建筑宜埋在好土内或采用人工地基，如图 2-6(d)所示。

⑤上层为好土，下层为软土，应把基础埋在好土内，适当提高基础底面，并验算下卧层顶面处压力，如图 2-6(e)所示。

⑥地基由好土与软土交替组成，总荷载大的基础可采用人工地基或将基础埋在好土中，如图 2-6(f)所示。

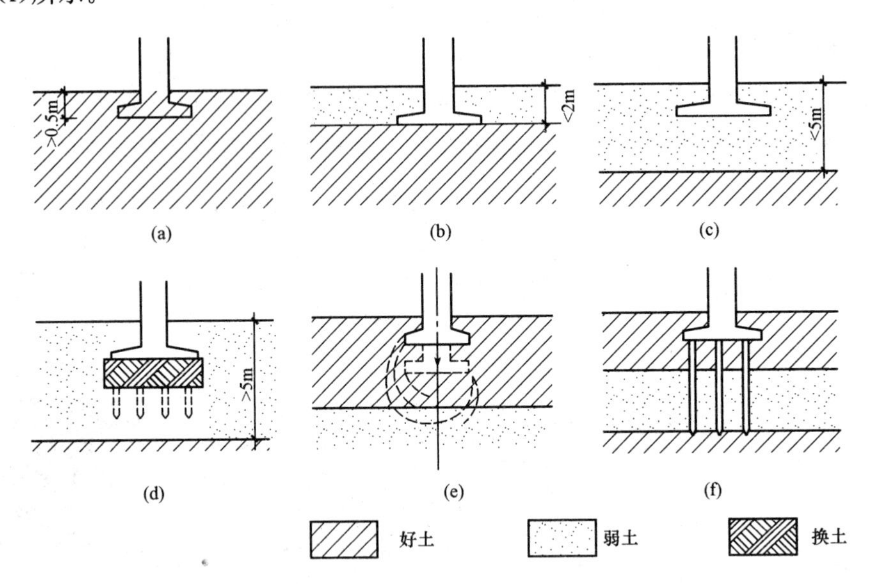

图 2-6　地基土层构造的影响

(a)好土浅埋；(b)上层软土深度＜2 m，埋入好土；(c)上层软土深度为 2～5 m，埋在软土中；(d)上层软土深度＞5 m，采用人工地基；(e)下有软土，埋入好土并验算；(f)软土、好土交错时，采用人工地基或埋入好土

一般情况下，基础应设置在坚实的土层上，而不要设置在淤泥等软弱土层上。当表面软弱土层较厚时，可采用深基础或人工地基。

(2)地下水水位的影响。地下水对某些土层的承载力有很大影响。如黏土在地下水水位上升时，将因含水率增加而膨胀，使土的强度下降；当地下水水位下降时，会使土粒直接接触压力增加，基础产生下沉。为了避免地下水水位变化直接影响地基承载力，同时防止地下水对基础施工带来麻烦和有侵蚀性的地下水对基础的腐蚀，一般基础宜埋置在设计最高地下水水位以上。

当地下水水位较高，基础不能埋置在地下水水位以上时，应采取地基土在施工时不受扰动的措施，以减少特殊的防水、排水措施，以及受化学污染的水对基础的侵蚀，以有利于施工。当必须埋在地下水水位以下时，宜将基础埋置在最低地下水水位以下不小于 200 mm 处，如图 2-7 所示。

(3)地基土冻胀和融陷的影响。对于冻结深度小于 500 mm 的南方地区或地基土为非冻胀土时，可不考虑土的冻结深度对基础埋深的影响。对于季节冰冻地区，当地基为冻胀土时，应使基础底面低于当地冻结深度。在寒冷地区，土层会因气温变化而产生冻融现象。冻结土与非冻结土的分界线称为土的冰冻线。土的冻结深度主要取决于当地的气候条件，气温越低和低温持续时间越长，冻结深度越大。

当基础埋深在土层冰冻线以上时，如果基础底面以下的土层冻胀，会对基础产生向上的顶力，严重的会使基础上抬起拱；如果基础底面以下的土层解冻，顶力消失，使基

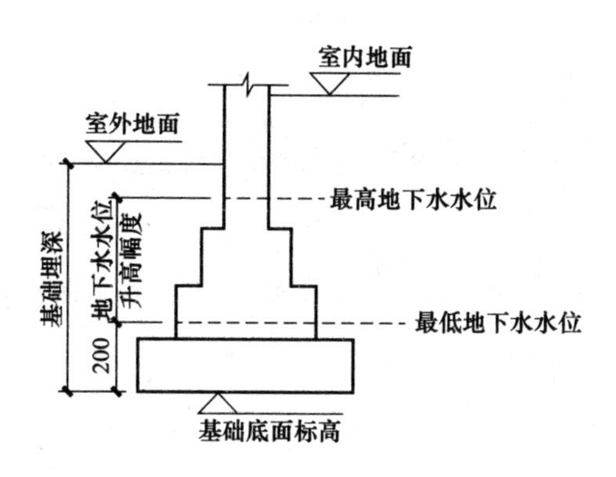

图 2-7　基础埋深和地下水水位的关系

础下沉，这样的过程会使建筑产生裂缝和破坏，因此，在寒冷地区基础埋深应在冰冻线以下 200 mm 处，如图 2-8 所示。采暖建筑的内墙基础埋深可以根据建筑的具体情况进行适当的调整。

(4)其他因素对基础埋深的影响。

①建筑物自身的特性。当建筑物设有地下室、地下管道或设备基础时，常须将基础局部或整体加深。为了保护基础不露出地面，构造要求基础顶面离室外设计地面不得小于 100 mm。

②作用在地基上的荷载大小和性质。荷载有恒载和活载之分。其中恒载引起的沉降量最大，因此，当恒载较大时，基础埋深应大一些。荷载按作用方向又有竖直方向和水平方向之分。当基础要承受较大水平荷载时，为了保证结构的稳定性，也常将基础埋深加大。

③相邻建筑物的基础埋深。当存在相邻建筑物时，一般新建建筑物的基础埋深不应大于原有建筑的基础埋深，以保证原有建筑的安全；当新建建筑物的基础埋深必须大于原有建筑的基础埋深时，为了不破坏原基础下的地基土，应与原基础保持一定的净距 L，L 的数值应根据原有建筑荷载大小、基础形式和土质情况确定，一般取等于或大于两个基础埋深的差，如图 2-9 所示。当上述要求不能满足时，应采取分段施工，设置临时加固支撑、打板桩、地下连续墙等施工措施，或加固原有建筑的地基。

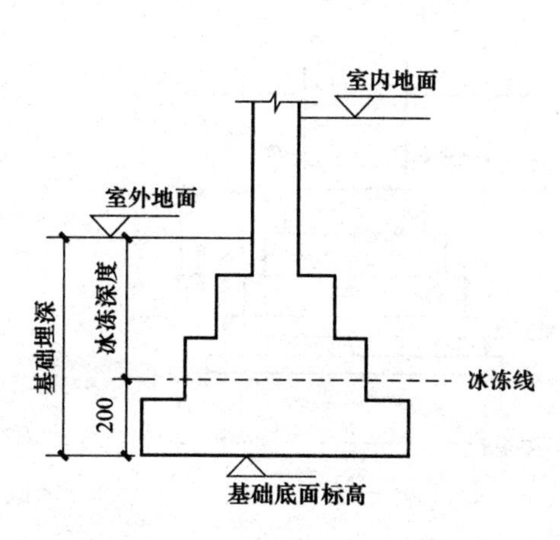

图 2-8　基础埋深和冰冻线的关系

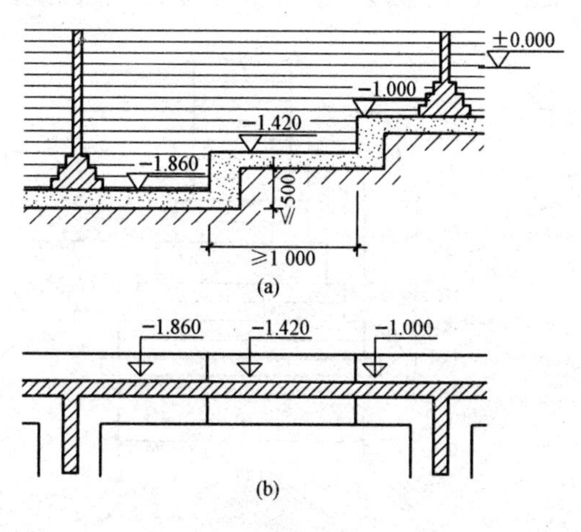

图 2-9　不同基础埋深的处理

(a)纵剖面；(b)平面

2.2 基础类型及构造认知

讨论：某教学楼为多层框架结构，采用天然地基、独立基础；某高层商场，采用桩、筏基础，那么建筑的基础的选择依据是什么？如何正确选择基础类型呢？

基础的类型较多，在选择基础时，需综合考虑上部结构形式、荷载大小、地基状况等因素。

2.2.1 按所用材料及受力特点分类

视频：基础类型的构造认知(一)

基础所用的材料一般有砖、毛石、混凝土或毛石混凝土、灰土、三合土、钢筋混凝土等，其中由砖、毛石、混凝土或毛石混凝土、灰土、三合土等制成的墙下条形基础或柱下独立基础称为刚性基础；由钢筋混凝土制成的基础称为柔性基础。

1. 刚性基础

(1)砖基础。砖基础取材容易，构造简单，造价低，但其强度低，耐久性和抗冻性较差，只适用于等级较低的小型建筑。

动画：刚性基础

砖基础的剖面为阶梯形，称为大放脚。每一阶梯挑出的长度为砖长的 1/4(60 mm)。砖基础有两种形式，即等高式和间隔式，砌筑时应先铺设砂、混凝土或灰土垫层。大放脚的砌法有两皮一收和二一间隔收两种，两皮一收是每砌两皮砖，收进 1/4 砖长；而二一间隔收是砌两皮砖，收进 1/4 砖长，再砌一皮砖，收进 1/4 砖长，如此反复。在相同底宽的情况下，二一间隔收可减小基础高度，但为了保证基础的强度，底层需用两皮一收砌筑，如图 2-10 所示。

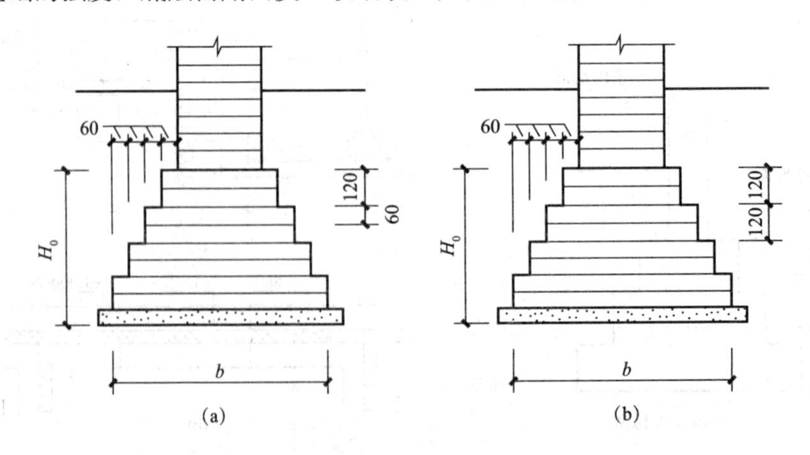

图 2-10 砖基础的构造

(a)二皮砖与一皮砖间隔挑出 1/4 砖；(b)二皮砖挑出 1/4 砖

(2)毛石基础。毛石基础是由未加工的块石用水泥砂浆砌筑而成，毛石的厚度不小于150 mm，宽度为200～300 mm。基础的剖面成台阶形，顶面要比上部结构每边宽出100 mm，每个台阶的高度不宜小于400 mm，挑出的长度不应大于200 mm，如图2-11所示。

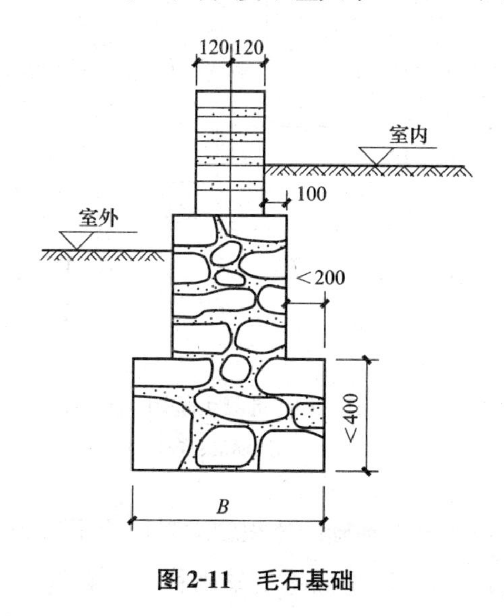

图2-11　毛石基础

毛石基础的强度高，抗冻、耐水性能好，所以适用于地下水水位较高、冰冻线较深的产石区的建筑。

(3)灰土与三合土基础。灰土基础是由熟石灰粉和黏土按体积比为3∶7或2∶8的比例，加适量水拌和夯实而成。施工时，每层虚铺厚度220～250 mm，夯实后厚度为150 mm，称为一步，一般灰土基础可做二至三步，如图2-12所示。灰土基础的抗冻性、耐水性差，只能用于埋置在地下水水位以上，并且顶面应位于冰冻线以下的五层及五层以下的混合结构房屋和墙承重的轻型工业厂房。

三合土基础一般多用于地下水水位较低的四层或四层以下的民用建筑工程中。常用的三合土基础的体积比为1∶2∶4或1∶3∶6(石灰∶砂∶集料)，每层虚铺220 mm，夯至150 mm。三合土的强度与集料有关，矿渣最好，因其具有水硬性；碎砖次之；碎石及河卵石因不易夯打结实，质量较差。

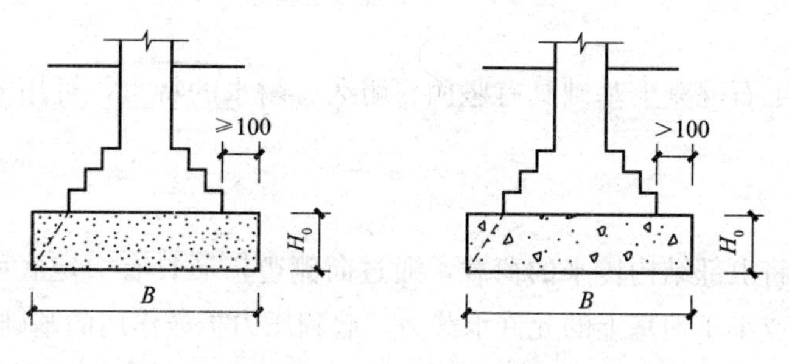

图2-12　灰土与三合土基础

(4)混凝土基础。混凝土基础断面有矩形、阶梯形和锥形三种，每阶高度一般为500 mm，如图 2-13(a)、(b)所示。当基础底面宽度大于 2 000 mm 时，为了节约混凝土常做成锥形，如图 2-13(c)所示。

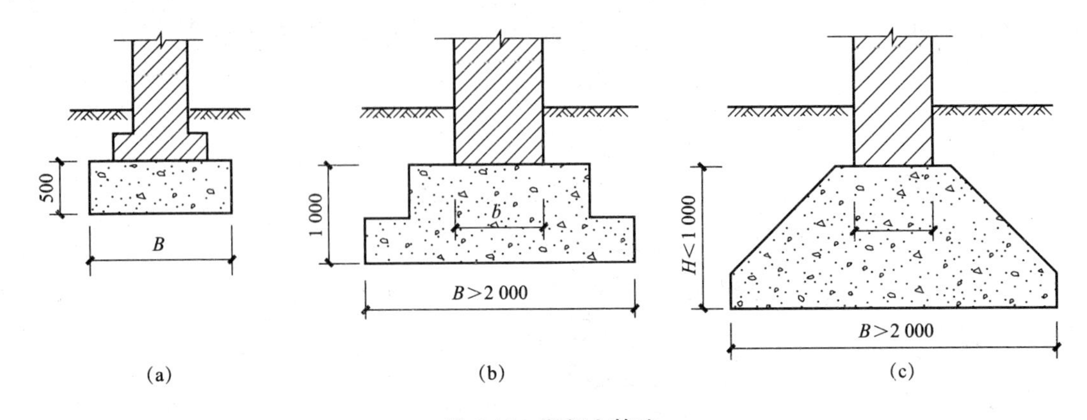

图 2-13　混凝土基础

(a)矩形；(b)阶梯形；(c)锥形

(5)毛石混凝土基础。当混凝土基础的体积较大时，为了节约混凝土，可以在混凝土中加入粒径不超过 300 mm 的毛石，这种混凝土基础称为毛石混凝土基础。毛石混凝土基础中，毛石的尺寸不得大于基础宽度的 1/3，毛石的体积为总体积的 20%～30%，且应分布均匀，如图 2-14 所示。

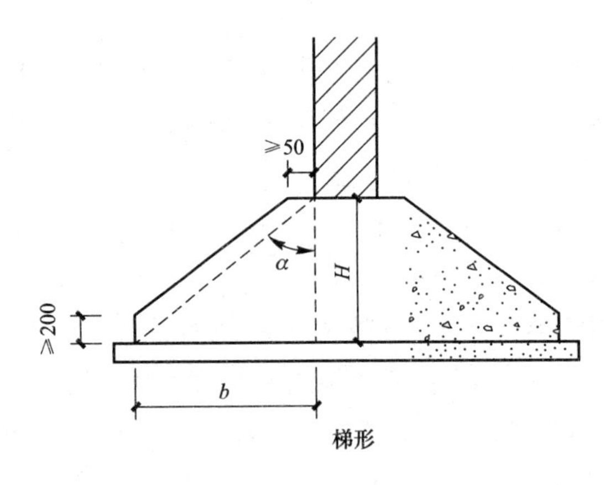

图 2-14　毛石混凝土基础

混凝土基础和毛石混凝土基础具有坚固、耐久、耐水的特点，可用于受地下水和冰冻作用的建筑。

2. 柔性基础

柔性基础是指将上部结构传来的荷载，通过向侧边扩展具有一定底面面积，使作用在基底的压应力等于或小于地基上的允许承载力，起到压力扩散作用的基础。

当基础顶部的荷载较大或地基承载力较低时，就需要加大基础底部的宽度，以减小基底的压力。如果采用刚性基础，则基础高度就要相应增加。这样就会增加基础自重，加大土方工程量，给施工带来麻烦。此时，可采用柔性基础。这种基础在底板配置钢筋，利用钢筋增强基础两侧扩大部分的受拉和受剪能力，使两侧扩大不受高宽比的限制，如图 2-15 所示。扩展基础具有断面小、承载力大、经济效益较高等优点。

由于柔性基础的底部均配有钢筋，可以利用钢筋来承受拉力，以便使基础底部能够承受较大弯矩。这样，基础宽度的加大可不受刚性角的限制，可以做得很宽、很薄，还可尽量浅埋。所以在同样的条件下，采用钢筋混凝土基础可节省大量的混凝土材料和减少土方量工程。

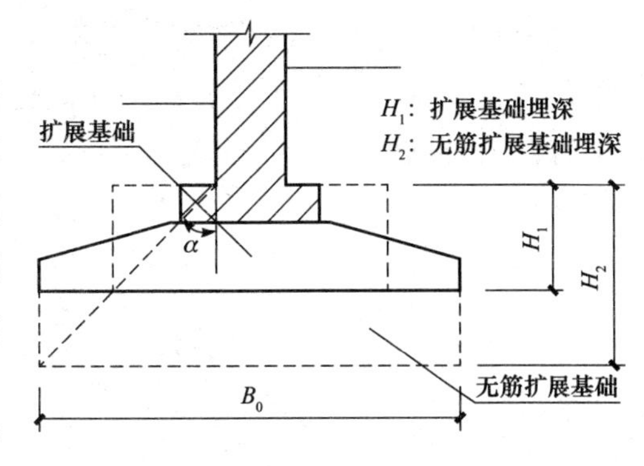

图 2-15　柔性基础与刚性基础的比较

钢筋混凝土基础相当于受均布荷载的悬臂梁，它的截面可做成锥形或阶梯形。基础垫层厚度不宜小于 70 mm，垫层混凝土强度等级应为 C15。底板受力钢筋直径不宜小于 ϕ10 mm，间距不宜大于 200 mm，也不宜小于 100 mm。柔性基础构造示意如图 2-16 所示。

视频：基础类型的构造认知(二)

2.2.2　按构造形式分类

基础按构造形式，可以划分为条形基础[图 2-16(a)]、独立基础[图 2-16(b)]、井格基础、筏形基础、箱形基础和桩基础等。基础的构造类型应根据上部结构特点、荷载大小和地质条件确定。

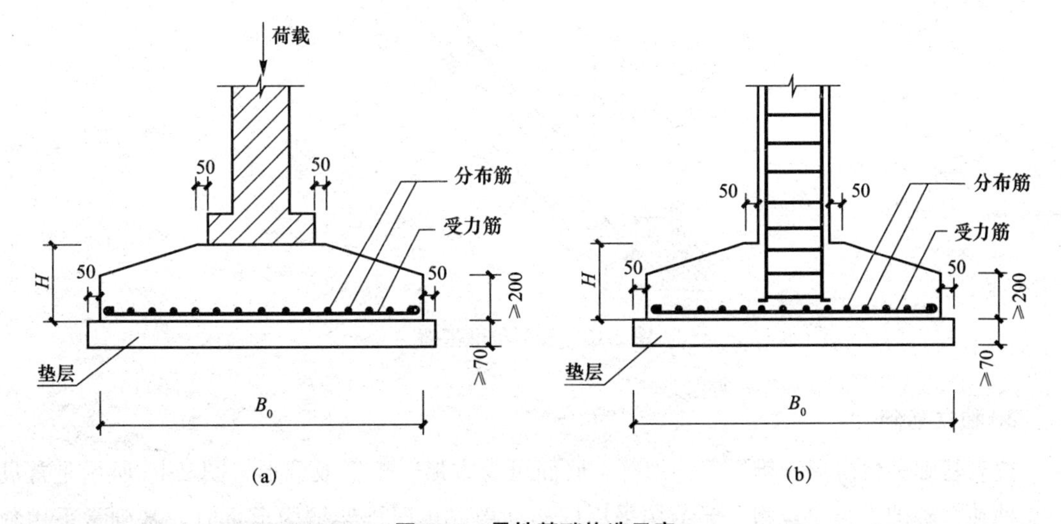

图 2-16　柔性基础构造示意

(a)条形基础；(b)独立基础

1. 条形基础

条形基础是指基础长度远大于其宽度的一种基础形式，又称为带形基础。按其上部结构形式，条形基础可分为墙下条形基础和柱下条形基础。

(1)墙下条形基础。条形基础是承重墙基础的主要形式，当上部结构荷载较大而土质较差时，可采用混凝土或钢筋混凝土建造，墙下钢筋混凝土条形基础一般做成无肋式，如图 2-17(a)所示。如地基在水平方向上压缩性不均匀，为了增加基础的整体性，减少不均匀沉降，也可做成有肋式的条形基础，如图 2-17(b)所示。

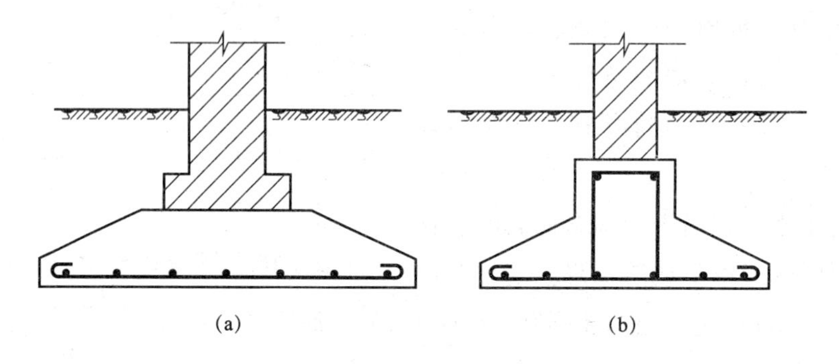

图 2-17　墙下钢筋混凝土条形基础

(a)无肋式；(b)有肋式

(2)柱下条形基础。当建筑采用柱承重结构，在荷载较大且地基较软弱时，为了提高建筑物的整体性，防止出现不均匀沉降，可将柱下基础沿一个方向连续设置成条形基础，如图 2-18 所示。

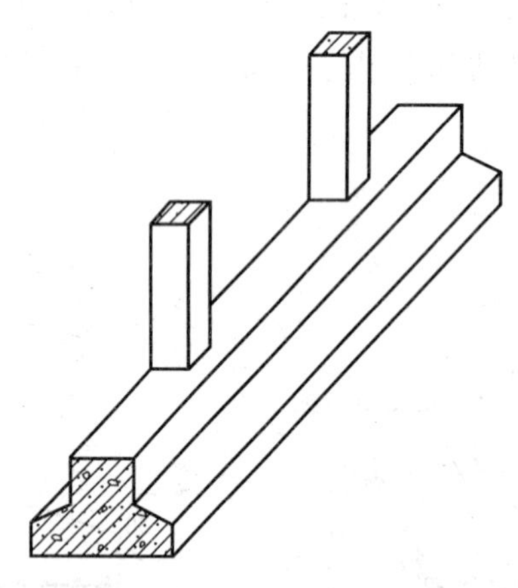

图 2-18　柱下条形基础

2. 独立基础

独立基础呈台阶形、锥形、杯形等，底面可为方形、矩形或圆形，图 2-19 所示是常见的几种独立基础。当建筑物上部结构采用框架结构或单层排架结构承重时，基础常采用独立基础。当柱为预制时，则将基础做成杯口形，然后将柱子插入，并嵌固在杯口内。

3. 井格基础

当地基条件较差或上部荷载较大时，此时在承重的结构柱下使用独立柱基础已不能满足其承受荷载和整体要求，可将同一排柱子的基础连在一起。为了提高建筑物的整体刚度，

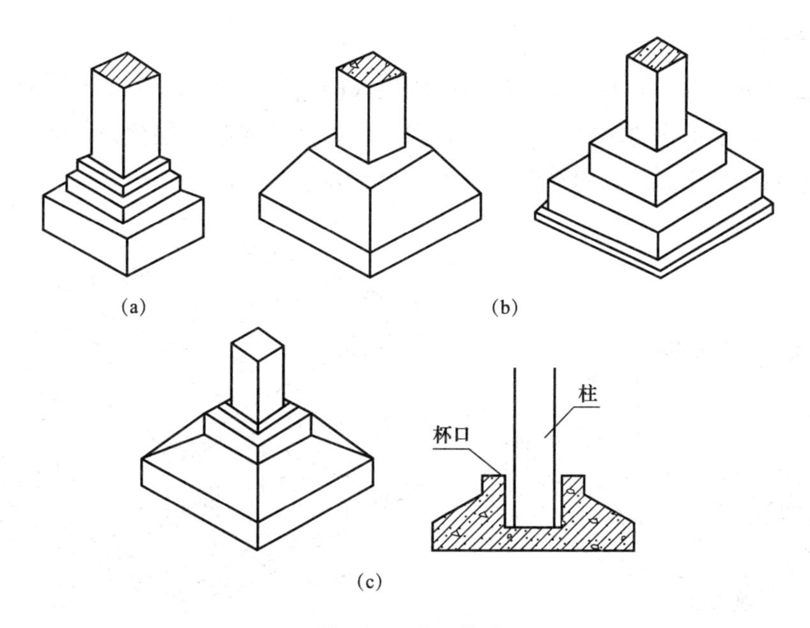

图 2-19　独立基础

(a)砖柱基础；(b)现浇钢筋混凝土柱基础；(c)杯形基础

避免不均匀沉降，常将柱下独立基础沿纵向和横向连接起来，形成井格基础，如图 2-20 所示。

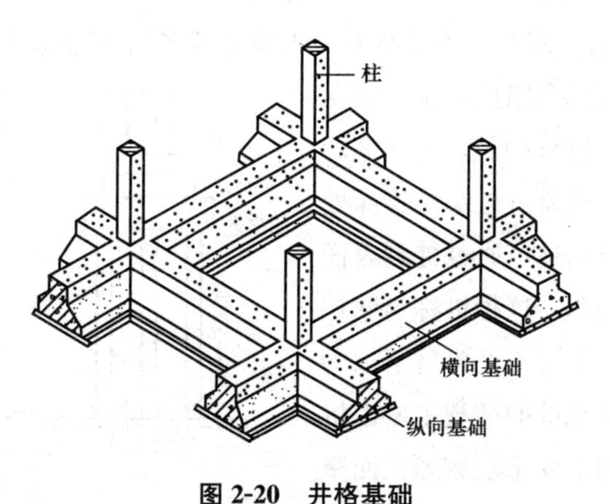

图 2-20　井格基础

4. 筏形基础

筏形基础又称为满堂基础或板式基础，适用于上部结构荷载较大、地基承载力差的情况，如图 2-21 所示。筏形基础一般分为柱下筏形基础(框架结构下的筏形基础)和墙下筏形基础(承重墙结构下的筏形基础)两类。筏形基础整体性好，可跨越基础下的局部软弱土，常用于地基软弱的多层砌体结构、框架结构、剪力墙结构的建筑，以及上部结构荷载较大或地基承载力低的建筑。

动画：筏形基础

5. 箱形基础

箱形基础是由顶板，底板和纵、横隔墙所组成的连续整体式基础，整体性好，能承受很大弯矩、抵抗地基不均匀沉降，适用于高层、软弱地基或超高层建筑，其内部空间可用作地下室、仓库或车库等，其构造形式如图 2-22 所示。

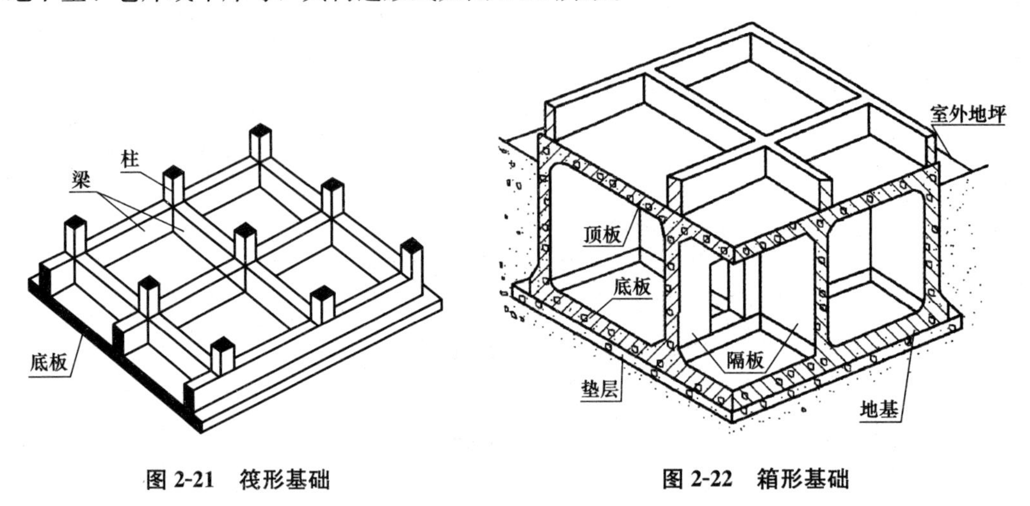

图 2-21　筏形基础

图 2-22　箱形基础

6. 桩基础

当建筑物荷载很大，地基的软弱土层又较厚时，常采用桩基础。桩基础具有承载力大、沉降量小、节省基础材料、减少土方工程量、改善施工条件和缩短工期等优点。

桩基础由若干根桩和承台组成。按桩的受力状态可分为端承桩和摩擦桩两类，如图 2-23 所示。桩基础把建筑的荷载通过桩端传给深处坚硬土层，这种桩称为端承桩；通过桩侧表面与周围土的摩擦力传给地基，这种桩称为摩擦桩。端承桩适用于表面软土层不太厚且下部为坚硬土层的地基情况，端承桩的荷载主要由桩端应力承受。摩擦桩适用于软土层较厚，而坚硬土层距地表很深的地基情况，摩擦桩上的荷载由桩侧摩擦力和桩端应力承受。目前应用最多的是钢筋混凝土桩，按照施工方式的不同，桩基础分为预制桩和灌注桩两类。

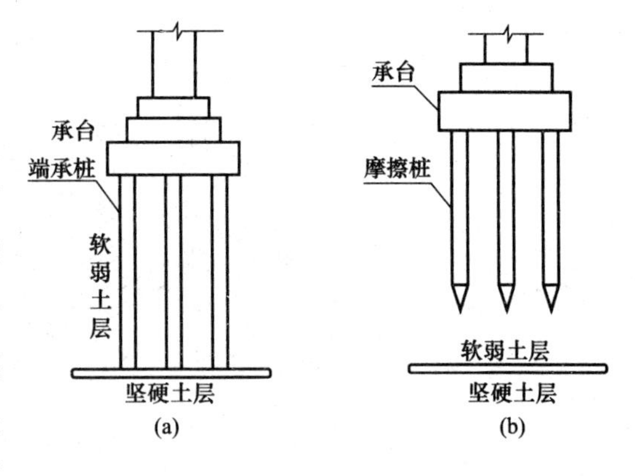

图 2-23　端承桩和摩擦桩

(a)端承桩；(b)摩擦桩

2.3　地下室构造认知

讨论：同学们对地下室有什么印象呢？地下室潮湿吗？地下室需要作哪些处理才可以满足使用要求呢？

地下室是建筑物首层以下的房间。一些高层建筑的基础埋深很大，可利用这一深度建造地下室，在增加投资不多的情况下增加使用面积，较为经济。此外，考虑战争时期防御空袭的需要，按照防空要求建造地下室。

2.3.1 地下室的分类

1. 按使用功能分类

微课：地下室构造认知

按使用功能，地下室可以分为普通地下室和人防地下室。普通地下室是建筑空间在地下的延伸，由于地下室的环境比地面上的房间差，通常不用来居住，一般用作设备用房、储藏用房、商场、餐厅、车库等。

人防地下室是战争时期人们隐蔽之所，主要用于战备防空，考虑和平年代的使用，人防地下室在功能上应能够满足平战结合的使用要求。

2. 按地下室顶板标高

按地下室顶板标高，地下室可以分为全地下室和半地下室。当地下室地面低于室外地坪的高度且超过该地下室净高的1/2时为全地下室；当地下室地面低于室外地坪的高度且超过该地下室净高的1/3，但不超过1/2时为半地下室，如图2-24所示。

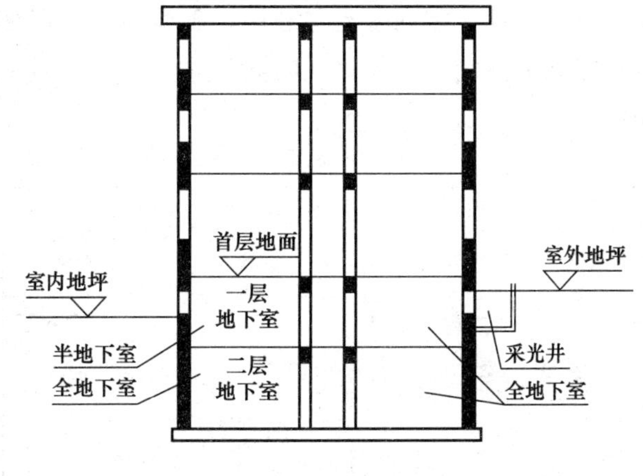

图2-24　地下室示意

3. 按结构材料分

当建筑的上部结构荷载不大、地下室水位较低时，可采用砖墙作为地下室的承重外墙和内墙，形成砖墙结构地下室。

当建筑的上部结构荷载较大、地下室水位较高时，可采用钢筋混凝土墙作为地下室的外墙，形成钢筋混凝土结构地下室。

2.3.2 地下室的构造组成及要求

动画：地下室组成认知

地下室一般由墙体、顶板、底板、门窗、楼梯、采光井等部分组成。

1. 墙体

地下室的墙体不仅要承受上部传来的垂直荷载，还要承受土、地下水、土壤冻结时的侧压力，所以，地下室的墙体要求具有足够的强度与稳定性。同时，因地下室外墙处于潮湿的工作环境，故其材料还要具有良好的防水、防潮性能。一般采用砖墙、混凝土墙或钢筋混凝土墙。当采用砖墙时，厚度不宜小于370 mm。当上部荷载较大或地下水水位较高时，最好采用混凝土或钢筋混凝土墙，厚度不宜小于200 mm。

2. 顶板

顶板可用预制板、现浇板，或者预制板上做现浇层(装配整体式楼板)。在无采暖的地下室顶板上，即首层地板处应设置保温层，以便首层房间使用舒适。防空地下室为了防止空袭时的冲击破坏，顶板的厚度、跨度、强度应按相应防护等级的要求进行确定，其顶板上面还应覆盖一定厚度的夯实土。

3. 底板

地下室的底板应有足够的强度、刚度和抗渗能力，一般采用钢筋混凝土底板。底板还要在构造上作好防潮或防水处理。

4. 门窗

普通地下室的门窗与地上房间的门窗相同。地下室外窗在室外地坪以下时，应设置采光井，以利于室内采光、通风，采光井的构造如图 2-25 所示。人防地下室一般不允许设窗，如需设窗，应做好战时封堵措施。外门应按防护等级要求，设置防护门、防护密闭门。

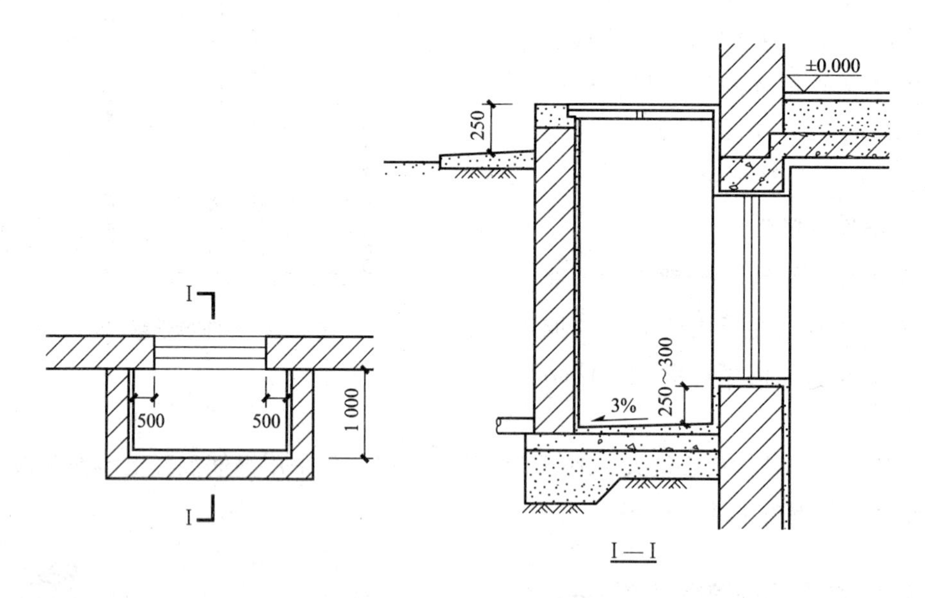

图 2-25　地下室采光井

5. 楼梯

地下室的楼梯一般与上部楼梯结合设置，当地下室的层高较小时，楼梯多为单跑式。对于人防地下室，应至少设置两部楼梯与地面相连，并且必须有一部楼梯通向安全出口。独立安全出口与地面以上建筑物的距离要求不小于地面建筑物高度的一半，以防空袭时建筑物倒塌，堵塞出口，影响疏散。

2.3.3　地下室的防潮构造认知

当设计最高地下水水位低于地下室底板 0.50 m 时，且基底范围内的土壤及回填土无形成上层滞水可能，地下室的墙体和底板只受到无压水和土壤中毛细管水的影响时，地下室只需作防潮处理。

微课：地下室防潮构造认知

1. 墙身防潮

当地下室的墙体采用砖墙时，墙体必须用水泥砂浆砌筑，要求灰缝饱满，并在墙体的外侧设置垂直防潮层和在墙体的上下设置水平防潮层。如果墙体采用现浇钢筋混凝土墙，则不需作防潮处理。

(1)墙体垂直防潮层：先在墙外侧抹 20 mm 厚 1∶2.5 的水泥砂浆找平层，延伸到散水以上 300 mm，找平层干燥后，上面刷一道冷底子油和两道热沥青，然后在墙外侧回填低渗透性的土壤，如黏土、灰土等，并逐层夯实，宽度不小于 500 mm。

(2)墙体水平防潮层中一道设在地下室地坪以上 60 mm 处，一道设在室外地坪以上 300 mm 处，其构造如图 2-26(a)所示。

2. 底板防潮

地下室需防潮时，底板可采用非钢筋混凝土，其防潮构造如图 2-26(b)所示。

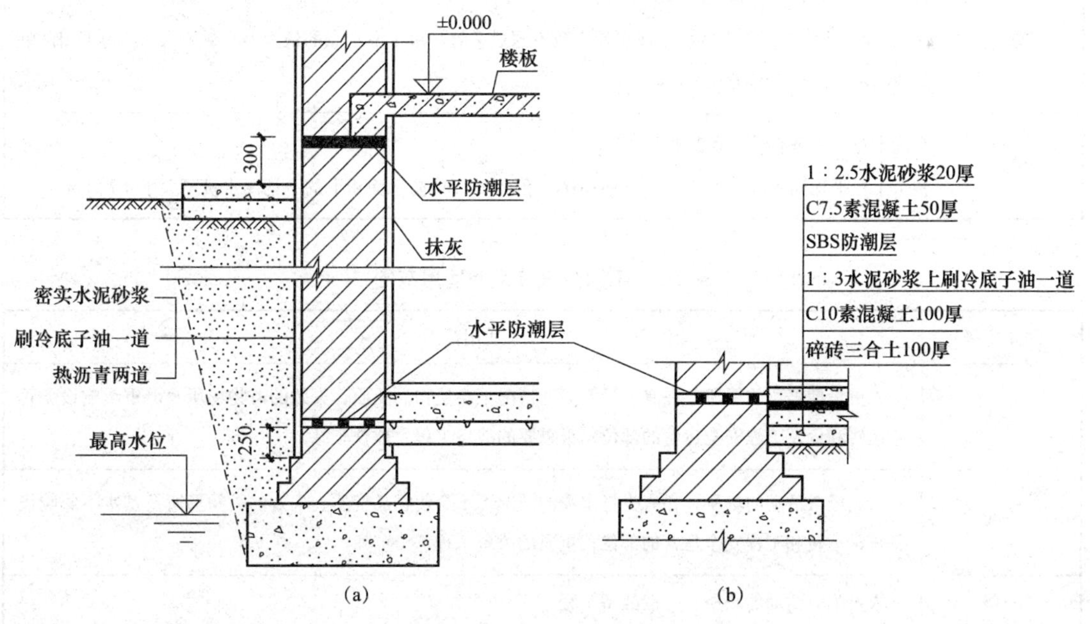

图 2-26　地下室的防潮构造

(a)墙体防潮；(b)底板防潮

2.3.4 地下室的防水构造

当地下水的最高水位高于地下室底板时，地下室外墙受到地下水侧压力，地下室底板受到地下水的浮力，所以，地下室的外墙和底板必须采取防水措施。

《地下工程防水技术规范》(GB 50108—2008)把地下工程防水分为四级，各等级防水标准应符合表 2-1 所示的规定。各地下工程的防水等级应根据工程的重要性和使用中对防水的要求按表 2-2 所示的要求选定。

微课：地下室防水构造认知

表 2-1 地下工程防水等级

防水等级	防水标准
一级	不允许渗水，结构表面无湿渍
二级	不允许漏水，结构表面可有少量湿渍； 工业与民用建筑：总湿渍面积不应大于总防水面积(包括顶板、墙面、地面)的 1/1 000，任意 100 m^2 防水面积上的湿渍不超过 2 处，单个湿渍的最大面积不大于 0.1 m^2； 其他地下工程：总湿渍面积不应大于总防水面积的 2/1 000，任意 100 m^2 防水面积上的湿渍不超过 3 处，单个湿渍的最大面积不大于 0.2 m^2。其中，隧道工程还要求平均渗水量不大于 0.05 L/(m^2 · d)，任意 100 m^2 防水面积上的渗水量不大于 0.15 L/(m^2 · d)
三级	有少量漏水点，不得有线流和漏泥砂； 任意 100 m^2 防水面积上的漏水或湿渍点数不超过 7 处，单个漏水点的最大漏水量不大于 2.5 L/d，单个湿渍的最大面积不大于 0.3 m^2
四级	有漏水点，不得有线流和漏泥砂； 整个工程平均漏水量不大于 2 L/(m^2 · d)，任意 100 m^2 防水面积上的平均漏水量不大于 4 L/(m^2 · d)

表 2-2 不同防水等级的适用范围

防水等级	适用范围
一级	人员长期停留的场所；在有少量湿渍的情况下会使物品变质、失效的贮物场所及严重影响设备正常运转和危及工程安全运营的部位；极重要的战备工程、地铁车站
二级	人员经常活动的场所；在有少量湿渍的情况下不会使物品变质、失效的贮物场所及基本不影响设备正常运转和工程安全运营的部位；重要的战备工程
三级	人员临时活动的场所；一般战备工程
四级	对渗漏水无严格要求的工程
注：一般的地下室都按二级考虑。	

地下室防水具体构造做法有卷材防水和混凝土构件自防水两种。

1. 卷材防水

卷材防水层一般采用高聚物改性沥青类防水卷材或合成高分子类防水卷材与相应的胶黏材料黏结形成防水层，卷材品种见表 2-3。按照卷材防水层的位置不同，卷材防水分外防水和内防水两种。

表 2-3 卷材防水层的卷材品种

类别	品种名称
高聚物改性沥青类防水卷材	弹性体沥青防水卷材
	改性沥青聚乙烯胎防水卷材
	自粘聚合物改性沥青防水卷材
合成高分子类防水卷材	三元乙丙橡胶防水卷材
	聚氯乙烯防水卷材
	聚乙烯丙纶复合防水卷材
	高分子自黏胶膜防水卷材

(1)外防水。外防水就是将卷材防水层满包在地下室墙体和底板外侧。其构造要点是：先做底板防水层，并在外墙外侧伸出接槎，将墙体防水层与其搭接，并高出最高地下水水位 500～1 000 mm，然后在墙体防水层外侧砌半砖保护墙。应注意在墙体防水层的上部设垂直防潮层与其连接，如图 2-27 所示。

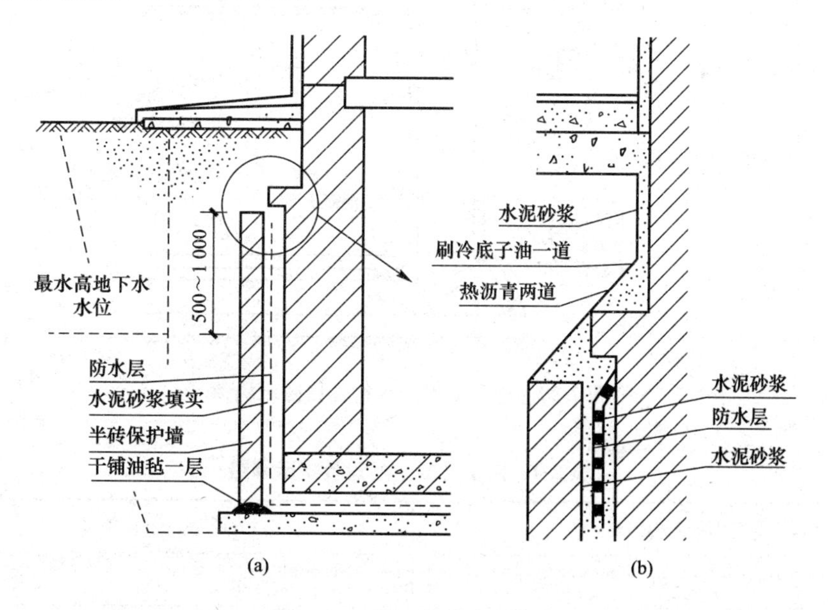

图 2-27 地下室外防水构造

(a)外包防水；(b)墙身防水层收头处理

(2)内防水。内防水就是将卷材防水层满包在地下室墙体和地坪的结构层内侧，内防水施工方便，但对防水不利，一般多用于修缮工程，其具体构造如图 2-28 所示。

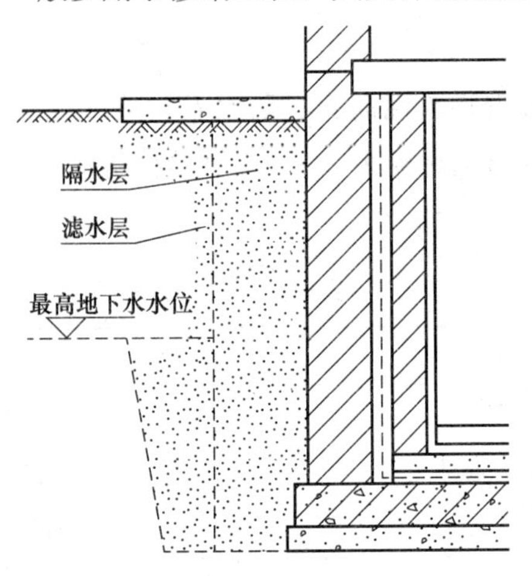

图 2-28 地下室内防水构造

2. 混凝土构件自防水

当地下室的墙体和地坪均为钢筋混凝土结构时，可通过增加混凝土的密实度或在混凝土中添加防水剂、加气剂等方法来提高混凝土的抗渗性能，这种防水做法称为混凝土构件自防水。其具体构造如图 2-29 所示。防水混凝土的设计抗渗等级见表 2-4。

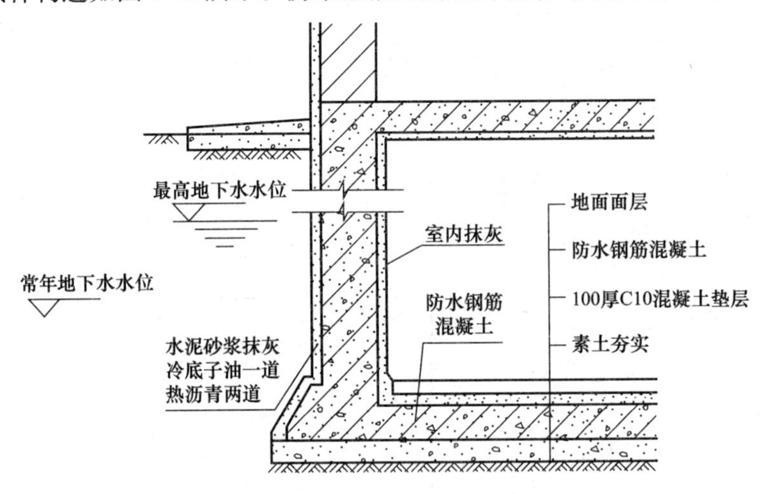

图 2-29 地下室混凝土构件自防水构造

表 2-4 防水混凝土的设计抗渗等级

工程埋置深度/m	设计抗渗等级
$H<10$	P6
$10\leqslant H<20$	P8
$20\leqslant H<30$	P10
$H\geqslant30$	P12

要提高混凝土的抗渗能力，通常采用的防水混凝土如下：

(1)集料级配混凝土：采用不同粒径的骨料进行级配，且适当减少集料的用量和增加砂率与水泥用量，以保证砂浆充满于集料之间，从而提高混凝土的密实性和抗渗性。

(2)外加剂防水混凝土：在混凝土中掺入微量有机或无机外加剂，以改善混凝土内部组织结构，使其有较好的和易性，从而提高混凝土的密实性和抗渗性。常用的外加剂有引气剂、减水剂、三乙醇胺、氯化铁等。

(3)膨胀防水混凝土：在水泥中掺入适量膨胀剂或使用膨胀水泥，使混凝土在硬化过程中产生膨胀，弥补混凝土冷干收缩形成的孔隙，从而提高混凝土的密实性和抗渗性。

模块小结

地基是承受由基础传下来的荷载的土层，它不属于建筑物的组成部分，它是承受建筑物荷载而产生的应力和应变的土层。基础是建筑物最下面与土直接接触的扩大构件，是建筑的下部结构。

地基按土层性质和承载力的不同，可分为天然地基和人工地基两大类。

基础埋深是指从设计室外地面至基础底面的垂直距离。

基础的类型很多，按基础所用材料及受力特点可分为刚性基础和柔性基础；按构造形式可分为独立基础、条形基础、筏形基础、箱形基础和桩基础等。

当设计最高地下水水位低于地下室底板 0.50 m 时，且基地范围内的土及回填土无形成上层滞水可能，地下室的墙体和底板只受到无压水和土中毛细管水的影响时，地下室只需作防潮处理。

当设计最高地下水水位高于地下室地坪时，地下室相当于浸泡在地下水中，其外墙会受到地下水的侧压力，底板会受到地下水的浮力，所以必须对地下室的外墙和底板作防水处理。

模块3　墙体构造认知

知识目标

墙体的分类、承重方案；

块材墙砌筑材料、砌筑方法；

块材墙细部——勒脚、散水、明沟、防潮层、窗台、过梁、圈梁、构造柱等构造；

隔墙类型及构造；

常见的六种墙体装饰类型及构造。

能力目标

掌握墙体的作用、分类和墙体承重方案，识读建筑施工图中设计总说明部分；

了解墙体的设计要求，满足墙体的功能要求；

掌握砖墙的细部构造做法，识读相关图集《住宅建筑构造》(11J930)，以便进行正确的施工指导；

掌握隔墙三种类型的构造特点，能进行各隔墙的正确选择；

能识读《住宅建筑构造》(11J930)墙面装修的构造做法，以进行正确的施工指导。

3.1　墙体概述

讨论：砖混结构与框架结构中的墙体作用相同吗？若不同，有何不同呢？

3.1.1　墙体的作用

1. 承重作用

承重墙承担建筑的屋顶、楼板传给它的荷载以及自身荷载、风荷载，是砖混结构、混合结构建筑的主要承重构件。

2. 围护作用

外墙起着抵御自然界中风、霜、雨、雪的侵袭，防止太阳辐射、噪声的干扰和保温，隔热等作用，是建筑围护结构的主体。

微课：墙体概述认知

3. 分隔作用

外墙体界定室内与室外空间。内墙体是建筑水平划分空间的构件，它能把建筑内部划分为若干房间或使用空间。

在砌体结构中，墙体具有上述三个作用，如图 3-1(a)所示，而对于以钢筋混凝土承重的框架、剪力墙、筒体等结构来说，墙体不具有承重作用，主要起围护和分隔空间的作用，如图 3-1(b)所示。

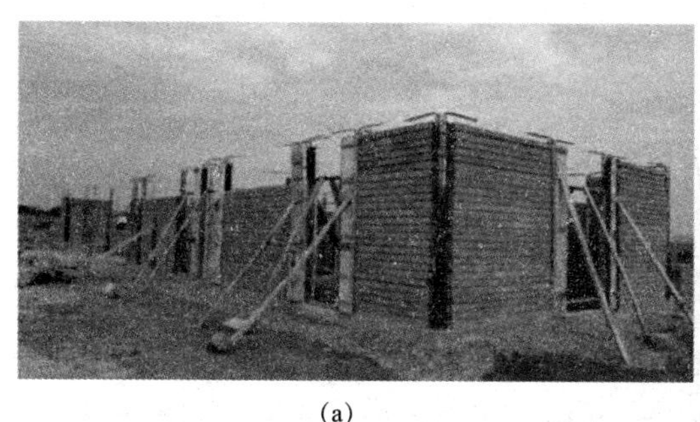

(a)

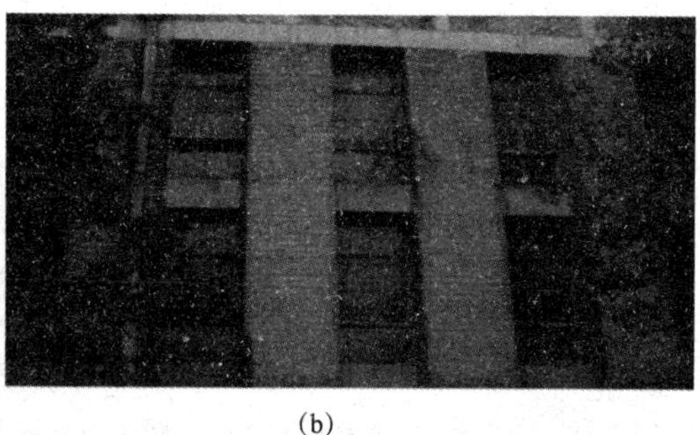

(b)

图 3-1

(a)砌体结构中的墙体；(b)框架结构中的墙体

动画：墙体类型认知

3.1.2 墙体类型

1. 按墙体在建筑物中所处的位置和走向分类

按墙体在建筑物中所处的位置，墙体分为外墙和内墙两类。沿建筑四周边缘布置的墙体称为外墙；被外墙所包围的墙体称为内墙。

按墙体的走向，墙体分为纵墙和横墙。纵墙是指沿建筑物长轴方向布置的墙；横墙是指沿建筑物短轴方向布置的墙。其中，沿建筑物横向布置的首、尾两端的横墙，俗称山墙；在同一道墙上门窗洞口之间的墙体称为窗间墙；门窗洞口上下的墙体称为窗上墙或窗下墙，如图 3-2 所示。

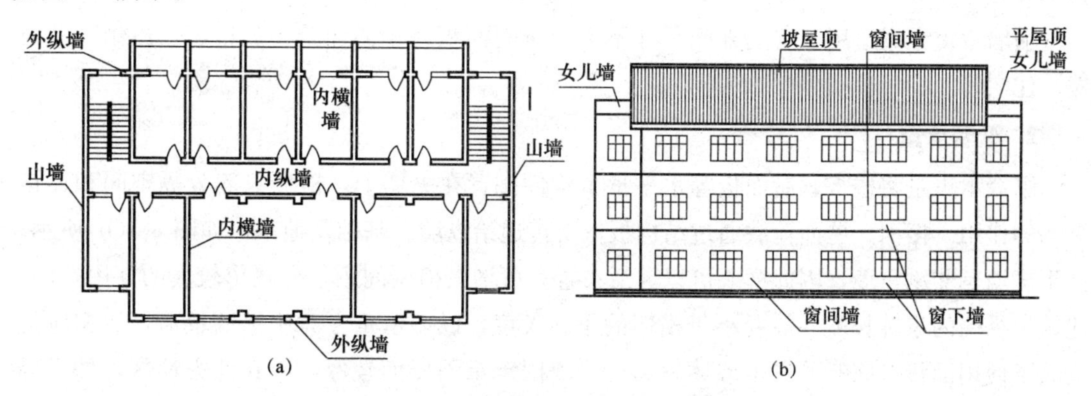

图 3-2　墙体各部分名称

2. 按墙体的受力情况分类

按墙体的受力情况，墙体分为承重墙和非承重墙两类。承担建筑上部构件传来荷载的墙称为承重墙；不承担建筑上部构件传来荷载的墙称为非承重墙。

非承重墙包括自承重墙、框架填充墙、幕墙和隔墙。其中，自承重墙不承受外来荷载，其下部墙体只负责上部墙体的自重；框架填充墙是指在框架结构中，填充在框架中间的墙；幕墙是指悬挂在建筑物结构外部的轻质外墙，如玻璃幕墙、铝塑板墙等；隔墙是指仅起分隔空间、自身重量由楼板或梁承担的墙。

3. 按构成墙体的材料分类

按构成墙体的材料分类，较常见的墙体有砖墙、石墙、砌块墙、板材墙、混凝土墙、玻璃幕墙等。

4. 按墙体施工方式和构造分类

按墙体的施工方式和构造，墙体分为块材墙、板筑墙和板材墙三种。块材墙是一种以传统的砌墙方式砌筑而成的墙体，如实砌砖墙、空斗墙、砌块墙等；板筑墙的砌墙材料往往是散状或塑性材料，依靠事先在墙体部位设置的模板，在模板内夯实与浇筑材料从而形成墙体，如夯土墙、滑模或大模板钢筋混凝土墙；板材墙是将预先制成的墙体构件运至施工现场，然后安装、拼接而成的墙体，如石膏板墙、各种幕墙等。

3.1.3 墙体的承重方案

墙体有四种承重方案：横墙承重、纵墙承重、纵横墙承重和墙与柱混合承重。

1. 横墙承重

横墙承重是将楼板、屋面板等水平承重构件搁置在横墙上，楼面、屋面荷载通过结构板依次传递给横墙、基础及地基，如图 3-3(a)所示。横墙承重的建筑横向刚度较大，整体性好，有利于抵抗水平荷载和调整地基不均匀沉降。由于纵墙是非承重墙，因此，内纵墙可自由布置，在外纵墙上开设门窗洞口较为灵活。但是横墙间距受到最大间距限制，建筑开间尺寸不够灵活，且墙体所占的面积较大，相应地降低了建筑面积的使用率。

横墙承重方案适用于房间开间尺寸不大、房间面积较小的建筑，如宿舍、旅馆、办公楼、住宅等。

2. 纵墙承重

纵墙承重是将楼板、屋面板等水平承重构件搁置在纵墙上，横墙只起分隔空间和连接纵墙的作用。楼面、屋面荷载通过结构板依次传递给纵墙、基础及地基，如图 3-3(b)所示。由于横墙是非承重墙，因此横墙可以灵活布置，可增大横墙间距，分隔出较大的使用空间。建筑中纵墙的累计长度一般要小于横墙的累计长度，纵墙承重方案中横墙较薄，故相应地增大了使用面积，同时节省了墙体材料；纵墙因承重需要而较厚，而在北方地区，外纵墙因保温需要，其厚度往往大于承重所需的厚度，因此充分发挥了外纵墙的作用。但由于横墙不承重，自身的强度和刚度较小，抵抗水平荷载的能力比横墙承重差；水平承重构件的跨度大，其截面高度增加，单件重量较大，施工要求高；承重纵墙上开设门窗洞口有一定限制，不易组织采光、通风。

纵墙承重方案适用于使用上要求有较大空间的建筑，如办公楼、商店、餐厅等。

3. 纵横墙混合承重

纵横墙混合承重方案的承重墙体由纵、横两个方向的墙体组成，如图 3-3(c)所示。纵横墙混合承重方式综合了横墙承重与纵墙承重的优点，房屋刚度较大，平面布置灵活，可根据建筑功能的需要综合运用。但水平承重构件类型较多，施工复杂，墙体所占面积较大，降低了建筑面积的使用率，消耗墙体材料较多。

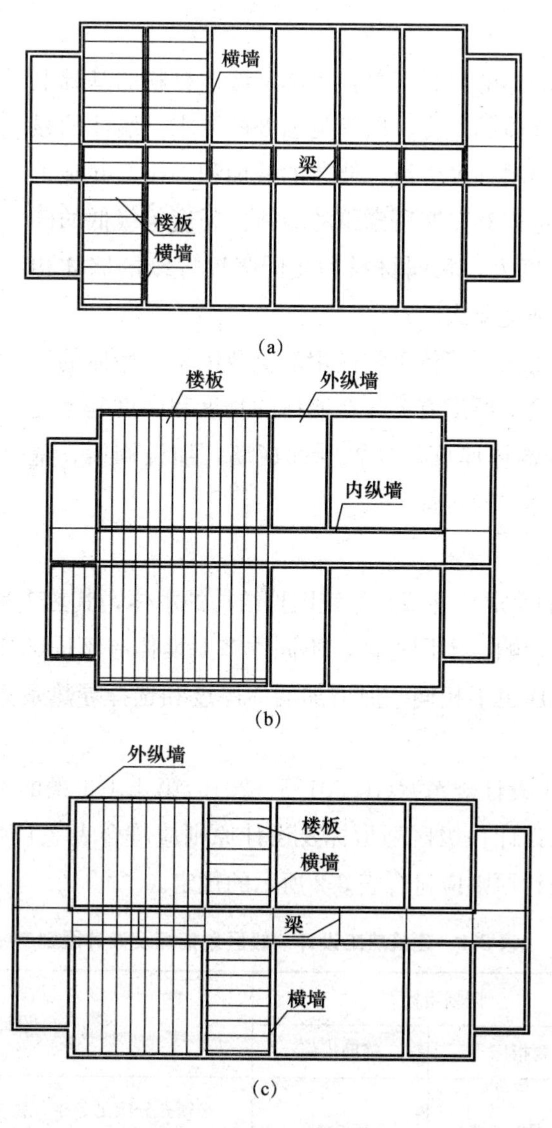

图 3-3　墙体承重方案

(a)横墙承重；(b)纵墙承重；(c)纵横墙混合承重

纵横墙承重方案适用于房间开间、进深变化较多的建筑，如医院、幼儿园、教学楼、阅览室等。

4. 墙与柱混合承重

墙与柱混合承重方案是建筑内部采用柱、梁组成的内框架承重，四周采用墙承重，由墙和柱共同承担水平承重构件传来的荷载，又称为内骨架结构。该种建筑的强度和刚度较大，可形成较大的室内空间。

墙与柱混合承重方案适用于室内需要较大空间的建筑，如大型商店、餐厅、阅览室等。

3.1.4 墙体设计要求

1. 墙体结构

墙体的强度与构成墙体的材料有关，在确定墙体材料的基础上应通过结构计算来确定墙体的厚度，以满足强度的要求。墙体的强度与墙体采用的材料及材料强度等级，墙体的截面积、构造和施工方式有关。强度等级高的砖和砂浆所砌筑的墙体比强度等级低的砖和砂浆所砌筑的墙体强度大；相同材料和相同强度等级的墙体相比，截面面积大的墙体强度要大。

微课：墙体设计要求认知

墙体的稳定性也是关系到墙体正常使用的重要因素。墙体的稳定性与墙体的长度、高度、厚度有关，在墙体的长度和高度确定之后，一般可以采用增加墙体厚度，设置刚性横墙，加设圈梁、壁柱、墙垛的方法增强墙体的稳定性。

2. 墙体功能

(1)满足热工方面的要求。外墙是建筑围护结构的主体，其热工性能的好坏会对建筑的使用及能耗带来直接的影响。不同地区、不同季节对墙体有不同的保温或隔热的要求，保温与隔热概念相反，措施也不相同，但增加墙体厚度和选择导热系数小的材料都有利于保温和隔热。

按照《民用建筑热工设计规范》(GB 50176—2016)第 4.1.1 条的规定，建筑热工设计区划分为两级。建筑热工设计一级区划指标及设计原则应符合表 3-1 所示的规定，建筑热工设计二级区划指标及设计原则应符合表 3-2 所示的规定。

表 3-1 建筑热工设计一级区划指标及设计原则

一级区划名称	区划指标		设计原则
	主要指标	辅助指标	
严寒地区(1)	$t_{min \cdot m} \leqslant -10$ ℃	$145 \leqslant d_{\leqslant 5}$	必须充分满足冬季保温要求，一般可以不考虑夏季防热
寒冷地区(2)	$-10 < t_{min \cdot m} \leqslant 0$ ℃	$90 \leqslant d_{\leqslant 5} < 145$	应满足冬季保温要求，部分地区兼顾夏季防热

续表

一级区划名称	区划指标		设计原则
	主要指标	辅助指标	
夏热冬冷地区(3)	$0\ ℃<t_{\min\cdot m}\leqslant 10\ ℃$ $25\ ℃<t_{\max\cdot m}\leqslant 30\ ℃$	$0\leqslant d_{\leqslant 5}<90$ $40\leqslant d_{\geqslant 25}<110$	必须满足夏季防热要求，适当兼顾冬季保温
夏热冬暖地区	$10\ ℃<t_{\min\cdot m}$ $25\ ℃<t_{\max\cdot m}\leqslant 29\ ℃$	$100\leqslant d_{\geqslant 25}<200$	必须充分满足夏季防热要求，一般可不考虑冬季保温
温和地区(5)	$0\ ℃<t_{\min\cdot m}\leqslant 13\ ℃$ $18\ ℃<t_{\max\cdot m}\leqslant 25\ ℃$	$0\leqslant d_{\leqslant 5}<90$	部分地区应考虑冬季保温，一般可不考虑夏季防热

表 3-2　建筑热工设计二级区划指标及设计原则

<table>
<tr><th>二级区划名称</th><th colspan="2">区划指标</th><th>设计原则</th></tr>
<tr><td>严寒 A 区(1A)</td><td colspan="2">6 000<HDD18</td><td>冬季保温要求极高，必须满足保温设计要求，不考虑防热设计</td></tr>
<tr><td>严寒 B 区(1B)</td><td colspan="2">5 000≤HDD18<6 000</td><td>冬季保温要求非常高，必须满足保温设计要求，不考虑防热设计</td></tr>
<tr><td>严寒 C 区(1C)</td><td colspan="2">3 800≤HDD18<5 000</td><td>必须满足保温设计要求，可不考虑防热设计</td></tr>
<tr><td>寒冷 A 区(2A)</td><td rowspan="2">2 000≤HDD18<3 800</td><td>CDD26≤90</td><td>应满足保温设计要求，可不考虑防热设计</td></tr>
<tr><td>寒冷 B 区(2B)</td><td>CDD26>90</td><td>应满足保温设计要求，宜满足隔热设计要求，兼顾自然通风、遮阳设计</td></tr>
<tr><td>夏热冬冷 A 区(3A)</td><td colspan="2">1 200≤HDD18<2 000</td><td>应满足保温、隔热设计要求，重视自然通风、遮阳设计</td></tr>
<tr><td>夏热冬冷 B 区(3B)</td><td colspan="2">700≤HDD18<1 200</td><td>应满足保温、隔热设计要求，强调自然通风、遮阳设计</td></tr>
<tr><td>夏热冬暖 A 区(4A)</td><td colspan="2">500≤HDD18<700</td><td>应满足隔热设计要求，宜满足保温设计要求，强调自然通风、遮阳设计</td></tr>
<tr><td>夏热冬暖 B 区(4B)</td><td colspan="2">HDD18<500</td><td>应满足隔热设计要求，可不考虑保温设计，强调自然通风、遮阳设计</td></tr>
<tr><td>温和 A 区(5A)</td><td rowspan="2">CDD26<10</td><td>700≤HDD18<2 000</td><td>应满足冬季保温设计要求，可不考虑防热设计</td></tr>
<tr><td>温和 B 区(5B)</td><td>HDD18<700</td><td>宜满足冬季保温设计要求，可不考虑防热设计</td></tr>
</table>

①墙体的保温。建筑的外墙应具有良好的保温能力，在采暖期应尽量减少热量损失，降低能耗，保证室内温度不致过低，不出现墙体内表面产生冷凝水的现象。通常采取的保温措施有如下两种：

a. 适当增加墙体厚度，提高墙体的热阻；

b. 选择导热系数小的墙体材料，目前墙体节能保温材料包括有机类(如苯板、聚苯板、挤塑板、聚苯乙烯泡沫板、硬质泡沫聚氨酯、聚碳酸酯及酚醛等)、无机类(如珍珠岩水泥板、泡沫水泥板、复合硅酸盐、岩棉、传统保温砂浆等)和复合材料类(如金属夹芯板，芯材为聚苯、玻化微珠、聚苯颗粒等)。

由于建筑节能需要，北方地区天气寒冷，保温要求较高，但保温材料一般承载能力较差，故常采用轻质、高效的保温材料与砖、混凝土或钢筋混凝土组成复合保温墙体，并将保温材料放在靠低温侧以利保温。同时，在保温层靠高温一侧采用沥青、卷材、隔汽涂料等设置隔汽层，以防产生冷凝水。

②墙体的隔热。要求建筑的外墙应具有良好的隔热能力，以阻隔太阳辐射热传入室内从而影响室内的舒适程度。隔热应采取绿化环境、加强自然通风、遮阳及围护结构隔热等综合措施。墙体隔热的通常做法如下：

a. 房屋的墙体采用导热系数小的材料或采用中空墙体以减少热量的传导；

b. 外墙采用浅色而平滑的外饰面，以减少墙体对太阳辐射热的吸收；

c. 房屋东、西向的窗口外侧可设置遮阳设施，以避免阳光直射室内；

d. 合理选择建筑朝向，平面、剖面设计和窗户布置以利组织通风。

(2)满足防火的要求。建筑墙体所采用的材料及厚度，应满足有关防火规范的要求。当建筑的单层建筑面积或长度达到一定指标时，应设置防火墙或划分防火分区，以防止火灾蔓延。防火分区一般利用防火墙进行分隔。

(3)满足隔声的要求。为了获得安静的工作和休息环境，必须防止室外及邻室传来的噪声影响，因此墙体应具有一定的隔声能力，并应符合国家有关隔声标准的要求。墙体应采用密实、相对密度大或空心、多孔的墙体材料，采用内外抹灰等方法也有助于提高墙体的隔声能力。采用吸声材料作墙面或设置中空墙体等，都能提高墙体的吸声性能，有利于隔声。

(4)减轻自重。墙体所用的材料，在满足以上各项要求时，应力求采用轻质材料，这样不仅能够减轻墙体自重，还能节省运输费用，降低建筑造价。

(5)适应建筑工业化的要求。墙体要采用新型墙砖或预制装配式墙体材料和构造方案，为机械化施工创造条件，适应现代化建设、可持续发展及环境保护的需要。

3.2 块材墙构造认知

讨论：砖混结构的建筑施工图纸中，墙身详图有散水、圈梁、构造柱等，你知道它们的作用吗？构造做法有哪些要求呢？

3.2.1 块材墙材料

微课：块材墙细部构造认知

块材墙是用砌筑砂浆将砖、石、砌块等按一定技术要求砌筑而成的墙体。

1. 砖

(1)砖的种类。砖是传统的砌墙材料，按材料不同，分为黏土砖、页岩砖、粉煤灰砖、灰砂砖、炉渣砖等，如图 3-4 所示；按外观形状不同，分为普通实心砖、多孔砖和空心砖，如图 3-5 所示。

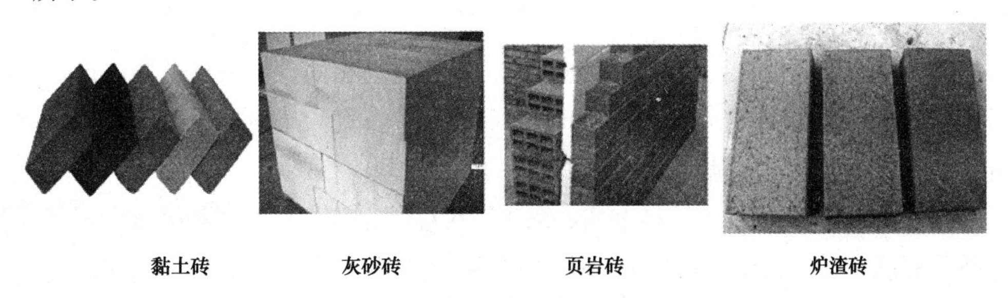

图 3-4 砖按材料不同分类

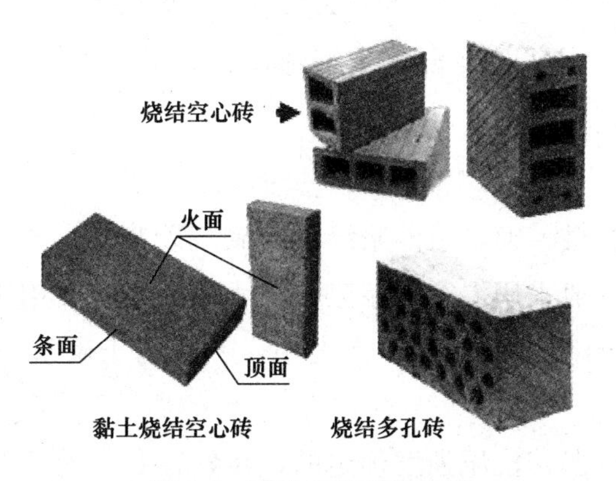

图 3-5 砖按外观不同分类

普通实心砖的标准名称叫作烧结普通砖，是指没有孔洞或孔洞率小于 15%的砖。普通实心砖中最常见的是黏土砖，另外还有炉渣砖、烧结粉煤灰砖等。

多孔砖是指孔洞率不小于 15%，孔的直径小、数量多的砖，可以用于承重部位。

空心砖是指孔洞率不小于 15%，孔的直径大、数量少的砖，只能用于非承重部位。

(2)砖的尺寸。标准砖的规格为 240 mm×115 mm×53 mm，如图 3-6(a)所示。在加入灰缝尺寸之后，砖的长、宽、厚之比为 4∶2∶1，如图 3-6(b)所示。一个砖长等于两个砖宽加灰缝(240 mm=2×115 mm+10 mm)或等于四个砖厚加三个灰缝(240 mm=4×53 mm+3×9.5 mm)。在工程实际应用中，砌体的组合模数为一个砖宽加一个灰缝，即 115 mm+10 mm=125 mm。

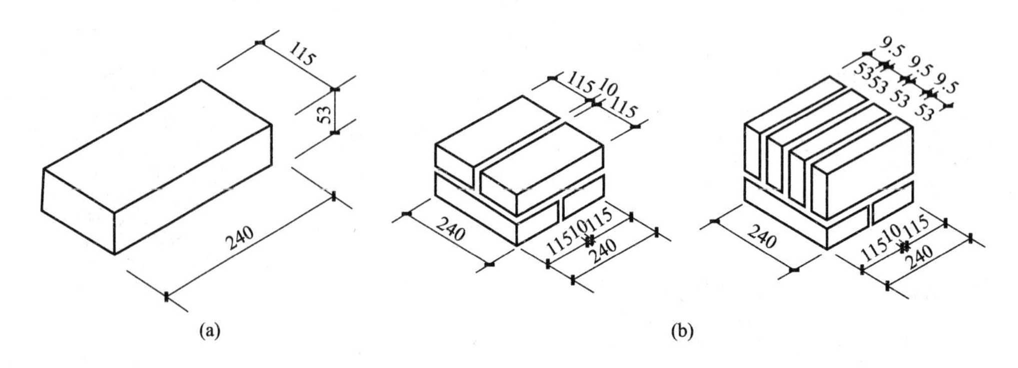

图 3-6　标准砖的尺寸关系

(a)标准砖的尺寸；(b)标准砖的组合尺寸关系

多孔砖与空心砖的规格一般与普通砖在长、宽方向上相同，但增加了厚度尺寸，并使之符合模数的要求，如 240 mm×115 mm×95 mm。长、宽、高均符合现有模数协调的多孔砖和空心砖并不多见，而是常见于新型材料的墙体砌块。

(3)砖的强度等级。多孔黏土砖和实心黏土砖统称黏土砖，其强度等级是根据其抗压强度和抗折强度确定的，共分为 MU10、MU15、MU20、MU25、MU30 五个等级。

承重结构的块材墙体强度等级应按下列规定采用：烧结普通砖、烧结多孔砖的强度等级为 MU10、MU15、MU20、MU25、MU30；蒸压灰砂普通砖、蒸压粉煤灰普通砖的强度等级为 MU15、MU20、MU25；混凝土普通砖、混凝土多孔砖的强度等级为 MU15、MU20、MU25、MU30。

2. 砂浆

砂浆是重要的砌墙材料。砌墙用砂浆统称为砌筑砂浆，主要有水泥砂浆、混合砂浆和石灰砂浆三种。墙体一般采用混合砂浆砌筑，水泥砂浆主要用于砌筑地下部分的墙体和基础，由于石灰砂浆的防水性能差、强度小，一般用于砌筑非承重墙或荷载较小的墙体。

砂浆的强度等级是根据其抗压强度确定的，共分为 M2.5、M5、M7.5、M10、M15、M20 六个等级。

3.2.2　砖墙的尺寸和组砌方式

1. 砖墙的厚度

实心砖墙的尺寸为砖宽加灰缝(115 mm+10=125 mm)的倍数。砖墙的厚度在工程上习惯以它们的标志尺寸来称呼，如 12 墙、18 墙、24 墙等。砖墙的厚度尺寸见表 3-3。

表 3-3　砖墙的厚度尺寸　　mm

墙厚名称	1/2 砖	3/4 砖	1 砖	1 砖半	2 砖
标志尺寸	120	180	240	370	490

续表

墙厚名称	1/2 砖	3/4 砖	1 砖	1 砖半	2 砖
构造尺寸	115	178	240	365	490
习惯称谓	12 墙	18 墙	24 墙	37 墙	49 墙

2. 砖墙的组砌方式

为了保证墙体的强度，应根据墙体厚度、墙面观感和施工便利进行选择。

动画：墙体细部构造认知

在砌筑砖墙时，应遵循“内外搭接、上下错缝”的组砌原则，砖在砌体中相互咬合，使砌体不出现连续的垂直通缝以增加砌体的整体性，确保砌体的强度。砖与砖之间搭接和错缝的距离一般不小于60 mm。

将砖的长边垂直于砌体长边砌筑时，称为丁砖；将砖的长边平行于砌体长边砌筑时，称为顺砖。每排列一层砖称为一皮。常见的砖墙砌筑方式有全顺式(12 墙)、一顺一丁式(24 墙)、两平一侧式(18 墙)、每皮丁顺相间式(24 墙)等，如图 3-7 所示。

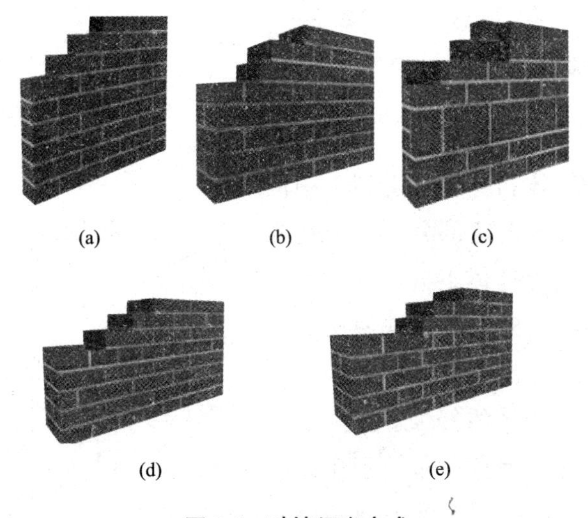

图 3-7 砖墙组砌方式

(a)全顺式；(b)一顺一丁式；(c)两平一侧式；(d)三顺一丁式；(e)梅花式

用普通砖侧砌或平砌与侧砌相结合砌成的墙体称为空斗墙。全部采用侧砌方式砌成的墙称为无眠空斗墙，如图 3-8(a)所示；采用平砌与侧砌相结合方式砌成的墙称为有眠空斗墙，如图 3-8(b)所示。空斗墙具有节省材料、自重轻、隔热效果好的特点，但整体性稍差，施工技术水平要求较高。目前，我国南方地区普通小型民居仍在采用空斗墙。用砖和其他保温材料组合而形成的墙，称为组合墙。这种墙可改善普通墙的热工性能，在我国北方寒冷地区比较常用。组合墙体的做法有三种类型：一种是在墙体的一侧附加保温材料，另一种是在砖墙的中间填充保温材料，还有一种是在墙体中间留置空气间层，如图 3-9 所示。

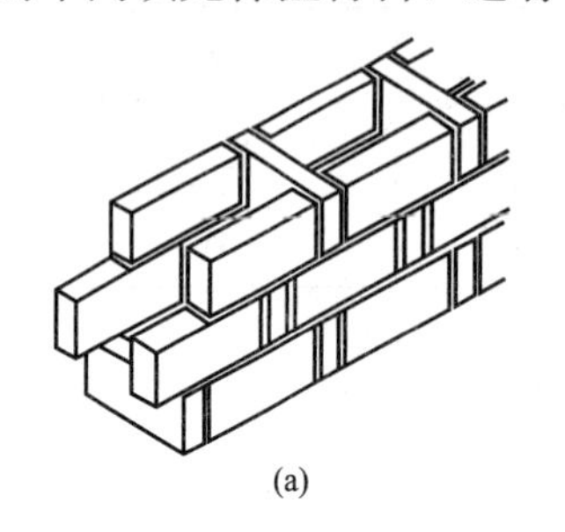

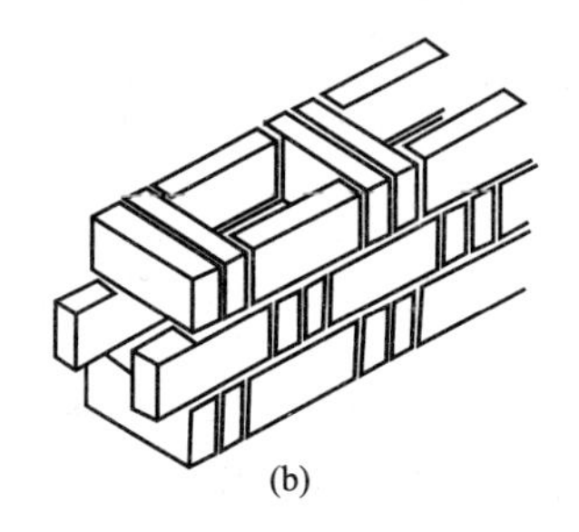

图 3-8　空斗墙

(a)无眠空斗墙；(b)有眠空斗墙

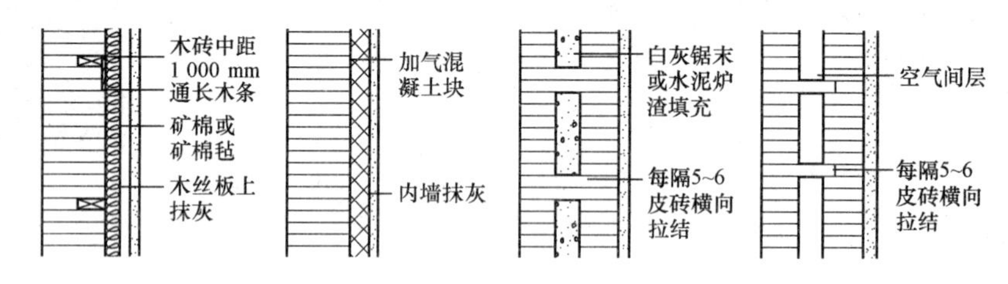

图 3-9　组合墙的构造

3.2.3　砖墙细部构造

1. 墙身防潮层构造

建筑地下部分的墙体和基础会受到土中潮气的影响，土中的潮气进入这部分材料的孔隙内形成毛细水，毛细水沿墙体上升，逐渐使地上部分墙体潮湿，会影响建筑的正常使用和安全，如图 3-10 所示。为了防止地下土中的潮气沿墙体上升和地表水对墙体的侵蚀，提高墙体的坚固性与耐久性，保证室内干燥、卫生，应在墙身中设置防潮层。防潮层有水平防潮层和垂直防潮层两种。

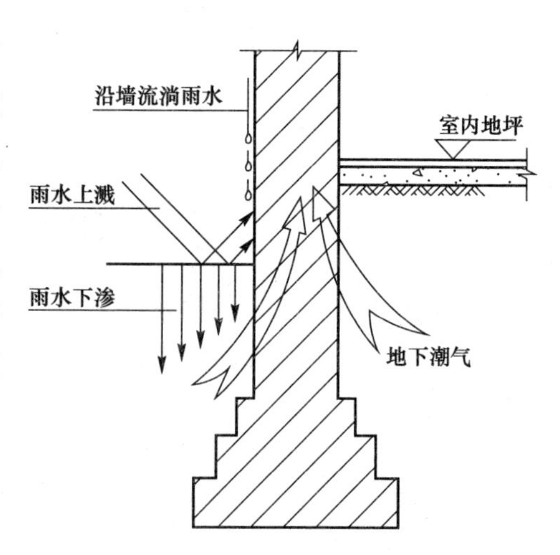

图 3-10　地下潮气对墙身的影响

(1)水平防潮层。所有墙体的根部均应设置水平防潮层。为了防止地表水反渗的影响，防潮层应设置在距室外地面 150 mm 以上的墙体内。同时，防潮层应设置在首层地坪结构层(如混凝土垫层)厚度范围内的墙体之中，与地面垫层形成一个封闭的隔潮层。当首层地面为实铺时，防潮层的位置通常选择在 −0.060 m 处，以保证隔潮的效果，如图 3-11(a)所示。防潮层的位置关系到防潮的效果，位置不当，就不能完全地阻隔地下的潮气，如图 3-11(b)、(c)所示。

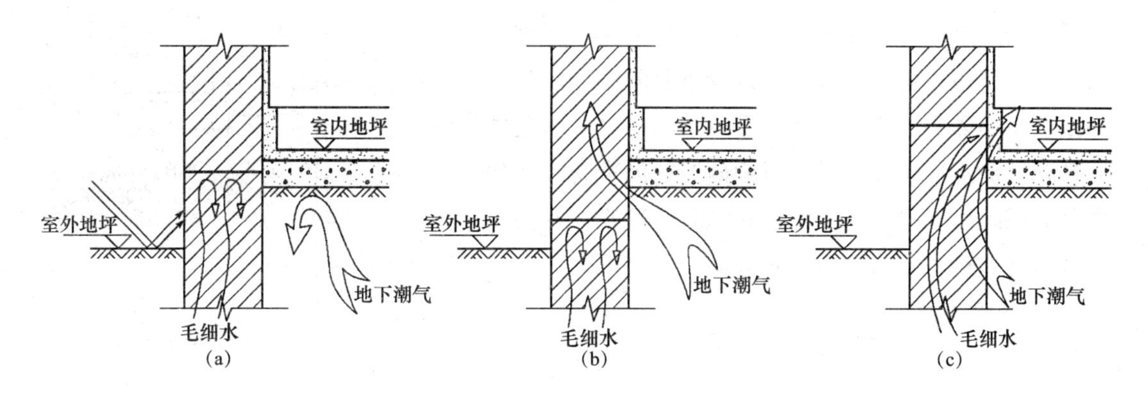

图 3-11　水平防潮层的位置

(a)位置适当；(b)位置偏低；(c)位置偏高

水平防潮层的常见构造做法主要有以下四种：

①油毡防潮。多采用沥青油毡。油毡防潮层有干铺和粘贴两种做法。干铺法就是在防潮层部位抹 20 mm 厚 1∶3 水泥砂浆找平层，然后在找平层上干铺一层油毡；粘贴法是在找平层上做一毡二油(先浇热沥青，再铺油毡，最后浇热沥青)防潮层。为了确保防潮效果，油毡的宽度应比墙宽大 20 mm，油毡搭接应不小于 100 mm。这种做法的防潮效果好，但破坏了墙身的整体性，不应在地震区采用，其构造如图 3-12(a)所示。

②防水砂浆防潮。在防潮层部位抹 25 mm 厚 1∶2 的防水砂浆，其构造如图 3-12(b)所示。防水砂浆是在水泥砂浆中掺入水泥质量 5%的防水剂，防水剂与水泥混合黏结，能填充微小孔隙和堵塞、封闭毛细孔，从而阻断毛细水。这种做法省工省料，且能保证墙身的整体性，但易因砂浆开裂而降低防潮效果。

③防水砂浆砌砖防潮。在防潮层部位用防水砂浆砌筑 3～5 皮砖，其构造如图 3-12(c)所示。

④细石混凝土防潮。在防潮层部位浇筑 60 mm 厚与墙等宽的细石混凝土带，内配 $3\phi6$ 或 $3\phi8$ 钢筋。这种防潮层的抗裂性好，且能与砌体结合成一体，特别适用于刚度要求较高的建筑中。

当建筑物设有基础圈梁，且其截面高度在室内地坪以下 60 mm 附近时，可用基础圈梁代替防潮层，如图 3-12(d)所示。

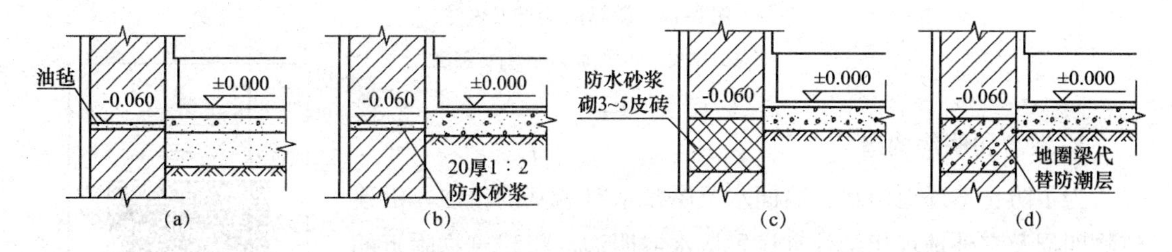

图 3-12　水平防潮层的构造

(a)油毡防潮；(b)防水砂浆防潮；(c)防水砂浆砌砖防潮；(d)细石混凝土防潮

(2)垂直防潮层。当室内地面出现高差或室内地面低于室外地面时，除了要在相应位置设置水平防潮层外，还要对两道水平防潮层之间靠土壤的垂直墙体作防潮处理，即设置垂直防潮层。具体做法：在墙体靠回填土一侧用 20 mm 厚 1∶2 水泥砂浆抹灰，涂冷底子油一道，再刷两遍热沥青防潮，如图 3-13 所示，也可以抹 25 mm 厚防水砂浆。在另一侧的墙面，最好用水泥砂浆抹灰。

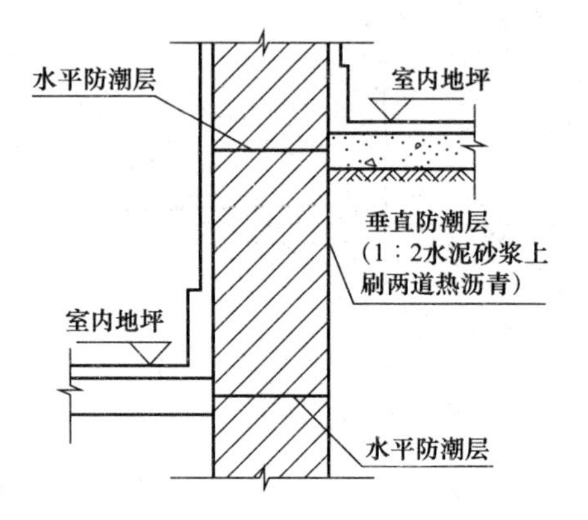

图 3-13　垂直防潮层的构造

2. 勒脚构造

勒脚是外墙接近室外地面的部分。勒脚位于建筑墙体的下部，承担的上部荷载多，而且容易受到雨、雪的侵蚀和人为因素的破坏，因此，需要对这部分墙体加以特殊的保护。

勒脚的高度一般应在 500 mm 以上，有时为了满足建筑立面形象的要求，可以把勒脚顶部提高至首层窗台处。目前，勒脚常用饰面的办法，即采用密实度大的材料来处理勒脚。勒脚应坚固、防水和美观。常见的做法有以下三种：

(1)在勒脚部位抹 20～30 mm 厚 1∶2 或 1∶2.5 的水泥砂浆，或做水刷石、斩假石等，如图 3-14(a)所示。

(2)在勒脚部位加厚 60～120 mm，再用水泥砂浆或水刷石等罩面。

(3)当墙体材料防水性能较差时，勒脚部分的墙体应当换用防水性能好的材料进行贴面。常用的防水性能好的材料有大理石板、花岗石板、水磨石板、面砖等，如图 3-14(b)所示。

(4)用天然石材砌筑勒脚，如图 3-14(c)所示。

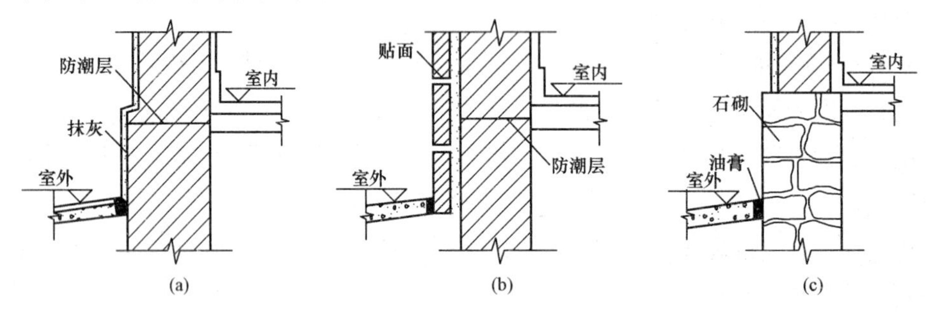

图 3-14　勒脚的构造及做法

(a)抹灰；(b)贴面；(c)石材砌筑

3. 散水和明沟构造

为了防止室外地面水、墙面水及屋檐水对墙基的侵蚀，沿建筑物四周及室外地坪相接处宜设置散水或明沟，将建筑物附近的地面水及时排除。

(1)散水。散水也称为散水坡、护坡，是沿建筑物外墙四周设置的向外倾斜的坡面，其作用是把屋面下落的雨水排到远处，

微课：块材墙体细部构造(一)

进而保护建筑四周的土壤，降低基础周围土壤的含水率。散水表面应向外侧倾斜，坡度为3%～5%。散水的宽度一般为600～1 000 mm。为了保证屋面雨水能够落在散水上，当屋面采用无组织排水方式时，散水的宽度应比屋檐的挑出宽度大200 mm左右。散水的做法通常有砖散水、块石散水、混凝土散水等，如图3-15所示。在降水量较少的地区或临时建筑也可采用砖、块石做散水的面层。

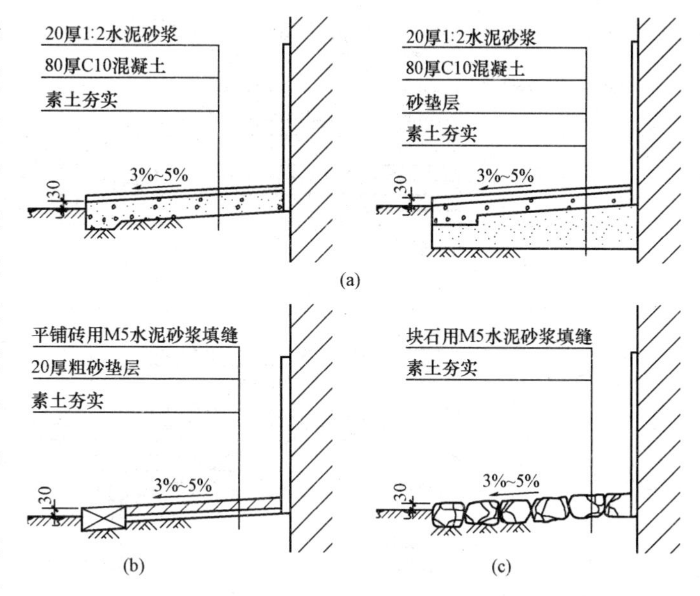

图3-15　散水的构造及做法

(a)混凝土散水；(b)砖散水；(c)块石散水

散水垫层为刚性材料时，每隔6～12 m应设置20～30 mm的伸缩缝，伸缩缝及散水和建筑外墙交界处应用沥青填充。

由于建筑物的沉降，勒脚与散水施工时间的差异，在勒脚与散水交接处应留有缝隙，缝内处理一般用沥青麻丝灌缝。

散水一般采用混凝土或碎砖混凝土做垫层，对于土壤冻深在600 mm以上的地区，宜在散水垫层下面设置砂垫层，以免散水被土壤冻胀而遭破坏。砂垫层的厚度与土壤的冻胀程度有关，通常砂垫层的厚度为300 mm左右。

(2)明沟。对于年降水量较大的地区，常在散水的外缘或直接在建筑物外墙根部设置的排水沟称为明沟。明沟通常用混凝土浇筑成宽度不小于180 mm、深度不小于150 mm的沟槽，也可用砖、石砌筑，如图3-16所示。沟底应有不小于1%的纵向排水坡度。

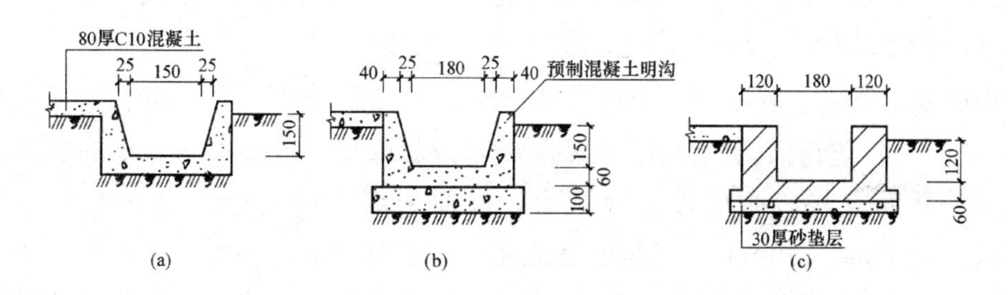

图3-16　明沟的构造

4. 门窗洞口构造

(1)门窗过梁。门窗过梁是指门窗洞口顶上的横梁。过梁的种类很多，目前常用的有砖砌过梁和钢筋混凝土过梁两类。砖砌过梁又分为砖砌平拱过梁和钢筋砖过梁两种；钢筋混凝土过梁又分为现浇和预制两种，如图 3-17 所示。

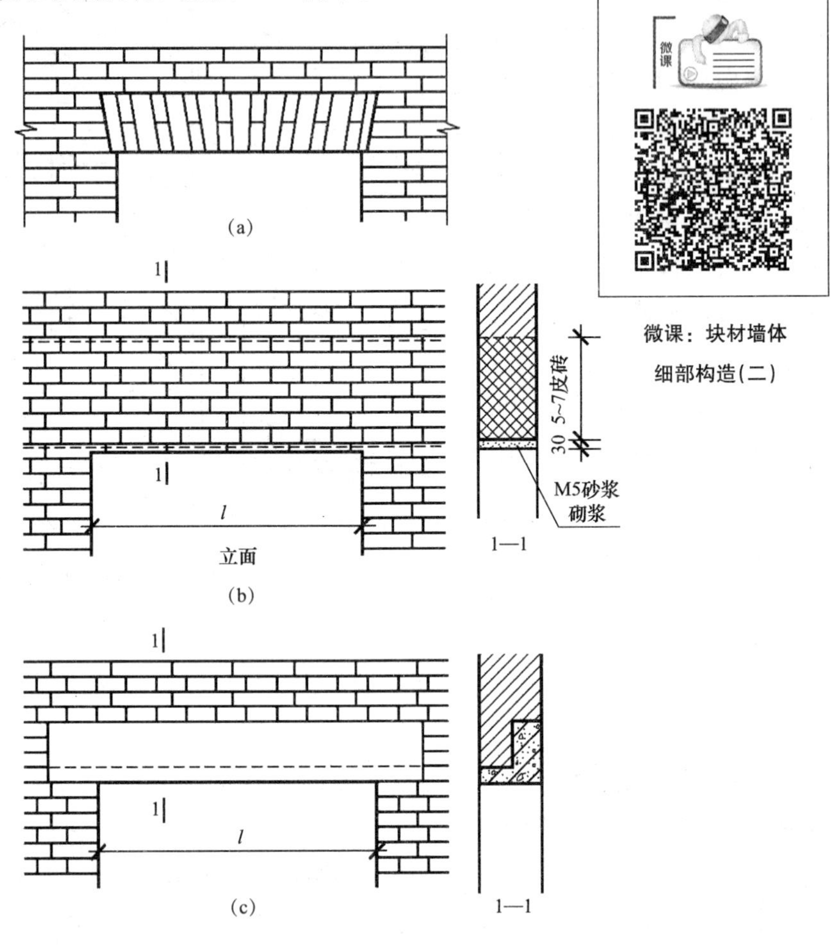

图 3-17　过梁的构造

(a)砖砌平拱过梁；(b)钢筋砖过梁；(c)钢筋混凝土过梁

砖砌平拱过梁的适用跨度多小于 1.2 m，但不适用于过梁上部有集中荷载或建筑有振动荷载的情况。钢筋砖过梁适用于跨度不超过 1.5 m、上部无集中荷载的洞口。当墙身为清水墙时，采用钢筋砖过梁可使建筑立面获得统一的效果。

钢筋混凝土过梁承载能力强，跨度可超过 2 m，施工简便，目前被广泛采用。按照施工方式的不同，钢筋混凝土过梁分为现浇和预制两种，截面尺寸及配筋应由计算确定。过梁的高度应与砖的皮数尺寸配合，以便于墙体的连续砌筑，常见的梁高为 120 mm、180 mm、240 mm。过梁的宽度通常与墙厚相同，当墙面不抹灰，为清水墙结构时，其宽度应比墙宽小 20 mm。为了避免局压破坏，过梁两端深入墙体的长度各不应小于 240 mm。

钢筋混凝土过梁的截面形式有矩形和 L 形两种。矩形过梁多用于内墙或南方地区的混水墙。钢筋混凝土的导热系数比砖砌体的导热系数大，为避免过梁处产生热桥效应，内壁结露，在严寒及寒冷地区外墙或清水墙中多用 L 形过梁，如图 3-18 所示。

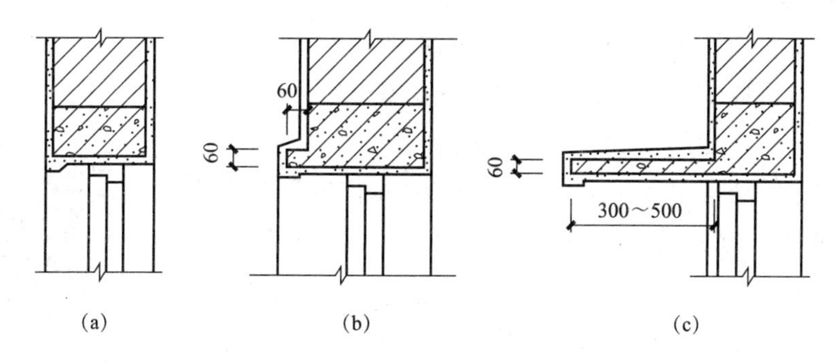

图 3-18　钢筋混凝土过梁的截面形式

(a)平墙过梁；(b)带窗套过梁；(c)带窗楣过梁

(2)窗台。窗台是窗洞下部的构造，用来排除窗外侧流下的雨水和内侧的冷凝水，并起一定的装饰作用。位于窗外的叫作外窗台，位于室内的叫作内窗台。当墙很薄，窗框沿墙内缘安装时，可不设内窗台。窗台的构造如图 3-19 所示。

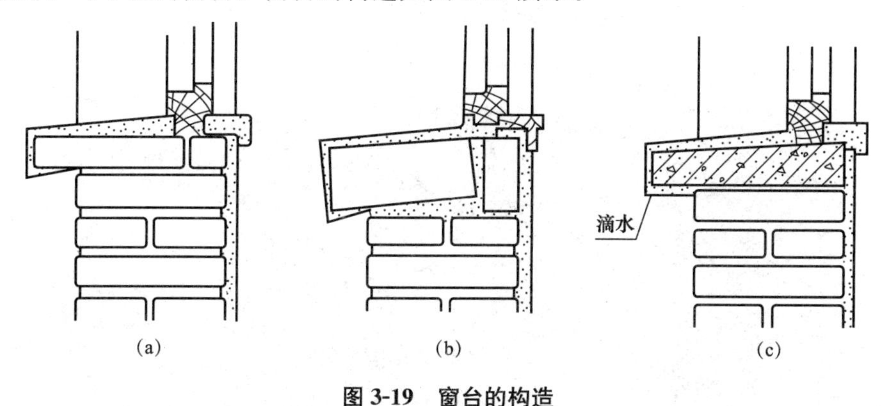

图 3-19　窗台的构造

(a)平砌外窗台；(b)侧砌外窗台，木内窗台；(c)预制钢筋混凝土外窗台，抹灰内窗台

①外窗台。外窗台面一般应低于内窗台面，并应形成 5%的外倾坡度，以利于排水，防止雨水流入室内。外窗台的构造有悬挑窗台和不悬挑窗台两种。悬挑窗台常用砖平砌或侧砌，也可采用预制钢筋混凝土，其挑出的尺寸应不小于 60 mm。窗台表面的坡度可由斜砌的砖形成，或用 1∶2.5 水泥砂浆抹出，并在挑砖下缘前端抹出滴水槽或滴水线。悬挑外窗台下边缘的滴水应做成半圆形凹槽，以免排水时雨水沿窗台底面流至下部墙体。

如果外墙饰面为瓷砖、陶瓷马赛克等易于冲洗的材料，可不做悬挑窗台，窗下墙的脏污可借窗上墙流下的雨水冲洗干净。

②内窗台。内窗台可直接抹 1∶2 的水泥砂浆形成面层。我国北方地区墙体厚度较大时，常在内窗台下留置暖气槽，这时内窗台可采用预制水磨石或木窗台板。装修标准较高的房间也可以采用天然石材。窗台板一般靠窗间墙来支承，两端伸入墙内 60 mm，沿内墙面挑出约 40 mm。当窗下不设暖气槽时，也可以在窗洞下设置支架以固定窗台板。

5. 圈梁

圈梁是沿建筑物外墙及部分内墙设置的连续水平闭合的梁。圈梁与楼板共同作用，能增强建筑的空间刚度和整体性，对建筑起到腰箍的作用，防止地基不均匀沉降振动引起的墙体开裂。在抗震设防地区，圈梁与构造柱一起形成骨架，可提高房屋的抗震能力。

微课：块材墙体细部构造(三)

圈梁有钢筋砖圈梁和钢筋混凝土圈梁两种。钢筋砖圈梁是将前述钢筋砖过梁沿外墙和部分内墙连通砌筑而成，目前应用较少。钢筋混凝土圈梁的高度应与砖的皮数配合，以方便墙体的连续砌筑，一般不小于 120 mm。圈梁的宽度宜与墙厚相同，且不小于 180 mm，在寒冷地区可略小于墙厚，但不宜小于墙厚的 2/3，如图 3-20 所示。圈梁一般是按构造要求配置钢筋，通常纵向钢筋不小于 4ϕ10，而且要对称布置，箍筋间距不大于 300 mm。圈梁应该在同一水平面上连续、封闭，当被门窗洞口截断时，应就近在洞口上部或下部设置附加圈梁，其配筋和混凝土强度等级不变。附加圈梁与圈梁搭接长度不应小于两者垂直间距的两倍，且不得小于 1.0 m。地震设防地区的圈梁应当完全封闭，不宜被洞口截断。

图 3-20　圈梁构造

圈梁在建筑中设置的道数应结合建筑的高度、层数、地基情况和抗震设防要求等综合考虑。单层建筑至少设置一道圈梁，多层建筑一般隔层设置一道圈梁。在地震设防地区，往往要层层设置圈梁。圈梁除了在外墙和承重内纵墙中设置之外，还应根据建筑的结构及防震要求，每隔 16～32 m 在横墙中设置圈梁，以充分发挥圈梁的腰箍作用。

圈梁通常设置在建筑的基础墙处、檐口处和楼板处，当屋面板或楼板与窗洞口间距小，且抗震设防等级较低时，可以把圈梁设置在窗洞口上皮，兼做过梁使用。

6. 构造柱

由于砖砌体的整体性差，抗震能力较差，我国有关规范对地震设防地区砖混结构建筑的总高度、横墙间距、圈梁的设置、墙体的局部尺寸等都提出了一定的限制和要求，设置构造柱也能有效地加强建筑的整体性，设置构造柱是防止房屋倒塌的有效措施。构造柱通常设置在楼梯间、电梯间以及某些较长的墙体中部。构造柱在墙体内部与水平设置的圈梁相连，相当于圈梁在水平方向将楼板和墙体箍住，构造柱则从竖向加强层与层之间墙体的连接，共同形成具有较大刚度的空间骨架，从而较大地提高建筑物的整体刚度，提高墙体抵抗变形的能力。

构造柱下端应锚固于钢筋混凝土条形基础或基础梁内，上部与楼层圈梁连接。如果圈梁是隔层设置的，应在无圈梁的楼层增设配筋砖带。构造柱应通至女儿墙顶部，与其钢筋混凝土压顶相连。构造柱的最小截面尺寸为 180 mm×240 mm；主筋宜用 4Φ12，箍筋间距不大于 250 mm；墙与柱之间应沿墙每 500 mm 设置拉结钢筋，每边伸入墙内长度不应小于 1 m。构造柱在施工时应先砌砖墙形成“马牙槎”，如图 3-21 所示，随着墙体的上升，逐段现浇钢筋混凝土构造柱。

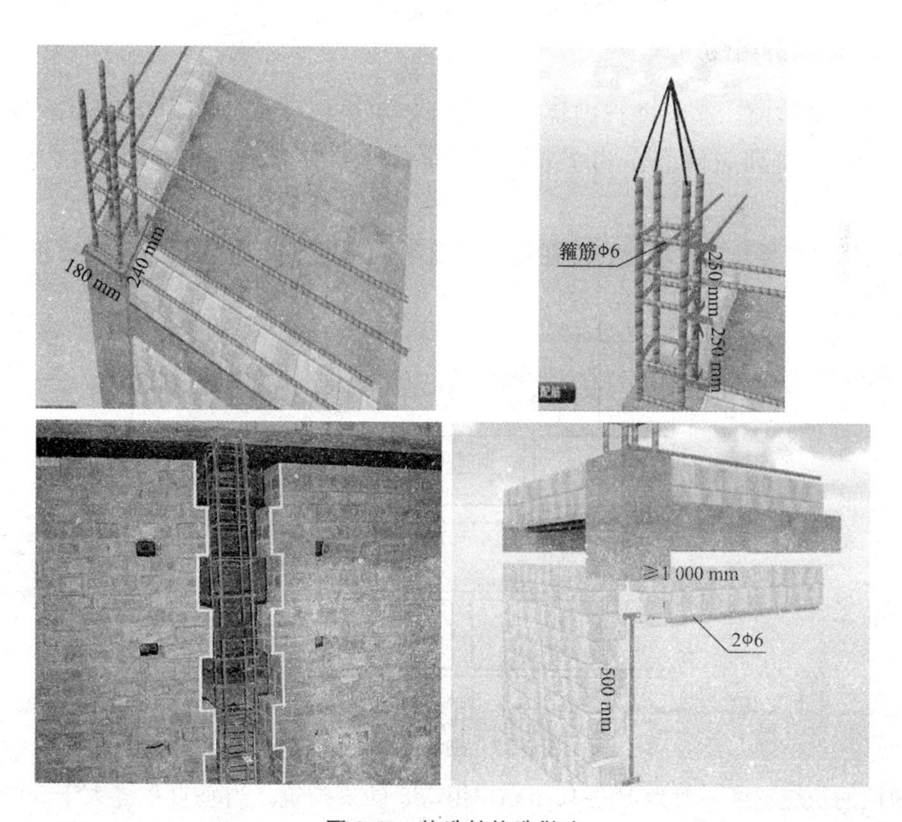

图 3-21 构造柱构造做法

3.3 砌块墙构造认知

讨论：随着全面禁止使用黏土砖，一批新型墙体材料诞生出来，如加气混凝土砌块、陶粒砌块、小型混凝土空心砌块等，那么，它们的砌筑方式和砖墙一样吗？

3.3.1 砌块的种类及规格

砌块按单块质量和规格可分为小型砌块、中型砌块和大型砌块。目前，采用中小型砌块居多。小型砌块的质量一般不超过 20 kg，主块外形尺寸为 190 mm×190 mm×390 mm，辅块尺寸为 90 mm×190 mm×190 mm 和 190 mm×190 mm×190 mm，适合人工搬运和砌筑。中型砌块的质量为 20～350 kg，目前各地的规格很不统一，常见的有 180 mm×845 mm×630 mm、180 mm×845 mm×1 280 mm、240 mm×380 mm×280 mm、240 mm×380 mm×580 mm、240 mm×380 mm×880 mm 等，需要用轻便机具搬运和砌筑。大型砌块的质量一般在 350 kg 以上，是向板材过渡的一种形式，需要用大型设备搬运和施工。

3.3.2 砌块的组砌方式

砌块墙在砌筑前，必须进行砌块排列设计，尽量提高砌块的使用率和避免镶砖或少镶砖。砌块的排列应使上、下皮错缝，搭接长度一般为砌块长度的 1/4，并且不应小于 150 mm。

当无法满足搭接长度要求时，应在灰缝内设置 ϕ4 钢筋网片连接，如图 3-22 所示。

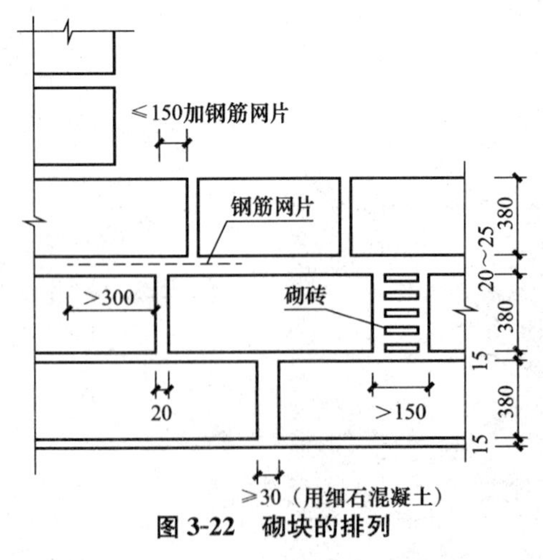

图 3-22　砌块的排列

砌块墙的灰缝宽度一般为 10～15 mm，用 M5 砂浆砌筑。当垂直灰缝大于 30 mm 时，则需用 C10 细石混凝土灌实。由于砌块尺寸较大，一般不存在内、外皮间的搭接问题，在纵、横交接处和外墙转角处均应咬接，如图 3-23 所示。

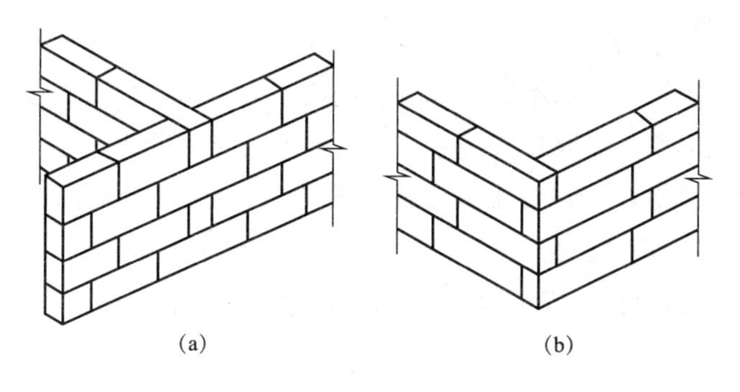

图 3-23 砌块的咬接

(a)纵、横墙交接；(b)外墙转角交接

3.3.3 砌块墙圈梁与构造柱构造

砌块墙的圈梁常与过梁统一考虑，有现浇和预制两种，不少地区采用槽形预制构件，在槽内配置钢筋，浇灌混凝土形成圈梁，如图 3-24 所示。

为了加强墙体的竖向连接，在外墙转角及某些内、外墙相接的丁字接头处，将空心砌块上、下孔对齐，在孔内配置 $\phi10\sim\phi12$ 的钢筋，然后用细石混凝土分层灌实，形成构造柱，使砌块在垂直方向连成一体，如图 3-25 所示。

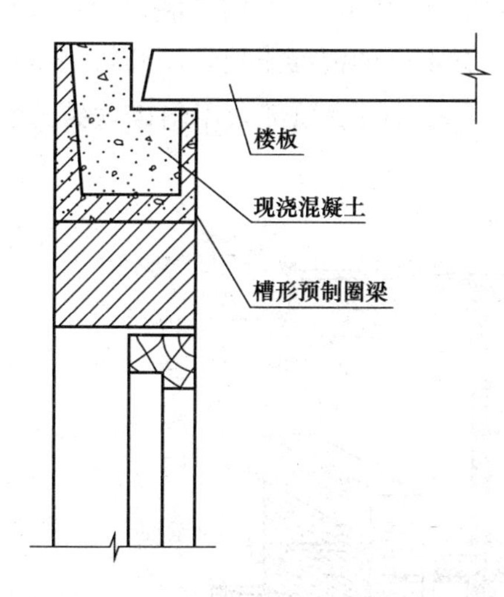

图 3-24 槽形预制圈梁

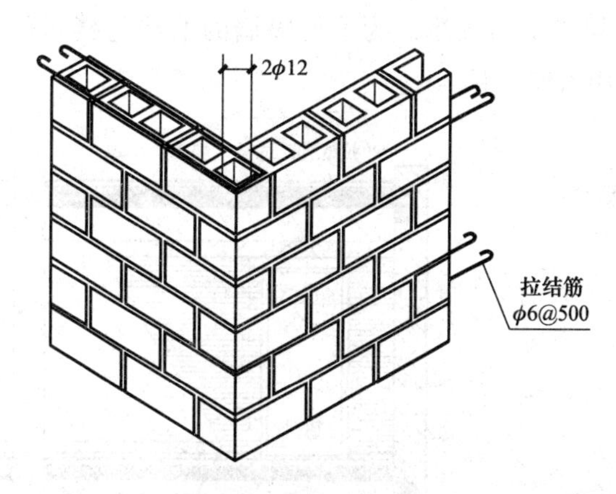

图 3-25 砌块墙的构造柱

3.4 隔墙构造认知

微课：隔墙构造认知

讨论： 框架结构中分隔室内空间的墙体与剪力墙结构中的墙体的作用是否一样？

钢筋混凝土承重结构体系中，荷载由钢筋混凝土承受，墙体只起到围护和分隔空间的作用，这种结构中的墙就是隔墙。隔墙是用来分隔建筑空间，并起一定装饰作用的非承重构件。隔墙的重量由楼板或墙梁承担，所以要求隔墙重量小。为了增加建筑的有效使用面积，隔墙在满足稳定的前提下，应尽量薄。建筑物的室内空间在使用过程中有可能重新划分，所以要求隔墙便于安装与拆卸。应结合房间不同的使用要求，如厨房、卫生间等还应具备防火、防潮、防水、隔声等性能。

隔墙按构造方式可以分为块材隔墙、板材隔墙和立筋隔墙三类。

3.4.1 块材隔墙

块材隔墙是采用普通砖、空心砖、加气混凝土块等块状材料砌筑的隔墙，具有取材方便、造价较低、隔声效果好的特点。常用的有普通砖隔墙和砌块隔墙两种。

1. 普通砖砌隔墙

普通砖隔墙多采用普通砖砌筑，分为1/4砖厚和1/2砖厚两种，以1/2砖隔墙为主。

(1)1/2砖隔墙。1/2砖隔墙又称为半砖隔墙，用烧结普通砖采用全顺式砌筑而成，砌墙用砂浆强度应不低于M5。由于隔墙的厚度较小，为确保墙体稳定，应控制墙体的长度和高度。当墙体的长度超过5 m或高度超过3 m时，应采取加固措施。

为了使隔墙与两端的承重墙或柱固接，隔墙两端的承重墙须预留出马牙槎，并沿墙高每隔500～800 mm埋入2ϕ6拉结钢筋，伸入隔墙不小于500 mm。在门窗洞口处，应预埋混凝土块，安装窗框时打孔旋入膨胀螺栓，或预埋带有木楔的混凝土块，用圆钉固定门窗框，如图3-26所示。为了使隔墙的上端与楼板结合紧密，隔墙顶部采用斜砌立砖或每隔1 m用木楔打紧。

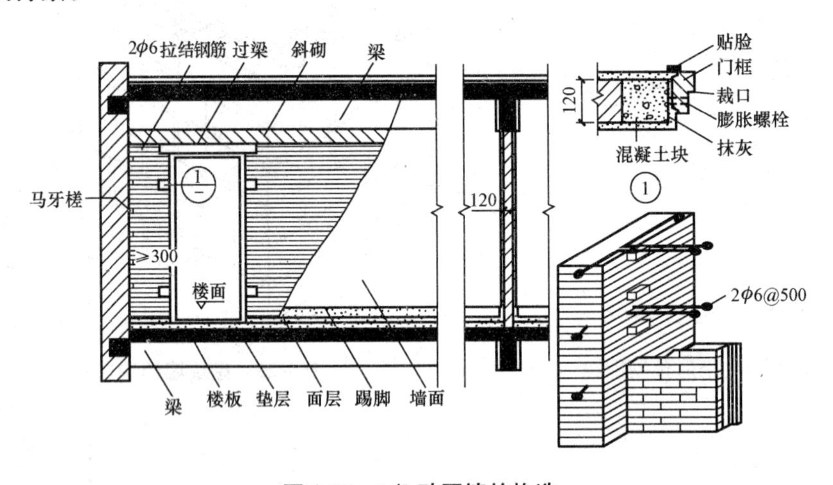

图3-26　1/2砖隔墙的构造

(2)1/4砖隔墙。1/4砖隔墙用标准砖侧砌，标志尺寸是60 mm，砌筑砂浆的强度不应低于M5。其高度不应大于2.8 m，长度不应大于3.0 m。1/4砖隔墙多用于建筑内部的一些小房间的墙体，如厕所、卫生间的隔墙。1/4砖隔墙上最好不开设门窗洞口，而且应当用强度较大的砂浆抹面。

2. 砌块隔墙

为了减轻隔墙自重和节约用砖，采用轻质砌块砌筑隔墙，可以把隔墙直接砌在楼板上，不必再设置承墙梁。目前，应用较多的砌块有炉渣混凝土砌块、陶粒混凝土砌块、加气混凝土砌块。炉渣混凝土砌块和陶粒混凝土砌块的厚度通常为 90 mm，加气混凝土砌块多采用 100 mm 厚。由于加气混凝土防水、防潮的能力较差，因此在潮湿环境中应慎重采用，或在表面作防潮处理。砌块隔墙构造如图 3-27 所示。由于砌块隔墙吸水性强，一般不在潮湿环境中应用。在砌筑时应先在墙下部实砌三皮实心砖再砌砌块。砌块不够整块时宜用实心砖填补，砌块隔墙的加固措施与普通砖隔墙相同，如图 3-28 所示。

另外，由于砌块的密度和强度较小，如需在砌块隔墙上安装暖气散热片或电源开关、插座，应预先在墙体内部设置埋件。

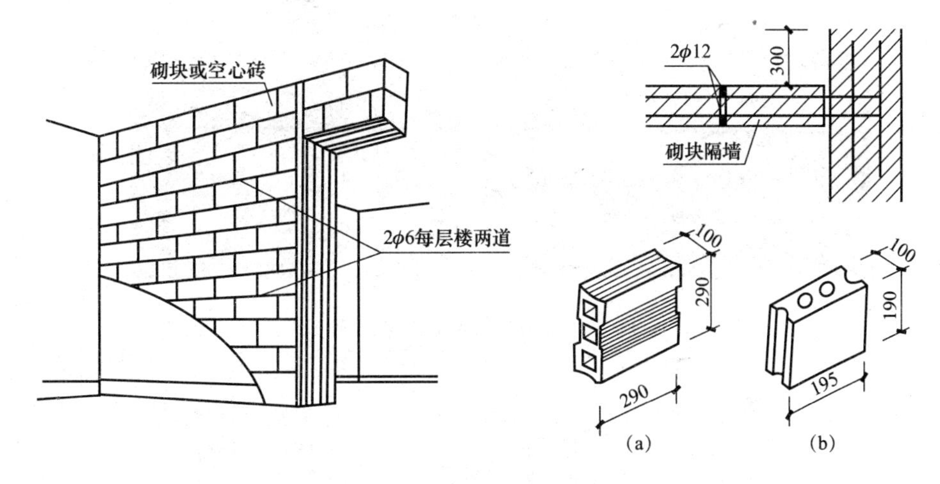

图 3-27　砌块隔墙的构造

3.4.2　板材隔墙

板材隔墙是采用轻质大型构件直接在现场装配的轻质板材，板材的高度相当于房间的净高，不需要依赖骨架。常用的板材(如加气混凝土条板、石膏条板、碳化石灰板、水泥玻璃纤维空心条板以及各种复合板)在现场直接装配形成隔墙。板材隔墙装配性好，施工速度快，防火性能好，但价格较高。

石膏条板和水泥玻璃纤维空心条板多为空心板，长度为 2 400～3 000 mm，略小于房间的净高，宽度一般为 600～1 000 mm，厚度为 60～100 mm，主要用黏结砂浆和特制胶粘剂进行黏结安装。为使之结合紧密，板的侧面多做成企口。板之间采用立式拼接，当房间高度大于板长时，水平接缝应当错开至少 1/3 板长。安装条板时，将条板下部用小木楔顶紧后，用细石混凝土堵严，板缝用胶粘剂黏结，并用胶泥刮缝，平整后再进行表面装修。水泥玻璃纤维空心条板隔墙的连接构造如图 3-29 所示。

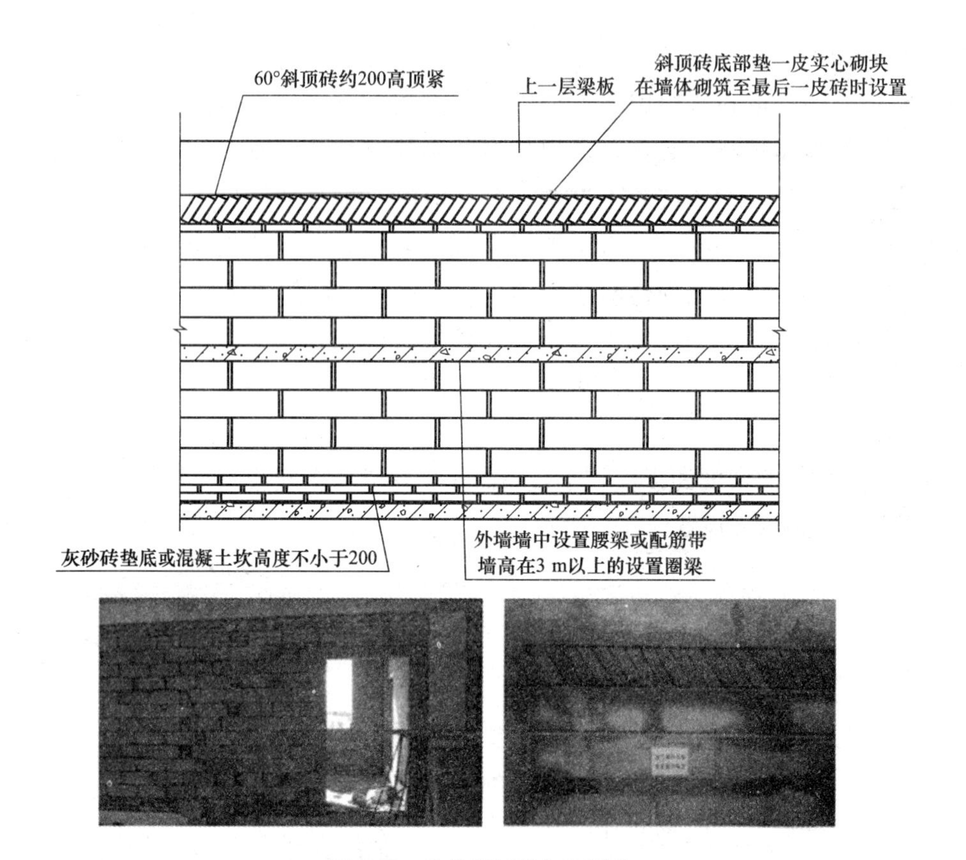

图 3-28　砌块隔墙的加固措施

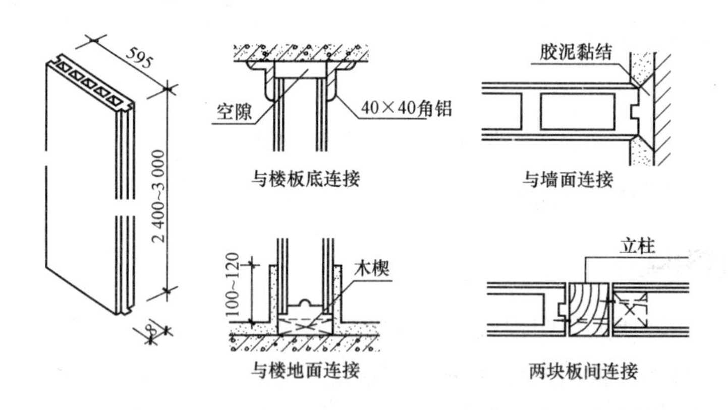

图 3-29　水泥玻璃纤维空心条板隔墙的连接构造

3.4.3　立筋隔墙

立筋隔墙一般采用木材、薄壁型钢做骨架，用灰板条、钢丝网、纸面石膏板、吸声板或其他装饰面板做罩面。立筋隔墙具有自重小、占地面积小、表面装饰方便的特点。

1. 板条抹灰隔墙

板条抹灰隔墙由木方加工而成的上槛、下槛、立筋(龙骨)、斜撑等构件组成骨架，然后在立筋上沿横向钉上灰板条，如图 3-30(a)所示。其防火性能差、耗费木材多，不适合在潮湿环境中工作，如厨房、卫生间等隔墙，目前较少使用。

为了保证墙体骨架的干燥，常在下槛下方事先砌 3 皮砖，厚度为 120 mm，然后将上、下槛分别固定在顶棚和楼板(或砖垄上)上，之后将立筋固定在上、下槛上，立筋一般采用 50 mm×20 mm或 50 mm×100 mm 的木方，立筋的间距为 500～1 000 mm，斜撑的间距约为 1 500 mm。

灰板条要钉在立筋上，板条长边之间应留出 6～9 mm 的缝隙，以便抹灰时灰浆能够挤入缝隙，使其能附着在灰板条上。灰板条应在立筋上接头，两根灰板条接头处应留出 3～5 mm 的空隙，以免抹灰后灰板条膨胀相顶而弯曲，灰板条的接头连续高度应不超过 500 mm，以免在墙面出现通长裂缝，如图 3-30(b)所示。为了使抹灰黏结牢固，灰板条表面不能够刨光，砂浆中应掺入麻刀或其他纤维材料。

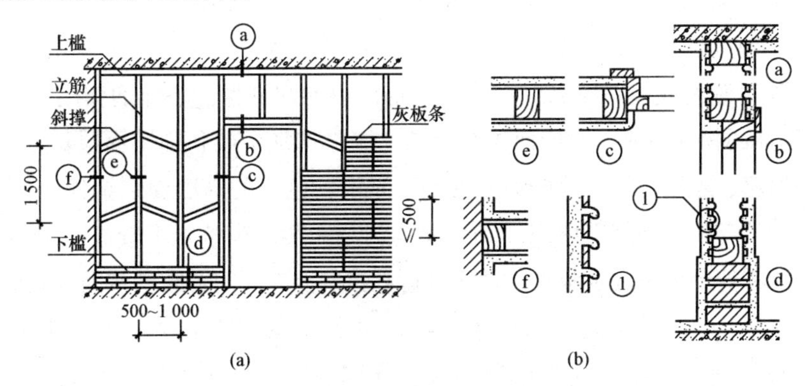

图 3-30　板条抹灰隔墙

(a)隔墙组成示意；(b)细部构造

2. 石膏板隔墙

石膏板隔墙是目前使用较多的一种隔墙。石膏板又称为纸面石膏板，是一种新型建筑材料，其自重小、防火性能好、加工方便且价格不高。石膏板的厚度有 9 mm、10 mm、12 mm、15 mm 等，用于隔墙时多选用 12 mm 厚石膏板。有时为了提高隔墙的耐火极限，也可以采用双层石膏板。

石膏板隔墙的骨架可以采用薄壁型钢、木方和石膏板条。目前，采用薄壁型钢骨架的较多，其又称为轻钢龙骨石膏板。轻钢龙骨石膏板一般由沿顶龙骨、沿地龙骨、竖向龙骨、横撑龙骨、加强龙骨和各种配套件组成。组装骨架的薄壁型钢是工厂生产的定型产品，并配有组装需要的各种连接构件。竖龙骨的间距≤600 mm，横龙骨的间距≤1 500 mm。当墙体高度在 4 m 以上时，还应适当加密。

石膏板用自攻螺钉与龙骨连接，钉的间距为 200～250 mm，钉帽应压入板内约 2 mm，以便于刮腻子。刮腻子后即可做饰面，如喷刷涂料、油漆、贴壁纸等。为了避免开裂，板的接缝处应加贴 50 mm 宽玻璃纤维带或根据墙面观感要求，事先在板缝处预留凹缝。

3.5 墙面装饰认知

讨论：改革开放后，我国经济水平发展迅速，人们的生活水平日渐提高，对建筑装饰的要求越来越多。那么，你见过哪些类型的墙面装饰呢？

3.5.1 墙面装饰的作用与分类

1. 墙面装饰的作用

(1)保护墙体。外墙是建筑物的围护结构，对其进行饰面装饰，可避免墙体直接受到风吹、日晒、雨淋、霜雪和冰雹的袭击，抵御空气中腐蚀性气体和微生物的破坏作用，增强墙体的坚固性、耐久性，延长墙体的使用年限。内墙虽然没有直接受到外界环境的不利影响，但在某些相对潮湿或酸碱度高的房间中，饰面也能起到保护墙体的作用。

(2)改善墙体的物理性能。对墙面进行装饰，墙厚增加，或利用饰面层材料的特殊性能，可改善墙体的保温、隔热、隔声等能力。平整、光滑、色浅的内墙面装饰便于清扫，保持卫生，可增加光线的反射，提高室内照度和采光均匀度。某些声学要求较高的用房，可利用不同饰面材料所具有的反射声波及吸声的性能，达到控制混响时间、改善室内音质的效果。

(3)美化环境，丰富建筑的艺术形象。建筑物的外观效果主要取决于建筑的体量、形式、比例、尺度、虚实对比等立面设计手法。外墙的装饰可通过饰面材料的质感、色彩、线形等产生不同的立面装饰效果，丰富建筑的艺术形象。内墙装饰适当结合室内的家具陈设及地面和顶棚的装饰，恰当选用装饰材料和装饰手法，可在不同程度上起到美化室内环境的作用。

2. 墙面装饰的分类

(1)墙面装饰按其所处的部位不同，可分为外墙面装饰和内墙面装饰。外墙面装饰应选择耐光照、耐风化、耐大气污染、耐水、抗冻性强、抗腐蚀、抗老化的建筑材料，以起到保护墙体的作用，并保持外观清新；内墙面装饰应根据房间的不同功能要求及装饰标准来选择饰面，一般选择易清洁、接触感好、光线反射能力强的饰面。

(2)墙面装饰按材料及施工方式的不同，通常分为抹灰类、贴面类、涂刷类、裱糊类、铺钉类和其他类，如图 3-31 所示。

3.5.2 墙面装饰构造

1. 抹灰类墙面装饰

抹灰类墙面装饰是我国传统的饰面做法，是用各种加色的、不加色的水泥砂浆或石灰砂浆混合砂浆、石膏砂浆以及水泥石碴浆等做成的各种装饰抹灰层。其材料来源丰富、造价较低、施工操作简便，通过施工工艺可获得不同的装饰效果，同时还具有保护墙体、改

图 3-31　墙面装饰类型

(a)抹灰类；(b)贴面类；(c)裱糊类；(d)铺钉类；(e)涂料类；(f)清水墙

善墙体的物理性能等功能。这类装饰属于中、低档装饰，在墙面装饰中应用广泛。

抹灰用的各种砂浆，往往在硬化过程中随着水分的蒸发，体积会收缩。当抹灰层厚度过大时，会因体积收缩而产生裂缝。为了保证抹灰牢固、平整、颜色均匀，避免出现龟裂、脱落等问题，抹灰要分层操作。抹灰的构造层次通常由底层、中间层、饰面层三部分组成。底层厚 5～15 mm，主要起与墙体基层黏结和初步找平的作用；中层厚 5～12 mm，主要起进一步找平和弥补底层砂浆的干缩裂缝的作用；面层抹灰厚 3～8 mm，表面应平整、均匀、光洁，以取得良好的装饰效果。抹灰层的总厚度依位置不同而异，外墙抹灰为 20～25 mm，内墙抹灰为 15～20 mm。按建筑标准及不同墙体，抹灰可分为三种标准：

(1)普通抹灰：一层底灰，一层面灰或不分层一次成活；

(2)中级抹灰：一层底灰，一层中灰，一层面灰；

(3)高级抹灰：一层底灰，一层或数层中灰，一层面灰。

常用的抹灰做法见表 3-4。

表 3-4　常用的抹灰做法

抹灰名称	材料配合比及构造	适用范围
水泥砂浆	1.5 mm厚1∶3水泥砂浆打底； 10 mm厚1∶2.5水泥砂浆饰面	室外饰面及室内需防潮的房间及浴厕墙裙、建筑物阳角
混合砂浆	12～15 mm厚1∶1∶6水泥、石灰膏、砂的混合砂浆； 5～10 mm厚1∶1∶6水泥、石灰膏、砂的混合砂浆	一般砖、石砌筑的外墙、内墙均可
纸筋(麻刀)灰	12～17 mm厚1∶3石灰砂浆(加草筋)打底； 2～3 mm厚纸筋(麻刀)灰、玻璃丝罩面	一般砖、石砌筑的内墙抹灰
石膏灰	13 mm厚1∶(2～3)麻刀灰砂浆打底； 2～3 mm厚石灰膏罩面	高级装饰的内墙面抹灰的罩面
水刷石	15 mm厚1∶3水泥砂浆打底； 10 mm厚1∶(1.2～1.4)水泥石碴浆抹面后水刷石饰面	用于外墙
水磨石	15 mm厚1∶3水泥砂浆打底； 10 mm厚1∶1.5水泥石碴饰面，并磨光、打蜡	室内潮湿部位
膨胀珍珠岩	13 mm厚1∶(2～3)麻刀灰砂浆打底； 9 mm厚水泥∶石灰膏∶膨胀珍珠岩=100∶(10～20)∶(3～5)(质量比)分2～3次饰面	室内有保温、隔热或吸声要求的房间内墙抹灰
干粘石	10～12 mm厚1∶3水泥砂浆打底； 7～8 mm厚1∶0.5∶2外加5%108胶的混合砂浆黏结层； 3～5 mm厚彩色石碴面层(用喷或甩的方式进行)	用于外墙
斩假石	15 mm厚1∶3水泥砂浆打底后，刷素水泥浆一道； 8～10 mm厚水泥石碴饰面； 用剁斧砍去表面层水泥浆或石尖部分使其显出凿纹	用于外墙或局部内墙

不同的墙体基层，抹灰底层的操作有所不同，以保证饰面层与墙体的连接效果及饰面层的平整度：砖、石砌筑的墙体，表面一般较为粗糙，对抹灰层的黏结较有利，可直接抹灰；混凝土墙体表面较为光滑，甚至残留有脱模油，需先进行除油垢、凿毛、甩浆、划纹等再抹灰；轻质砌块的表面孔隙大、吸水性极强，需先在整个墙面上涂刷一层108胶封闭基层，再进行抹灰。

室内抹灰砂浆的强度较小，阳角位置容易碰撞损坏，因此，通常在抹灰前在内墙阳角、柱子四角、门洞转角等处用强度较高的1∶2水泥砂浆抹出护角，或预埋角钢做成护角。护角高度高出地面1.5～2.0 m。

在室内抹灰中，卫生间、厨房、洗衣房等常受到摩擦、潮湿的影响，人群活动频繁的楼梯间、走廊、过厅等处常因受到碰撞、摩擦而损坏。为了保护这些部位，通常作墙裙处理，如用水泥砂浆、水磨石、瓷砖、大理石等进行处理，饰面高度一般为 1.2～1.8 m，有些将饰面高度提高到顶棚底。

2. 贴面类墙面装饰

贴面类墙面装饰是指将各种天然的或人造的板材通过构造连接或镶贴的方法形成墙体装饰面层。它具有坚固耐用、装饰性强、容易清洗等优点。常用的贴面材料可分为三类：天然石材，如花岗石、大理石等；陶瓷制品，如瓷砖、面砖、陶瓷马赛克等；预制块材，如仿大理石板、水磨石、水刷石等。由于材料的形状、重量、适用部位不同，装饰的构造方法也有一定的差异，轻而小的块材可以直接镶贴，大而厚的块材则必须采用挂贴的方式，以保证它们与主体结构连接牢固。

(1)天然石板及人造石板墙面装饰。天然石板具有强度高、结构密实、装饰效果好等优点。由于它们加工复杂、价格高，多用于高级墙面装饰中。

花岗石是由长石、石英和云母组成的深成岩，属于硬石材，质地密实，抗压强度高，吸水率低，抗冻和抗风化性好。

花岗石的纹理多呈斑点状，有白、灰、墨、粉红等不同的色彩，其外观色泽可保持百年以上。经过加工的石材面板，主要用于重要建筑的内、外墙面装饰。

大理石是由方解石和白云石组成的一种变质岩，属于中硬石材，质地密实，呈层状结构，有显著的结晶或斑纹条纹，色彩鲜艳，花纹丰富，经加工的板材有很好的装饰效果。由于大理石板材的硬度不大，化学稳定性和大气稳定性不是太好，其组成中的碳酸钙在大气中易受二氧化碳、二氧化硫、水蒸气的作用转化为石膏，从而使经精磨、抛光的表面很快失去光泽，并变得疏松多孔，因此，除白色大理石(又称汉白玉)外，一般大理石板材宜用于室内装饰。

人造石板一般由白水泥、彩色石子、颜料等配合而成，具有天然石材的花纹和质感，具有质量小、厚度小、强度大、耐酸碱、抗污染、表面光洁、色彩多样、造价低等优点。对于大理石和花岗石等石材装饰墙面，目前常采用的施工方法是干挂法，即在饰面石材上直接打孔或开槽，用各种形式的连接件(干挂构件)与结构基体上的膨胀螺栓或钢架相连接而不需要灌注水泥砂浆，使饰面石材与墙体间形成 80～150 mm 宽的空气层的施工方法。其施工工艺：搭设脚手架→测量，放线→制作安装型钢骨架(角钢)→安装干挂件→安装石材→清缝打胶→清洁收尾→验收。

(2)陶瓷制品墙面装饰。陶瓷制品是以陶土或瓷土为原料，压制成型后，经 1 100 ℃左右的高温煅烧而成的。它具有良好的耐风化、耐酸碱、耐摩擦、耐久等性能，可以做成各种美丽的颜色和花纹，起到很好的装饰效果。陶瓷制品一般采用直接镶贴的方式进行墙面装饰。

①外墙面砖饰面。外墙面砖分挂釉和不挂釉、平滑和有一定纹理质感等不同类型，釉面又可分为有光釉和无光釉两种表面。面砖装饰的构造做法：在基层上抹 1∶3 水泥砂浆找平层 15～20 mm，宜分层施工，以防出现空鼓或裂缝，然后划出纹道，接着利用胶粘剂将在水中浸泡过并晾干或擦干的面砖贴于墙上，用木槌轻轻敲实，使其与底灰粘牢，面砖之

间要留缝隙，以利于湿气的排除，缝隙用 1：1 水泥砂浆勾缝。胶粘剂可以是素水泥浆或 1：2.5 水泥细砂砂浆，若采用掺 108 胶(水泥质量的 5%～10%)的水泥砂浆则黏结效果更好。

②釉面砖饰面。釉面砖又称瓷砖或釉面瓷砖，色彩稳定、表面光洁美观、吸水率较低、易于清洗，但由于釉面砖是多孔的精陶体，长期与空气接触会吸收水分而产生吸湿膨胀现象，甚至会因膨胀过大而釉面发生开裂，所以多用于厨房、卫生间、浴室等处墙裙、墙面和池槽。釉面砖饰面的构造做法是：在基层上用 1：3 水泥砂浆找平 15 mm 厚并划出纹道，以 2～4 mm 厚的水泥胶或水泥细砂砂浆(掺入水泥质量的 5%～10%的 108 胶黏结效果更好)黏结浸泡过水的釉面砖。为了便于清洗和防水，面砖之间不应留灰缝，细缝用白水泥擦平。

③马赛克。马赛克分为玻璃马赛克和非玻璃马赛克。非玻璃马赛克按照其材质可以分为陶瓷马赛克、石材马赛克、金属马赛克、夜光马赛克等。陶瓷马赛克以优质陶土烧制，在生产时将多种颜色、不同形状的小瓷片拼贴在 300 mm×300 mm 的牛皮纸上。其特点是色泽稳定、坚硬耐磨、耐酸耐碱、防水性好、造价较低，可用于室内外装饰。但由于陶瓷马赛克易脱落，装饰效果一般，所以采用玻璃马赛克较多。玻璃马赛克是由各种颜色的玻璃掺入其他原料经高温熔炼发泡后压延制成小块，然后结合不同的颜色与图案贴于 325 mm×325 mm 的牛皮纸上，是一种半透明的玻璃质饰面材料，其质地坚硬、色泽柔和，具有耐热、耐寒、耐腐蚀、不龟裂、不褪色、自重轻等优点。两种马赛克的装饰方法基本相同，即在基层上用 1：3 水泥砂浆找平 12～15 mm 厚，并划出纹道，用 3～4 mm 厚白水泥浆(掺入水泥质量的 5%～10%的 108 胶)满刮在锦砖背面，然后将整张纸皮砖粘贴在找平层上，用木板轻轻挤压，使其粘牢，然后湿水洗去牛皮纸，再用白水泥浆擦缝。

④预制板块材墙面装饰。预制板块材的材料主要有水磨石、水刷石、人造大理石等。它们要经过分块设计、制模型、浇捣制品、表面加工等步骤制成。其长和宽尺寸一般为 1.0 m 左右，有厚型和薄型之分，薄型的厚度为 30～40 mm，厚型的厚度为 40～130 mm。在预制板达到强度后，才能进行安装。预制饰面板材与墙体的固定方法和大理石固定于墙基上一样。通常是先在墙体内预埋钢件，然后绑扎竖筋与横筋形成钢筋网，再将预制饰面板材与钢筋网连接牢固，离墙面留缝 20～30 mm，最后用水泥砂浆灌缝。

3. 涂刷类墙面装饰

涂刷类墙面装饰是指将建筑涂料涂刷于墙基表面并与之很好地黏结，形成完整而牢固的膜层，以对墙体起到保护与装饰的作用。这种装饰具有工效高、工期短、自重轻、造价低等优点，虽然耐久性差，但操作简单、维修方便、更新快，且涂料几乎可以配成任何需要的颜色，因而在建筑上应用广泛。

涂料按其主要成膜物质的不同，可分为无机涂料和有机涂料两大类。

(1)无机涂料。普通无机涂料有石灰浆、大白浆、可赛银浆、白粉浆等水质涂料，适用于一般标准的室内刷浆装修。无机高分子涂料有 JH80-1 型、JH80-2 型、JHN84-1 型、F8-32 型、LH-82 型、HT-1 型等，它具有耐水、耐酸碱、耐冻融、装饰效果好、价格较高等特点，主要用于外墙面装饰和有耐擦洗要求的内墙面装饰。

(2)有机涂料。有机涂料依其主要成膜物质与稀释剂的不同，可分为溶剂型涂料、水溶性涂料和乳液涂料三大类。

溶剂型涂料有传统的油漆涂料和现代发展起来的苯乙烯内墙涂料、聚乙烯醇缩丁醛内(外)墙涂料、过氯乙烯内墙涂料等。常见的水溶性涂料有聚乙烯醇水玻璃内墙涂料(106 涂料)、聚合物水泥砂浆饰面涂料、改性水玻璃内墙涂料、108 内墙涂料、SJ-803 内墙涂料、JGY-821 内墙涂料、801 内墙涂料等。乳液涂料又称为乳胶漆，常用的有乙丙乳胶涂料、苯丙乳胶涂料等，多用于内墙装饰。

建筑涂料品种繁多，应结合使用环境与不同装饰部位合理选用，如外墙涂料应有足够的耐水性、耐候性、耐污染性、耐久性；内墙涂料应具有一定硬度，以及耐干擦与耐湿擦性能，以满足人们需要的颜色等装饰效果，潮湿房间的内墙涂料应具有很好的耐水性和耐清洗、耐摩擦性能；用于水泥砂浆和混凝土等基层的涂料，要有很好的耐碱性，以防止基层的碱析出涂膜表面。

涂料类装饰构造施工步骤：平整基层后满刮腻子，对墙面找平，用砂纸磨光，然后用第二遍腻子进行修整，保证坚实、牢固、平整、光滑、无裂纹，潮湿房间的墙面可适当增加腻子的胶用量或选用耐水性好的腻子或加一遍底漆。待墙面干燥后便进行施涂，涂刷遍数一般为两遍(单色)，如果是彩色涂料可多涂一遍，颜色要均匀一致。在同一墙面应用同一批号的涂料。每遍涂料施涂厚度应均匀，且后一遍应在前一遍干燥后进行，以保证各层结合牢固，不发生皱皮、开裂。

4. 裱糊类墙面装饰

裱糊类墙面装饰是将墙纸、墙布、织锦等各种装饰性的卷材裱糊在墙面上形成装饰面层。常用的饰面卷材有 PVC 塑料墙纸、墙布、玻璃纤维墙布、复合壁纸、皮革、锦缎、微薄木等，品种众多，在色彩、纹理、图案等方面丰富多样，选择性很大，可形成绚丽多彩、质感温暖、古雅精致、色泽自然逼真等多种装饰效果，且造价较经济、施工简捷高效、材料更新方便，在曲面与墙面转折等处可连续粘贴，获得连续的饰面效果，因此，经常被用于餐厅、会议室、高级宾馆客房和居住建筑中的内墙装饰。

(1)墙纸饰面。墙纸的种类较多，有多种分类方法。若按外观装饰效果分，有印花的、压花的、发泡(浮雕)的；若按施工方法分，有刷胶裱贴的和背面预涂压敏胶直接铺贴的；若从墙纸的基层材料分，有全塑料的、纸基的、布基的、石棉纤维基的。

塑料墙纸是目前使用最广泛的装饰卷材，是以纸基、布基和其他纤维等为底层，以聚氯乙烯或聚乙烯为面层，经复合、印花或发泡压花等工序制成的。它图案雅致、色彩艳丽、美观大方，且在使用中耐水性好、抗油污、耐擦洗、易清洁，是理想的室内装饰材料。

(2)玻璃纤维墙布。玻璃纤维墙布是以玻璃纤维织物为基层，表面涂有树脂，经染色、印花等工艺制成的一种装饰卷材。由于玻璃纤维织物的布纹感强，经套色印花后品种丰富，色彩鲜艳，有较好的装饰效果，而且具有耐擦洗的优点，遇火不燃烧，抗拉力强，不产生有毒气体，价格低，因此应用广泛。但其覆盖力较差，易返色，当基层颜色深浅不一时，容易在裱糊面上显现出来，而且玻璃纤维本身属于碱性材料，使用时间长易变黄色。

(3)无纺贴墙布。无纺贴墙布是采用棉、麻等天然纤维或涤纶、腈纶等合成纤维，经过无纺成型，上树脂、印彩花而成的一种新型高级饰面材料。它具有挺括、富有弹性、色彩鲜艳、图案雅致、不褪色、耐晒、耐擦洗的优点，且有一定的吸声性和透气性。

(4)丝绒和锦缎。丝绒和锦缎是高级的墙面装饰材料，它具有绚丽多彩、质感温暖、古雅精致、色泽自然逼真等优点，适用于高级的内墙面裱糊装饰。但它柔软光滑、极易变形，且不耐脏、不能擦洗，故裱糊技术工艺要求很高，以避免受潮、霉变。

裱糊类墙面装饰的构造做法：墙纸、墙布均可直接粘贴在墙面的抹灰层上。粘贴前先清扫墙面，满刮腻子，干燥后用砂纸打磨光滑。墙纸裱糊前应先进行胀水处理，即先将墙纸在水槽中浸泡 2～3 min，取出后抖掉多余的水，再静置 15 min，然后刷胶裱糊。这样，纸基遇水充分胀开，粘贴到基层表面上后，纸基壁纸随水分的蒸发而收缩、绷紧。复合纸质壁纸耐湿性较差，不能进行胀水处理。纸基塑料壁纸刷胶时，可只刷墙基或纸基背面；裱顶棚或裱糊较厚重的墙纸墙布，如植物纤维壁纸、化纤贴墙布等时，可在基层和饰材背面双面刷胶，以增加黏结能力。

玻璃纤维墙布和无纺贴墙布不需要胀水处理，且要将胶粘剂刷在墙基上，所用的胶黏剂与纸基不同，宜用聚醋酸乙烯溶液，可掺入一定量的淀粉糊。由于它们的盖底力稍差，基层表面颜色较深时，可满刮石膏腻子或在胶粘剂中掺入 10%的白涂料，如白乳胶漆等。

丝绒和锦缎饰面的施工技术和工艺要求较高。为了更好地防潮、防腐，通常做法为：在墙面基层上用水泥砂浆找平，待彻底干燥后刷冷底子油，再做一毡二油防潮层，然后固定木龙骨，将胶合板钉在龙骨上，最后利用 108 胶、化学糨糊、墙纸胶等胶粘剂裱糊饰面卷材。

裱糊的原则：先垂直面，后水平面；先细部，后大面；先保证垂直，后对花拼缝；垂直面是先上后下，先长墙面后短墙面；水平面是先高后低。粘贴时，要防止出现气泡，并对拼缝处压实。

5. 铺钉类墙面装饰

铺钉类墙面装饰是指将各种装饰面板通过镶、钉、拼贴等构造手法固定于骨架上构成墙面装饰，其特点是可进行无湿作业，饰面耐久性好，采用不同的饰面板，具有不同的装饰效果，在墙面装饰中应用广泛。常用的面板有木条、竹条、实木板、胶合板、纤维板、石膏板、石棉水泥板、皮革、人造革、玻璃和金属薄板等。骨架有木骨架和金属骨架。

(1)木质板饰面。木质板饰面常选用实木板、胶合板、纤维板、微薄木贴面板等装饰面板，若有声学要求，则选用穿孔夹板、软质纤维板、装饰吸声板等。这类饰面美观大方、安装方便，若外观保持本来的纹理和色泽更显质朴、高雅，但消耗木材多，防火、防潮性能较差，多用于宾馆等公共建筑的门厅、大厅的内墙面装饰。

木质板饰面的构造做法：在墙面上钉立木骨架，木骨架由竖筋和横筋组成，竖筋的间距为 400～600 mm，横筋的间距视面板规格而定，然后钉装木面板。为了防止墙体的潮气对面板的影响，往往采取防潮构造措施，可先在墙面上做一层防潮层或装饰时在面板与墙面之间留缝。如果是吸声墙面，则必须先在墙面上做一层防潮层再钉装。如果在墙面与吸声板之间填充矿棉、玻璃棉等吸声材料，则吸声效果更佳。

(2)金属薄板饰面。金属薄板饰面常用的面板有薄钢板、不锈钢板、铝板或铝合金板等，安装在型钢或铝合金板所构成的骨架上。不锈钢板具有良好的耐腐蚀性、耐气候性和耐磨性，强度大，质软且富有韧性，便于加工，表面呈银白色，显得高贵华丽，多用于高级宾馆等门厅的内墙、柱面的装饰。铝板、铝合金板的质量小、花纹精巧别致、装饰效果好，且经久耐用，在建筑中应用广泛，尤其商店、宾馆的入口和门厅以及大型公共建筑的外墙装饰采用较多。

金属薄板饰面的构造做法：在墙基上用膨胀铆钉固定金属骨架，间距为600～900 mm，然后用自攻螺钉或膨胀铆钉将金属面板固定，有些内墙装饰是将金属薄板压卡在特制的龙骨上。金属骨架多数采用型钢，因为型钢强度大、焊接方便、造价较低。金属薄板固定后，还要进行盖缝或填缝处理，以达到防渗漏或美观要求。

6. 清水墙饰面

清水墙饰面是指墙面不加其他覆盖性装饰面层，只是在原结构砖墙或混凝土墙的表面进行勾缝或模纹处理，利用墙体材料的质感和颜色取得装饰效果的一种墙体装饰方法。

这种装饰具有耐久性好、耐候性好、不易变色的优点，利用墙面特有的线条质感，可以产生淡雅、凝重、朴实的装饰效果。

清水墙饰面主要有清水砖、石墙和混凝土墙面，而在建筑中清水砖、石墙用得相对广泛。石材料有料石和毛石两种，它们质地坚实、防水性好，在产石地区用得较多。清水砖墙的砌筑工艺讲究，灰缝要一致，阴、阳角要锯砖磨边，接槎要严密，有美感。清水砖墙灰缝的面积约是清水墙面积的1/6，适当改变灰缝的颜色能够有效地影响整个墙面的色调与明暗程度，这就需对清水砖墙进行勾缝处理。清水砖墙勾缝的处理形式主要有平缝、斜缝、凹缝、圆弧凹缝等形式。清水砖墙勾缝常用1∶1.5的水泥砂浆，可根据需要在勾缝之前涂刷颜色或喷色，色浆由石灰浆加入颜料(氯化铁红、氯化铁黄等)、胶粘剂构成。

模块小结

墙体是建筑物的重要构造组成部分。墙体按承重情况可分为承重墙和非承重墙两类。在砖混结构中，墙体具有承重作用。外墙还具有围护功能，抵御风霜雨雪及寒暑等自然界各种因素对室内的侵袭。隔墙主要起到分隔建筑内部空间的作用。

墙体有四种承重方案：横墙承重、纵墙承重、纵横墙承重和墙与柱混合承重。

标准砖的规格为240 mm×115 m×53 m。标准砖的砌筑方法主要有顺砖、丁砖和侧砖。常用的砌筑砖墙有12墙、18墙和24墙，北方地区还有37墙。

砖墙的细部构造有散水与明沟、勒脚、墙身防潮、过梁、窗台、圈梁和构造柱等。

圈梁是沿建筑物外墙及部分内墙设置的连续水平闭合的梁。设置构造柱也能有效地加强建筑的整体性，是防止房屋倒塌的有效措施。圈梁与构造柱一起形成骨架，可提高房屋的抗震能力。

构造柱在施工时应先砌砖墙形成马牙槎，随着墙体的上升，逐段现浇钢筋混凝土构造柱。

隔墙根据其材料和施工方式不同，可以分成砌筑隔墙、立筋隔墙和板材隔墙。

墙面装饰按材料及施工方式的不同，通常分为抹灰类、贴面类、涂刷类、裱糊类、铺钉类和清水墙饰面。

模块 4　楼地层构造认知

知识目标

楼板的类型、楼板层的构造组成、地坪层的构造组成；

现浇钢筋混凝土楼板结构布置、预制钢筋混凝土楼板结构布置；

楼地面构造做法；

直接式顶棚、吊顶构造；

阳台、雨篷构造。

能力目标

熟悉楼地层的设计要求、类型和构造组成；

通过对钢筋混凝土楼板的类型、特点和构造的认知，能正确地选择楼板；

通过对常见楼地面的构造做法，顶棚的作用、类型和构造做法，阳台及雨篷的构造的认知，能识读《住宅建筑构造》(11J930)相关内容的施工做法，进行正确的施工指导。

4.1　楼地层概述

讨论：楼板是分隔空间水平方向的构件，它由几个部分组成呢？

4.1.1　楼地层的组成

楼地层分为楼板层和地坪层两种，如图 4-1 所示。

1. 楼板层的构造

楼板层一般由面层、结构层(楼板)和顶棚层三个基本层次组成，当房间对楼板层有特殊要求时，可加设相应的附加层。

(1)面层。面层又称为楼面，是楼板层上表面的构造层，也是室内空间下部的装修层。其作用是保护楼板并传递荷载，有清洁和装饰室内的作用。根据各房间的功能要求不同，面层有多种不同的做法。

微课：楼地层组成认知

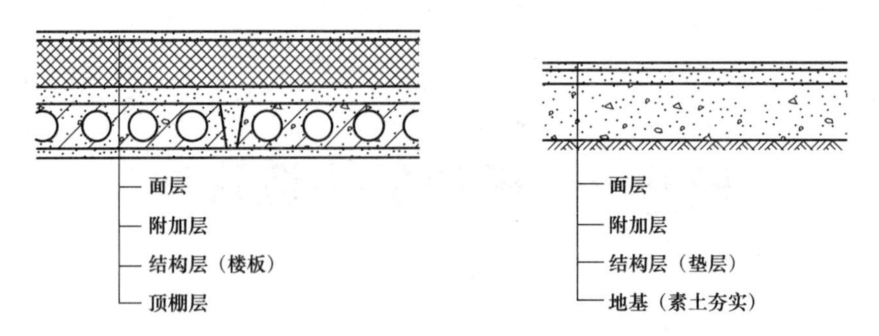

图 4-1　楼地层的组成

(a)楼板层；(b)地坪层

(2)结构层。结构层通常称为楼板，包括板、梁等构件。结构层位于面层和顶棚层之间，是楼板层的承重部分。结构层承受整个楼板层的全部荷载，并对楼板层的隔声、防火等起主要作用，能加强建筑物的整体刚度。

(3)顶棚层。顶棚层是楼板层下表面的构造层，也是室内空间上部的装修层。顶棚层的主要功能是保护楼板、安装灯具、装饰室内空间及满足室内的特殊使用要求。

(4)附加层。附加层通常设置在面层和结构层之间，有时也布置在结构层和顶棚层之间，根据构造和使用要求，可设置结合层、找平层、防水层、保温层、隔热层、隔声层、管道敷设层等不同构造层次。

2. 地坪层的构造

实铺地坪层在建筑工程中的应用较广，一般由面层、垫层和基层三个基本层次组成。为了满足更多的使用功能要求，可在地坪层中加设相应的附加层，如防水层、防潮层、隔声层、隔热层、管道敷设层等，这些附加层一般位于面层和垫层之间，如图 4-2 所示。

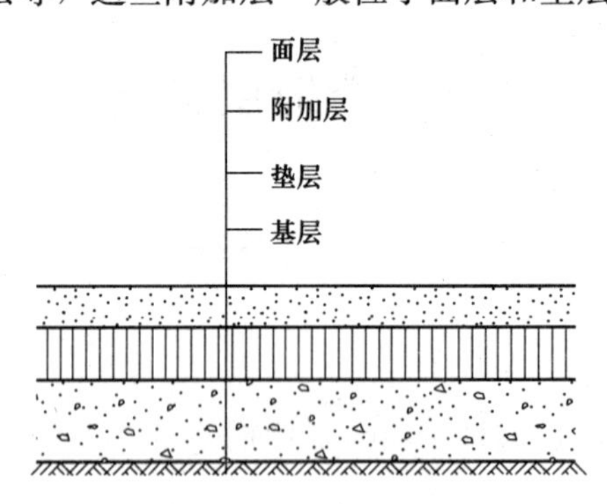

图 4-2　实铺地坪层的构造

(1)面层是地坪层的表面层，直接承受各种物理、化学作用，是人们日常生活直接接触的表面，应满足坚固、耐磨、平整、光洁、不起尘、易于清洗、防水、防火、有一定弹性等使用要求。

(2)垫层的作用是满足面层铺设所要求的刚度和平整度，有刚性垫层和非刚性垫层之分。刚性垫层一般采用强度等级为 C10 的混凝土，厚度为 60～100 mm，适用于整体面层和小块料面层的地坪，如水磨石、水泥砂浆、陶瓷马赛克、缸砖等地面。

非刚性垫层一般采用砂、碎石、三合土等散粒状材料夯实而成，厚度为 60～120 mm，用于强度大、厚度大的大块料面层地坪，如预制混凝土地面等。当地坪层采用刚性垫层时，变形缝应从垫层到面层处断开，垫层处缝内填沥青麻丝或聚苯板，当地坪层采用非刚性垫层时，可不设置变形缝。

(3)基层起着保护垫层、防水、防潮和室内装饰的作用。基层位于垫层之下，又称为地基。通常的做法是原土或者填土分层夯实。在建筑物的荷载较大、标准较高或者使用中有特殊要求的情况下，在夯实的土层上再铺设灰土层、道碴三合土层、碎砖层，以对基层进行加强。

4.1.2 楼板的分类

楼板按所用材料分为木楼板、砖拱楼板、钢筋混凝土楼板、压型钢板组合楼板，如图 4-3 所示。

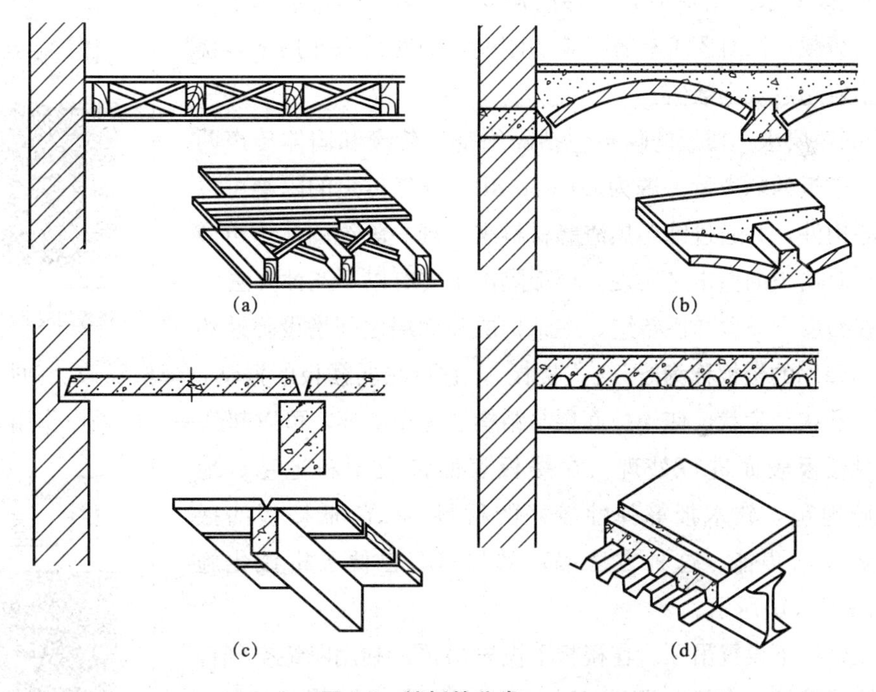

图 4-3 楼板的分类

(a)木楼板；(b)砖拱楼板；(c)钢筋混凝土楼板；(d)压型钢板组合楼板

1. 木楼板

木楼板是我国的传统做法，它是在木格栅之间设置剪刀撑，形成有足够整体性和稳定性的骨架，并在木格栅上、下铺钉木板所形成的楼板。这种楼板具有自重轻，构造简单，保温、隔热性能好等优点，但其耐火性、耐久性、隔声能力较差，为了节约木材和满足防火要求，现在已较少采用。

2. 砖拱楼板

砖拱楼板是用砖砌成拱形结构所形成的楼板。这种楼板可以节约钢材、水泥，但自重较大，抗震性能差，而且楼板层厚度较大，施工复杂，目前已经很少使用。

3. 钢筋混凝土楼板

钢筋混凝土楼板的强度大，刚度大，具有较强的耐久性、防火性能和良好的可塑性，便于工业化生产和机械化施工，是目前我国房屋建筑中广泛采用的一种楼板形式。

4. 压型钢板组合楼板

压型钢板组合楼板又称为钢衬板楼板，是在钢筋混凝土的基础上发展起来的，这种组合体系是利用凹凸相间的压型薄钢板作衬板与现浇混凝土浇筑在一起而形成的钢衬板组合楼板，既提高了楼板的强度和刚度，又加快了施工进度，在大空间、高层民用建筑和大跨度工业厂房中应用比较广泛。

4.1.3 楼板的设计要求

(1)坚固要求。楼板应有足够的强度，能够承受自重和不同要求下的荷载，同时要求具有一定的刚度，即在荷载作用下，挠度变形不应超过规定数值。

(2)隔声要求。楼板的隔声包括隔绝空气传声和固体传声两个方面，楼板的隔声量一般为 40～50 dB。空气传声的隔绝可以采用空心构件，并通过铺垫焦渣等材料来实现。隔绝固体传声应通过减少对楼板的撞击来实现。楼板隔声主要有以下三种方法：

微课：楼板组成及设计要求认知

①在面层下设置弹性垫层。在结构层和面层之间增设弹性垫层[图 4-4(a)]的楼板称为“浮筑式楼板”，它可减弱楼板的振动，降低噪声。弹性垫层可以是块状、条状、片状，使楼板面层与结构层完全脱离，可以起到一定的隔声作用。

②对楼板表面进行处理。在楼板表面铺设塑料地毡、地毯，橡胶地毡，软木板等弹性较好的材料，以降低楼板的振动，减弱撞击声能。这种方法隔声效果好，也便于机械化施工，如图 4-4(b)所示。

③在楼板下设置吊顶。在楼板下设置吊顶，利用隔绝空气传声的方法减弱撞击声能。吊顶面层不留缝隙。吊顶层还可以敷设一些吸声材料，以加强隔声效果。如果吊顶和楼板之间采用弹性连接，隔声能力可以得到大的提高，如图 4-4(c)所示。

微课：楼板层设计要求认知

(3)经济要求。一般楼板和地面造价占建筑物总造价的 20%～30%，选用楼板时应考虑就地取材和提高装配化的程度。

(4)热工和防火要求。一般楼板有一定的蓄热性，即地面应有舒适的感觉。防火要求应符合防火规范的规定。非预应力钢筋混凝土预制楼板耐火极限为 1.0 h，预应力钢筋混凝土楼板耐火极限为 0.5 h，现浇钢筋混凝土楼板耐火极限为 1～2 h。

(5)各种管线敷设。随着科学技术的发展和生活水平的提高，现代建筑中电气等设施应用越来越多。楼板层的顶棚层应满足设备管线的敷设要求。

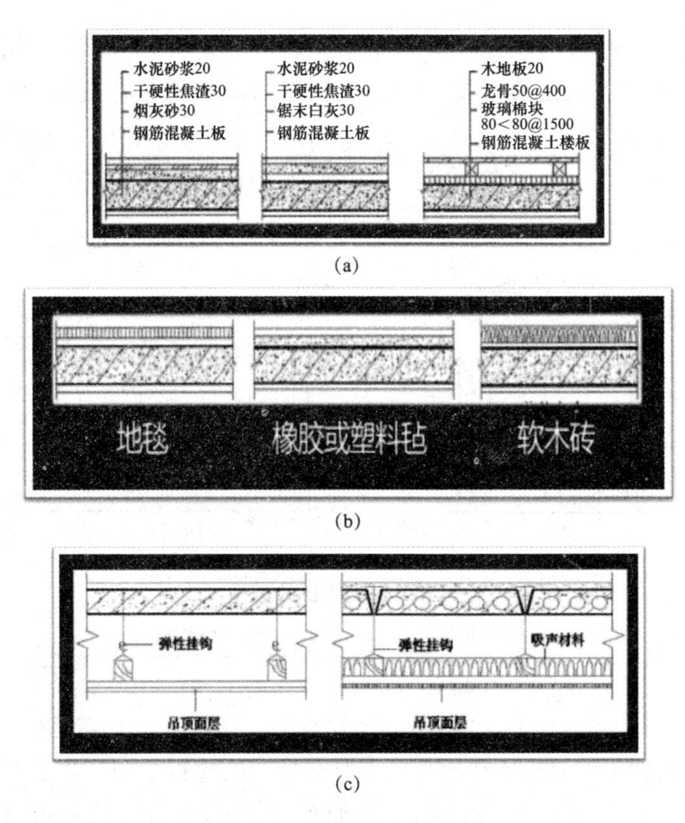

图 4-4　楼板隔声的构造做法

(a)在面层下设置弹性垫层；(b)对楼板表面进行处理；(c)在楼板下设置吊顶

4.2　钢筋混凝土楼板构造认知

讨论：在实际的工程中，同学们见过哪些类型的楼板呢？

4.2.1　现浇钢筋混凝土楼板

视频：现浇钢筋混凝土楼板认知

现浇钢筋混凝土楼板具有能够自由成型、整体性强、抗震性能好的优点，但模板用量大，工序多，工期长，需要养护，工人劳动强度大，并且施工受季节、气候影响较大。对于整体性要求较高的建筑、平面形状不规则的房间、有较多管道需要穿越楼板的房间、使用中有防水要求的房间，均适合采用现浇整体式钢筋混凝土楼板。

现浇钢筋混凝土楼板按受力和传力情况，分为板式楼板、无梁楼板、梁板式楼板和压型钢板组合楼板。

1. 板式楼板

板式楼板是将楼板现浇成一块平板，四周直接支承在墙上。板式楼板的底面平整，便于支模施工，但当楼板跨度大时，需增加楼板的厚度，耗费材料较多，所以适用于平面尺寸较小的房间及公共建筑的走廊。板式楼板按支撑情况和受力特点分为单向板和双向板。当板的长边尺寸 l_2 与短边尺寸 l_1 之比 $l_2/l_1>2$ 时，在荷载作用下，荷载基本沿 l_1 方向传递，称为单向板，如图 4-5(a)所示；当 $l_2/l_1\leqslant 2$ 时，楼板荷载沿两个方向传递，称为双向板，如图 4-5(b)所示。

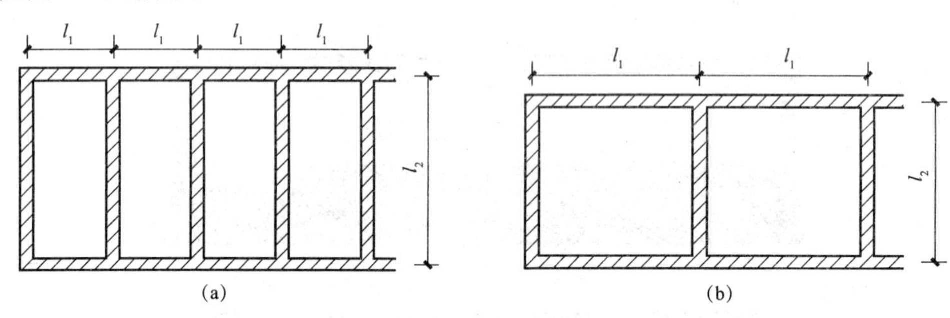

图 4-5　板式楼板的类型

(a)单向板($l_2/l_1>2$)；(b)双向板($l_2/l_1\leqslant 2$)

2. 无梁楼板

无梁楼板是将现浇钢筋混凝土楼板直接支撑在柱上的楼板结构。为了增大柱的支撑面积和减小板的跨度，常在柱顶增设柱帽和托板，如图 4-6 所示。无梁楼板顶棚平整，室内净空大，采光、通风好。其经济跨度为 6 m 左右，板厚不小于 120 mm，一般为 160～200 mm。楼面荷载较大时，为避免楼板太厚，应采用有柱帽无梁楼板，增加板在柱上的支承面积；当楼面荷载较小时，可采用无柱帽无梁楼板。

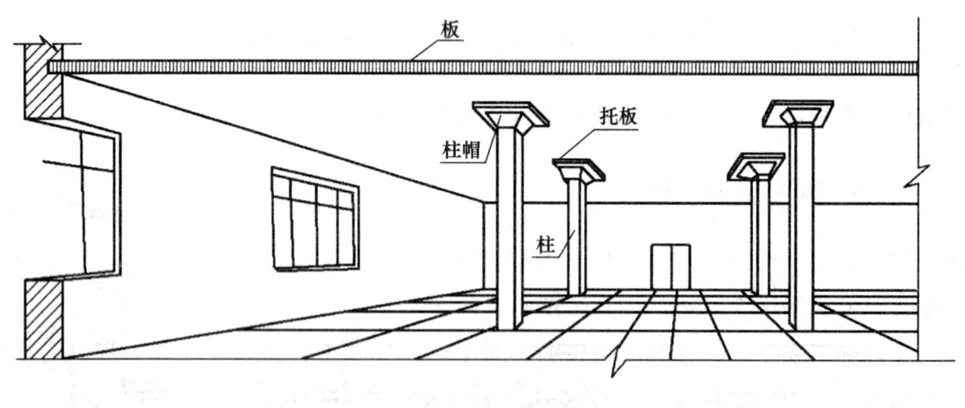

图 4-6　无梁楼板

3. 梁板式楼板

当房间平面尺寸较大时，为了避免楼板的跨度过大，使楼板的受力与传力更加合理，可在楼板下设置梁来增加板的支点，从而减小板跨。这时，楼板上的荷载先由板传给梁，再由梁传给墙或柱。这种由板和梁组成的楼板称为梁板式楼板，也叫作肋梁式楼板。根据梁的布置情况，梁板式楼板可分为单向板肋梁楼板和双向板肋梁楼板。

(1)双向板肋梁楼板。受力更合理，材料利用更充分，顶棚比较美观，但容易在板的角部出现裂缝，当板跨比较大时，板厚较大，不是很经济，因此一般用在跨度小的建筑物中，如住宅、旅馆等。

(2)单向板肋梁楼板。当房间两个方向的平面尺寸都较大时，在纵、横两个方向都设置梁，并应有主梁和次梁之分。主梁和次梁的布置应整齐有规律，并考虑建筑物的使用要求、房间的大小、形状及荷载作用情况等，一般主梁沿房间短跨方向布置，次梁则垂直于主梁布置，如图 4-7 所示。

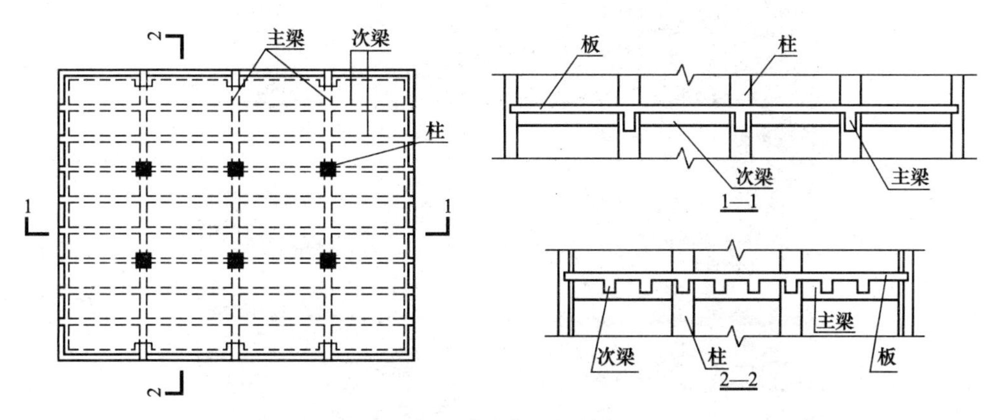

图 4-7　单向板肋梁楼板

除了考虑承重要求之外，梁的布置还应考虑经济合理性。一般主梁的经济跨度为 5～8 m，主梁的高度为跨度的 1/14～1/8，主梁的宽度为高度的 1/3～1/2。主梁的间距即次梁的跨度，一般为 4～6 m，次梁的高度为跨度的 1/18～1/12，次梁的宽度为高度的 1/3～1/2。次梁的间距即板的跨度，一般为 1.7～2.7 m，板的厚度一般为 60～80 mm。

(3)井式楼板。井式楼板是一种特殊形式的楼板，特点是不分主、次梁，将两个方向的梁等间距布置，除边梁外其他都采用相同的梁高，形成“井”字形，其荷载传递路线为板→梁→柱(或墙)。它适用于建筑平面为方形或近似方形的大厅。由于井式楼板结构形式整齐，具有较强的装饰性，多用于公共建筑的门厅和大厅式的房间，如图 4-8 所示。

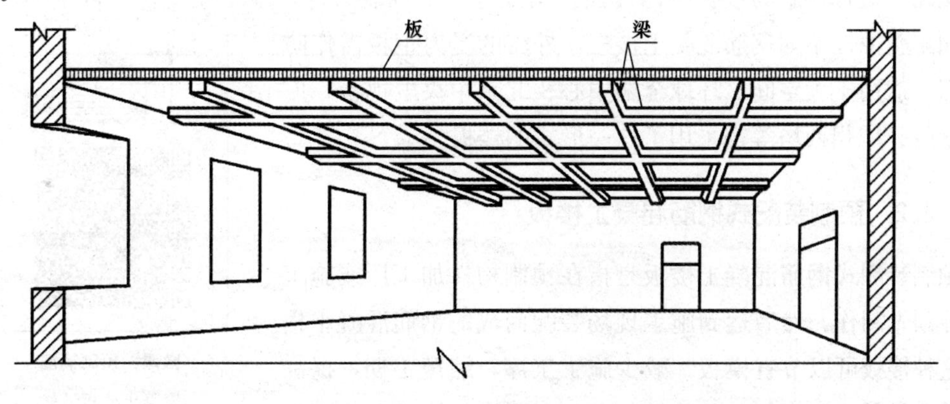

图 4-8　井式楼板

4. 压型钢板组合楼板

压型钢板组合楼板是一种由钢板与混凝土两种材料组合而成的楼板，如图 4-9 所示。

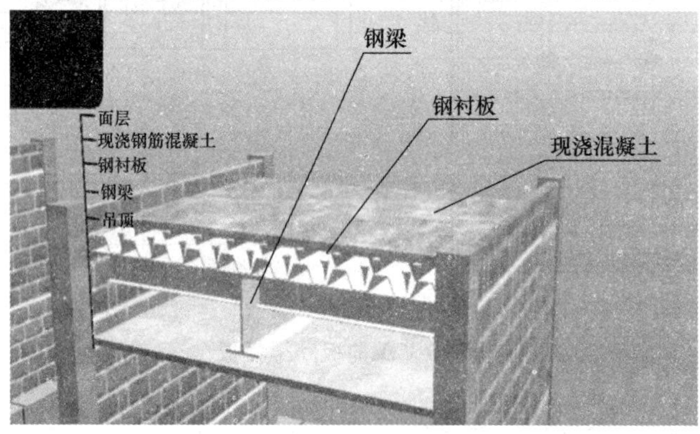

图 4-9　压型钢板组合楼板

压型钢板组合楼板是在钢梁上铺设表面凹凸相间的压型钢板，以钢板作为衬板现浇混凝土，形成整体的组合楼板，又称为刚衬板组合楼板，它由楼面层、组合板和钢梁三部分构成，也可以根据需要设吊顶棚。

压型钢板一方面作为浇筑混凝土的永久性模板来使用，另一方面承受着楼板下部的弯拉应力，起着模板和受拉钢筋的双重作用，省掉了拆模板的程序，加快了施工速度，压型钢板肋间的空隙还可以用来敷设管线，钢衬板的底部可以焊接架设悬吊管道、通风管、吊顶的支托。这种形式的楼板整体性强，刚度大，承载能力好，施工速度快，自重小，但防火性和耐腐蚀性不如钢筋混凝土楼板，外露的受力钢板需作防火处理，适用于大空间。环球金融中心、北京中央电视台、广州歌剧院、广州西塔等都采用了这一形式的楼板。

微课：预制钢筋混凝土楼板认知

4.2.2　预制装配式钢筋混凝土楼板

预制装配式钢筋混凝土楼板是指在预制构件加工厂或施工现场外预先制作，然后运到施工现场装配而成的钢筋混凝土楼板。这种楼板可以节省模板，减少施工工序，缩短工期，提高施工工业化的水平，但其整体性能差，不宜用于抗震设防要求较高的地区和建筑中，近年来在实际工程中的应用逐渐减少。

1. 类型

预制装配式钢筋混凝土楼板按楼板的构造形式分为实心平板、槽形板和空心板三种。

(1)实心平板。预制实心平板的板面较平整，其跨度较小，一般不超过 2.4 m，板厚为 60～80 mm，宽度为 600～900 mm。由于板厚较小且隔声效果较差，故一般不用作使用房间的楼板，两端常支承在墙或梁上，用作楼梯平台、走道板、隔板、阳台栏板、管沟盖板等，如图 4-10 所示。

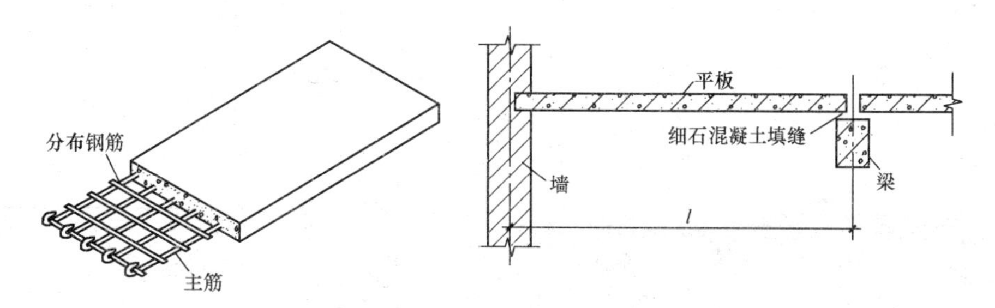

图 4-10　实心平板

(2)槽形板。槽形板是一种梁板结合构件，在板的两侧设有相当于小梁的肋，构成槽形断面，用以承受板的荷载。槽形板的跨度为 3～7.2 m，板宽为 600～1 200 mm，板肋高一般为 150～300 mm。由于板肋形成板的支点，板跨减小，所以板厚较小，只有 25～35 mm。为了增加槽形板的刚度以便于搁置，板的端部需设置端肋与纵肋相连。当板的长度超过 6 m 时，需沿着板长每隔 1 000～1 500 mm 增设横肋。

槽形板的搁置方式有两种。一种是正置，即肋向下搁置。这种搁置方式可使板的受力合理，但板底不平，有碍观瞻，也不利于室内采光，因此可直接用于观瞻要求不高的房间，如图 4-11(a)所示。另一种是倒置，即肋向上搁置。这种搁置方式可使板底平整，但板受力不甚合理，材料用量稍多，需要对楼面进行特别处理。为了提高板的隔声性能，可在槽内填充隔声材料，如图 4-11(b)所示。

(3)空心板。空心板是将楼板中部沿纵向抽孔而形成中空的一种预制装配式钢筋混凝土楼板，如图 4-12 所示。孔的断面形式有圆形、椭圆形、方形和长方形等，由于圆形孔制作时抽芯脱模方便且刚度大，故应用最普遍。空心板有预应力和非预应力之分，一般多采用预应力空心板。

空心板的厚度一般为 110～240 mm，视板的跨度而定，宽度为 500～1 200 mm，跨度为 2.4～7.2 m，较为经济的跨度为 2.4～4.2 m。空心板上、下表面平整，隔声效果比实心平板和槽形板好，是预制板中应用最广泛的一种类型。但空心板不能任意开洞，故不宜用于管道穿越较多的房间。空心板在安装时，两端常用砖、砂浆或者混凝土块填塞，以免浇灌端缝时混凝土进入孔中，同时能使荷载更好地传递给下部构件，避免板端被压坏。

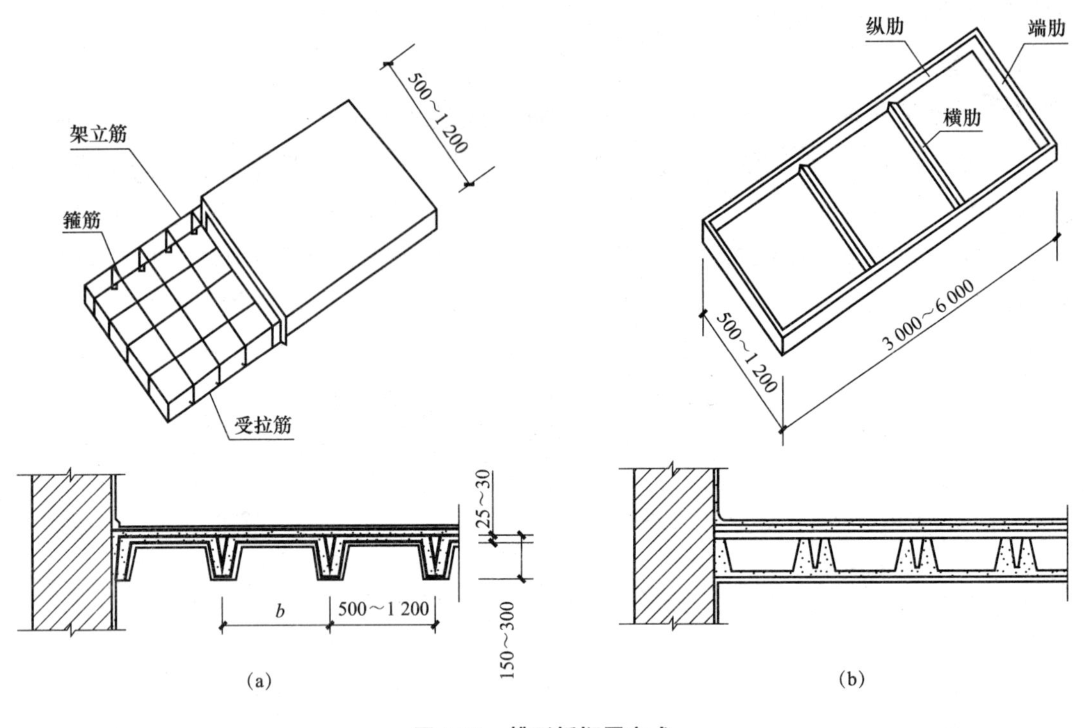

图 4-11　槽形板搁置方式

(a)正置；(b)倒置

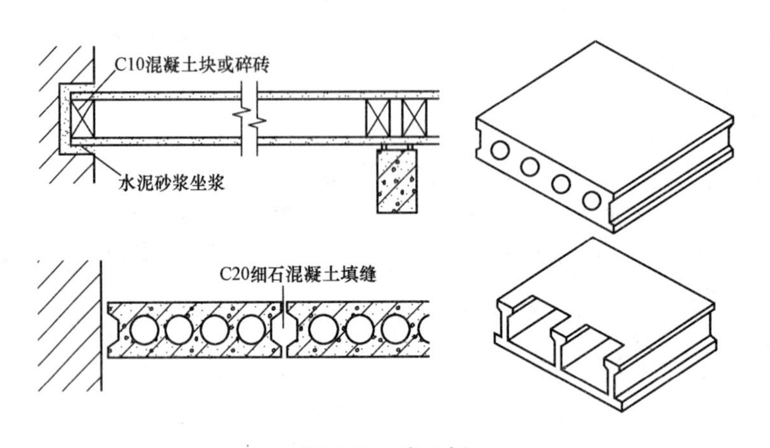

图 4-12　空心板

2. 结构布置

对预制装配式钢筋混凝土楼板进行结构布置时，应根据房间的平面尺寸和所选板的规格确定布置方式。板的布置方式有两种：一种是预制楼板直接搁置在承重墙上，形成板式结构布置，多用于横墙较密的住宅、宿舍、旅馆等建筑；另一种是预制楼板搁置在梁上，梁支承于墙或柱上，形成梁式结构布置，多用于教学楼、实验楼、办公楼等较大空间的建筑物，如图 4-13 所示。

3. 细部构造

(1)预制板板缝处理。预制板之间的接缝有端缝和侧缝两种。端缝的处理一般是用细

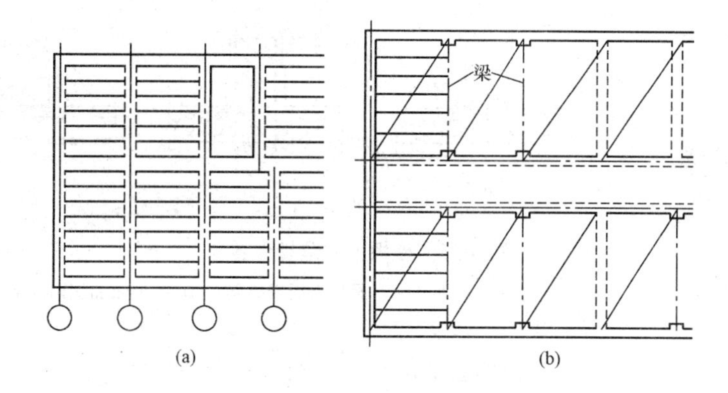

图 4-13　板的布置方式

(a)板式结构布置；(b)梁式结构布置

石混凝土灌注，使之相互连接。为了增强建筑物的整体性和抗震性能，可将板端外露的钢筋交错搭接在一起，也可加钢筋网片，并用细石混凝土灌实。侧缝起着协调板与板之间共同工作的作用。为了加强楼板的整体性，侧缝内应用细石混凝土灌实。侧缝接缝形式一般有 V 形缝、U 形缝和凹槽缝三种形式，如图 4-14 所示。V 形缝和 U 形缝便于灌缝，多在板较薄时采用；凹槽缝连接牢固，楼板整体性好，相邻板之间共同工作的效果较好。

微课：预制钢筋混凝土楼板构造认知

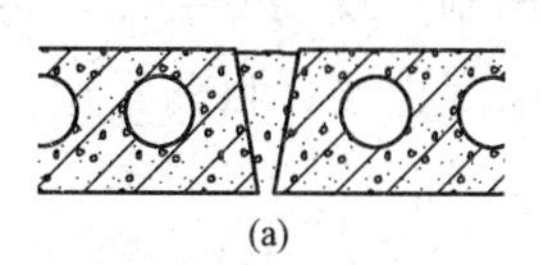
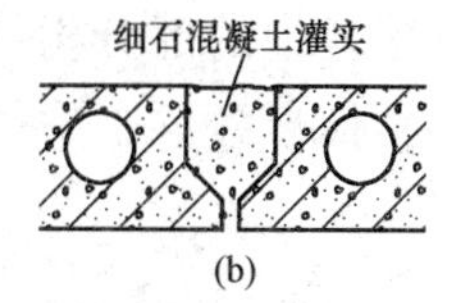
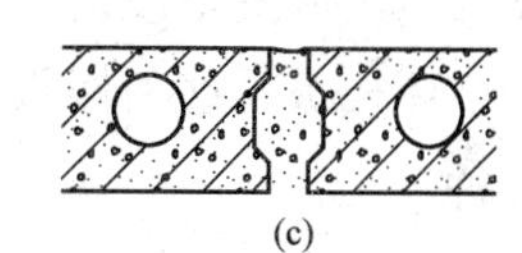

图 4-14　侧缝接缝形式

(a)V 形缝；(b)U 形缝；(c)凹槽缝

(2)隔墙与楼板。当楼板上设置轻质隔墙时，由于其自重小，隔墙可搁置于楼板的任一位置。若为自重较大的隔墙(如砖隔墙、砌块隔墙等)，一般应在其下部设置隔墙梁。如允许隔墙设置在楼板上，则应避免将隔墙搁置在一块板上。

当隔墙与板跨平行时，通常将隔墙设置在两块板的接缝处。采用槽形板，隔墙可直接搁置在板的纵肋上，如图 4-15(a)所示。若采用空心板，须在隔墙下的板缝处设置现浇钢筋混凝土板带或梁来支承隔墙，如图 4-15(b)、(c)所示。当隔墙与板跨垂直时，应选择合适的预制板型号，并在板面加配构造钢筋，如图 4-15(d)所示。

(3)预制板的搁置。预制板在梁上的搁置有两种方式：一种是搁置在梁的顶上，如矩形梁，如图 4-16(a)所示；另一种是搁置在梁出挑的翼缘(如花篮梁挑耳、十字梁挑耳)上，如图 4-16(b)、(c)所示。对于后一种搁置方式，板的上表面与梁的顶面平齐，若梁高不变，楼板结构所占的高度就比前一种搁置方式小一个板厚，使室内的净高增加。但应注意板的

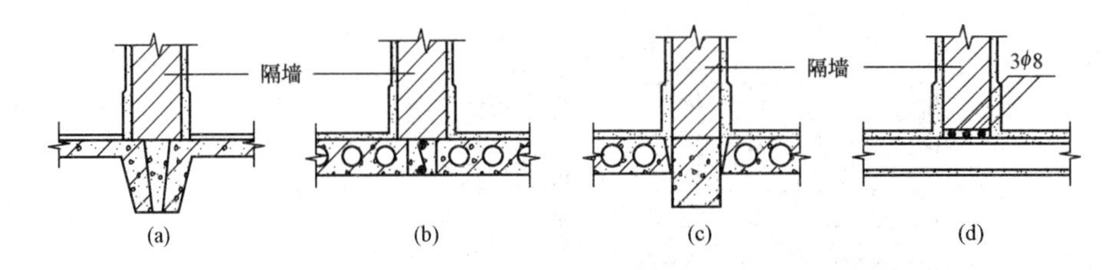

图 4-15　楼板上立隔墙位置

(a)纵肋；(b)、(c)在板缝处设置现浇钢筋混凝土板带或梁；(d)在板面加配构造钢筋

跨度并非梁的中心距，而是减去梁顶面宽度之后的尺寸。

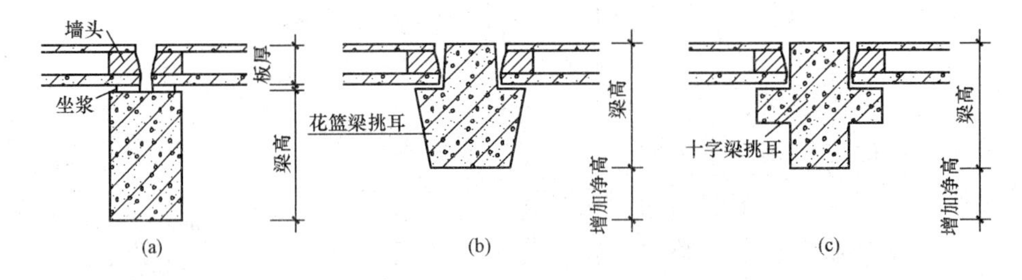

图 4-16　预制板在梁上的搁置方式

(a)预制板搁置在矩形梁顶上；(b)预制板搁置在花篮梁挑耳上；(c)预制板搁置在十字梁挑耳上

4.2.3　装配整体式钢筋混凝土楼板

装配整体式钢筋混凝土楼板是将楼板中的部分构件预制，现场安装后，再浇筑混凝土面层而形成的整体楼板。这种楼板的整体性较好，施工速度也快，目前常用的是密肋楼板和叠合楼板两种。

1. 密肋楼板

密肋楼板为现浇预制带骨架芯板填充块楼板，由密肋板和填充块构成，如图 4-17 所示。密肋楼板的肋(格栅)长为 200～300 mm，宽为 60～150 mm，间距为 700～1 000 mm；密肋楼板的厚度不小于 50 mm，适用跨度为 3～10 m。格栅间距小的多填以陶土空心砖或空心矿渣混凝土块，以适应楼层隔声、保温、隔热的要求。同时，空心砖还可以起到模板的作用，也可铺设管道，造价低廉。如预做吊顶，可在格栅内预留钢丝；如需铺木楼板，则可于钢筋混凝土格栅面上嵌燕尾形木条，然后铺钉木楼板格栅。

2. 叠合楼板

叠合楼板是由预制板和现浇钢筋混凝土层叠合而成的装配整体式楼板。它是以预制钢筋混凝土薄板为永久模板来承受施工荷载的。现浇的钢筋混凝土叠合层强度为 C20，内部可敷设水平设备管线。这种楼板具有良好的整体性且板的上、下表面平整，便于饰面层装修，适用于对整体刚度要求较高的高层建筑和大开间建筑。预制薄板叠合楼板的预制板部分，通常采用预应力或非预应力薄板，板的跨度一般为 4～6 m，预应力薄板跨度最大可达 9 m，板的宽度一般为 1.1～1.8 m，板厚通常为 50～70 mm。叠合楼板的总厚度一般为 150～250 mm。为

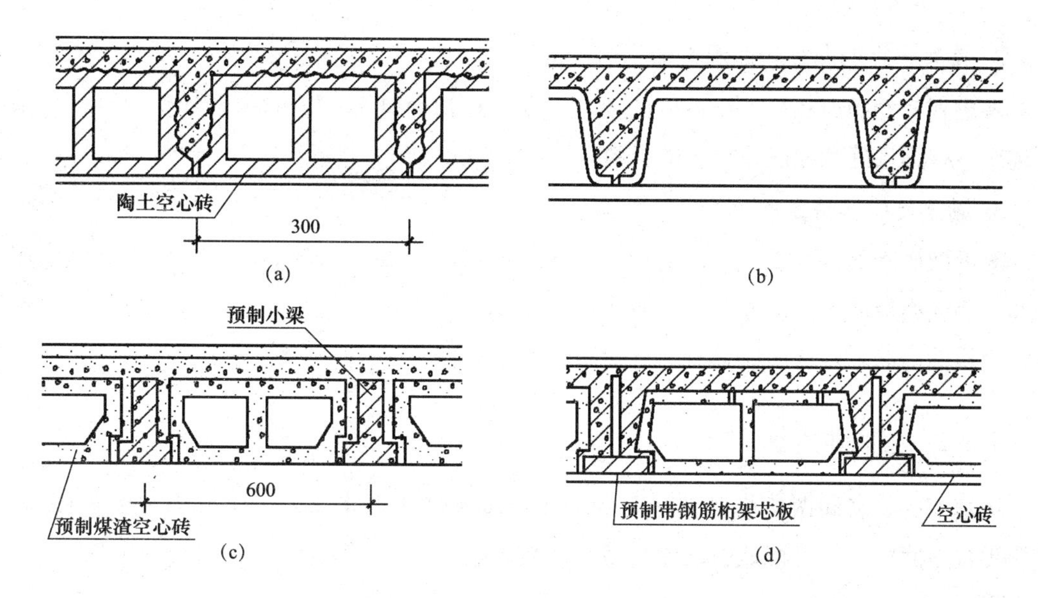

图 4-17　密肋楼板

(a)空心砖现浇；(b)玻璃钢壳现浇；(c)预制小梁填充块；(d)带骨架芯板填充块

使预制薄板与现浇叠合层牢固地结合在一起，可对预制薄板的板面作适当处理，如板面刻槽、板面露出结合钢筋等，如图 4-18(a)、(b)所示。叠合楼板的预制板部分也可采用钢筋混凝土空心板，现浇叠合层的厚度较小，一般为 30～50 mm，如图 4-18(c)所示。

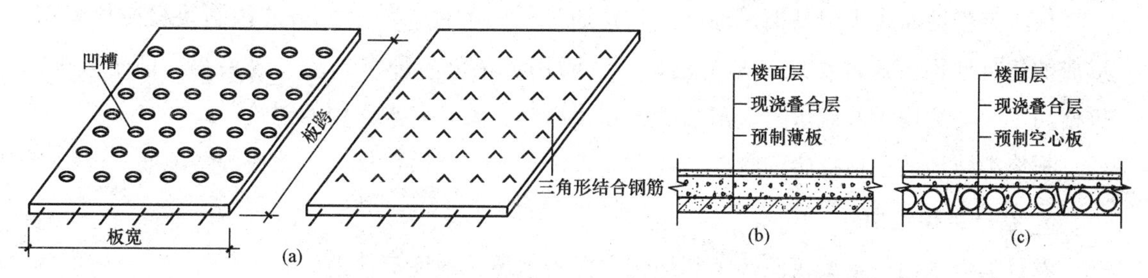

图 4-18　叠合楼板

(a)预制薄板的板面处理；(b)预制薄板叠合楼板；(c)预制空心板叠合楼板

4.3　楼地面构造认知

讨论：请同学们仔细观察生活中的建筑，如教学楼的地面为水磨石地面，实训楼的地面为陶瓷地砖地面，那么，楼地面有哪些做法呢？

视频：楼地面构造认知

4.3.1　楼地面的设计要求

1. 具有足够的坚固性

要求楼地面在荷载作用下不易被磨损、破坏，表面能保持平整和光洁，不易起灰，便于清洁。

2. 具有一定的弹性和保温性能

考虑到降低噪声和行走舒适度的要求，要求楼地面具有一定的弹性和保温性能。地面应选用一些弹性好和导热系数小的材料。

3. 满足某些特殊要求

对不同房间而言，楼地面还应满足一些不同的特殊要求。例如，对使用中有水作用的房间，楼地面应满足防水要求；对有火源的房间，楼地面应具有一定的防火能力；对有腐蚀性介质的房间，楼地面应具有一定的防腐蚀能力。

4.3.2 楼地面类型

楼地面的材料和做法应根据房间的使用要求和经济要求来定，可分为整体类楼地面、板块类楼地面、卷材类楼地面、涂料类楼地面等。

1. 整体类楼地面

整体类地面是采用在现场拌和的湿料，经浇抹形成的面层，具有构造简单、造价较低的特点，是一种应用较为广泛的类型，一般包括水泥砂浆楼地面、水泥混凝土楼地面、现浇水磨石楼地面。

2. 板块类楼地面

板块类楼地面属于中高档楼地面，它是通过铺贴各种天然或人造的预制块材或板材而形成的建筑地面。这种楼地面易清洁、经久耐用、花色品种多、装饰效果强，但工效低、价格高，主要适用于人流量大、清洁要求和装饰要求高、有水作用的建筑。

板块类楼地面包括缸砖、陶瓷马赛克、人造石材、天然石材、木地板等楼地面。

3. 卷材类楼地面

卷材类楼地面包括聚氯乙烯塑料地毡、橡胶地毡、地毯等楼地面。

4. 涂料类楼地面

涂料类楼地面包括各种高分子涂料所形成的楼地面。

4.3.3 常见楼地面的构造

1. 水泥砂浆楼地面

水泥砂浆楼地面是直接在现浇混凝土楼板或垫层上施工形成面层的一种传统整体楼地面，一般有单层和双层两种做法，如图 4-19 所示。单层做法只抹一层 15～25 mm 厚 1∶2 或 1∶2.5 水泥砂浆；双层做法是增加一层 10～20 mm 厚 1∶3 水泥砂浆找平层，表面再抹 5～10 mm 厚 1∶2 水泥砂浆。双层做法虽增加了工序，但不易开裂。

水泥砂浆楼地面构造简单、坚固，能防潮、防水且造价较低，但水泥地面蓄热系数大，冬天感觉冷，不易清洁。

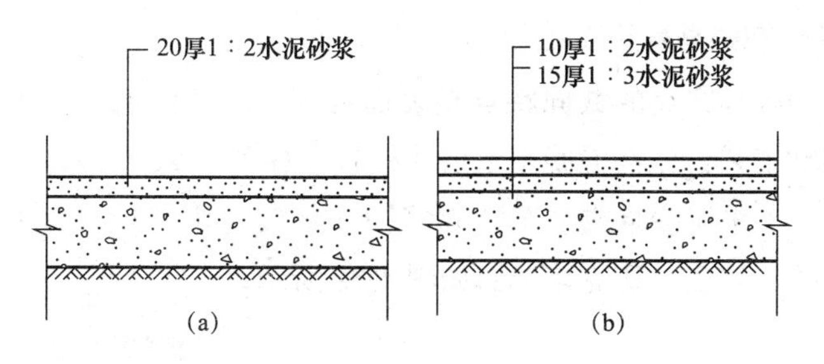

图 4-19　水泥砂浆楼地面

(a)单层做法；(b)双层做法

2. 水泥混凝土楼地面

水泥混凝土楼地面常用两种做法：一种是采用细石混凝土面层，其强度等级不应小于C20，厚度为30～40 mm；另一种是采用水泥混凝土垫层兼面层，其强度等级不应小于C15，厚度按垫层确定，如图4-20所示。

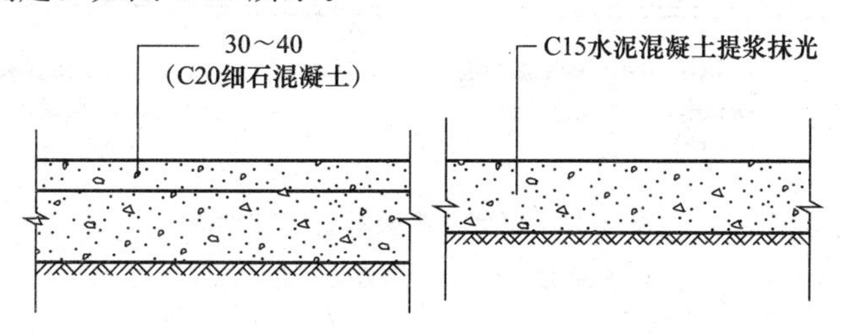

图 4-20　水泥混凝土楼地面

3. 现浇水磨石楼地面

现浇水磨石楼地面如图4-21所示。现浇水磨石楼地面一般分两层施工。在刚性垫层或结构层上用10～20 mm厚1：3水泥砂浆找平，面铺10～15 mm厚1：(1.5～2)水泥白石子。在做好的找平层上按设计好的方格用1：1水泥砂浆嵌固10 mm高的分格条(铜条、铝条、玻璃条、塑料条)，铺入拌和好的水泥石屑，压实，浇水养护6～7天，待面层达到一定强度后，加水养护并用磨光机打磨，再用草酸溶液清洗，最后上蜡保护。现浇水磨石楼地面具有良好的耐磨性、耐久性、防水防火性。

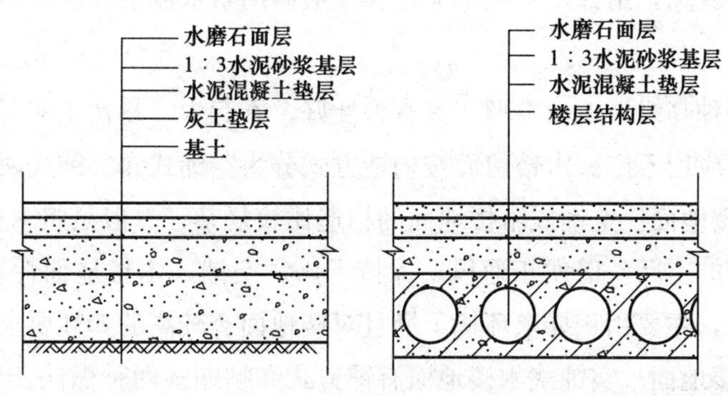

图 4-21　现浇水磨石楼地面

4. 缸砖、瓷砖、陶瓷马赛克楼地面

缸砖、瓷砖、陶瓷马赛克的共同特点是表面致密光洁、耐磨、吸水率低、不变色，属于小型块材，其铺贴工艺：先在混凝土垫层或楼板上抹 15～20 mm 厚 1∶3 水泥砂浆找平，再用 5～8 mm 厚 1∶1 水泥砂浆或水泥胶(水泥∶108 胶∶水＝1∶0.1∶0.2)粘贴，最后用素水泥浆擦缝。缸砖、陶瓷马赛克楼地面如图 4-22 所示。

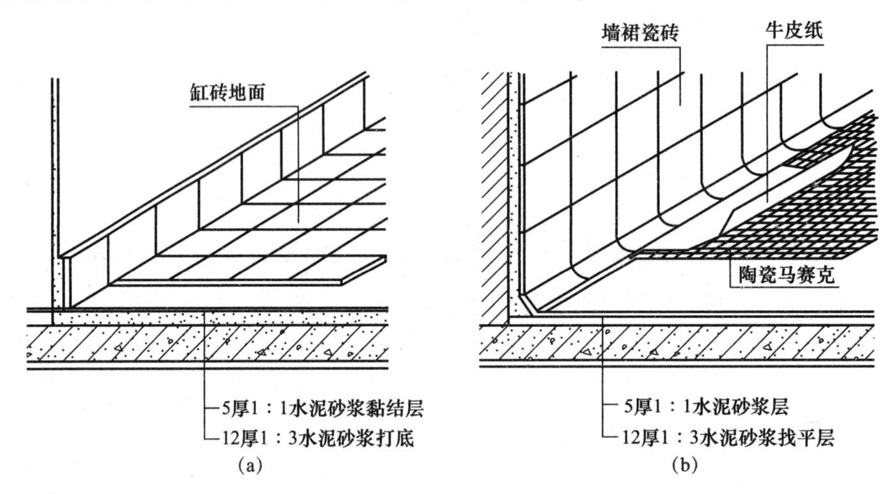

图 4-22　缸砖、陶瓷马赛克楼地面

(a)缸砖楼地面；(b)陶瓷马赛克楼地面

陶瓷马赛克在整张铺贴后，用滚筒压平，将水泥砂浆挤入缝隙，待水泥砂浆硬化后，用草酸洗去牛皮纸，然后用白水泥浆擦缝。

5. 花岗石板、大理石板楼地面

花岗石板、大理石板的尺寸一般为(300 mm×300 mm)～(600 mm×600 mm)，厚度为 20～30 mm，属于高级楼地面材料。花岗石板的耐磨性与装饰效果好，但价格高。

花岗石板、大理石板楼地面如图 4-23 所示。板材铺设前应按房间尺寸预定制作；铺设时需预先试铺，合适后再开始正式粘贴，具体做法：先在混凝土垫层或楼板找平层上实铺 30 mm 厚 1∶(3～4)干硬性水泥砂浆做结合层，上面撒干水泥粉(洒适量清水)，然后铺贴楼地面板材，挤紧缝隙，用橡皮锤或木槌敲实，最后用素水泥浆擦缝。

6. 木楼地面

木楼地面是一种高级楼地面类型，具有弹性好、不起尘、易清洁和导热系数小的特点，但是造价较高，故应用不广。木楼地面按构造方式分为空铺式和实铺式两种。

(1)空铺式木楼地面。空铺式木楼地面的构造比较复杂，一般是将木楼地面进行架空铺设，使板下有足够的空间，以便于通风，保持干燥。空铺式木楼地面耗费木材量较多，造价较高，多不采用，主要用于要求环境干燥且对楼地面有较高的弹性要求的房间。

(2)实铺式木楼地面。实铺式木楼地面有铺钉式和粘贴式两种做法。当在地坪层上采用实铺式木楼地面时，必须在混凝土垫层上设置防潮层。

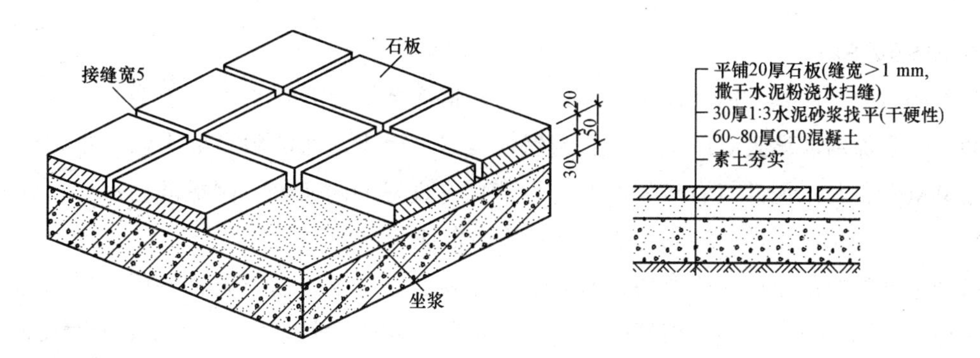

图 4-23　花岗石板、大理石板楼地面

①铺钉式木楼地面是在混凝土垫层或楼板上固定小断面的木格栅（木格栅的断面尺寸一般为 50 mm×50 mm 或 50 mm×70 mm，其间距为 400～500 mm），然后在木格栅上铺钉木板材。木板材可采用单层和双层做法，铺钉式拼花木楼地面如图 4-24(a)所示。

②粘贴式木楼地面是在混凝土垫层或楼板上先用 20 mm 厚 1∶2.5 水泥砂浆找平，干燥后用专用胶黏剂黏结木板材，其构造如图 4-24(b)所示。由于省去了格栅，粘贴式木楼地面比铺钉式木楼地面节约木材，且施工简便、造价低，故应用广泛。

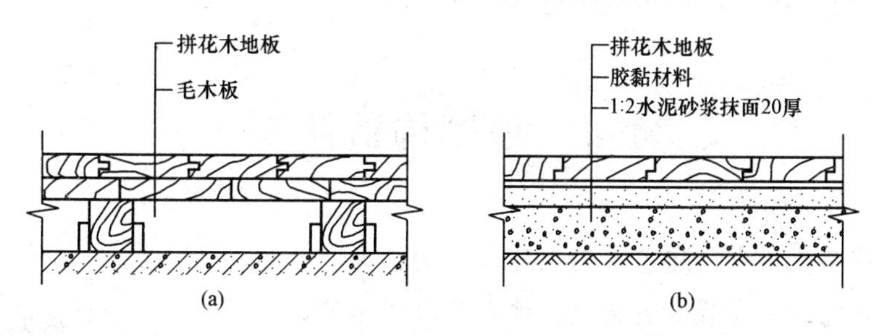

图 4-24　拼花木楼地面

(a)铺钉式；(b)粘贴式

7. 塑料楼地面

塑料楼地面以聚乙烯树脂为基料，加入增塑剂、稳定剂等材料，经塑化热压而成。可以干铺，同片材一样，用胶黏剂粘贴到水泥砂浆找平层上。

塑料楼地面是以聚乙烯树脂为主要胶结材料，配以增塑剂、填充料、稳定剂、润滑剂和颜料，经高速混合、塑化、辊压或层压成型而成的。塑料地板有直接铺设与黏结铺贴两种方式，地面的铺贴方法是：先将板缝切成 V 形，然后用三角形塑料焊条、电热焊枪焊接，并均匀加压 24 h。塑料楼地面施工如图 4-25 所示。

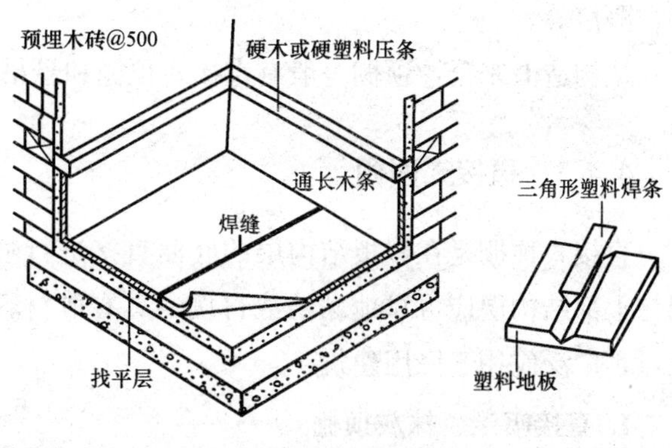

图 4-25　塑料楼地面施工

8. 涂料楼地面

涂料的主要功能是装饰和保护室内地面，使地面清洁美观，为人们创造一种优雅的室内环境。地面涂料应该具有以下特点：耐碱性良好，因为地面涂料主要涂刷在带碱性的水泥砂浆基层上；与水泥砂浆有较好的黏结性能；有良好的耐水性、耐擦洗性；有良好的耐磨性；有良好的抗冲击性；涂刷施工方便；价格合理。

按照地面涂料的主要成膜物质来分，地面涂料产品主要有以下几种：环氧树脂地面涂料、聚氨酯树脂涂料、不饱和聚酯树脂涂料、亚克力休闲场涂料等。以下主要介绍前两种。

(1)环氧树脂地面涂料是一种高强度、耐磨损、美观的地面涂料，具有无接缝、质地坚实、耐药品性佳、防腐、防尘、保养方便、围护费用低廉等优点。

(2)聚氨酯树脂地面涂料。该涂料属于高固体厚质涂料，它具有优良的防腐蚀性和绝缘性能，特别是有较全面的耐酸碱盐的性能，有较大的强度和弹性，对金属和非金属混凝土的基层表面有较好的黏结力。涂铺的地面光洁不滑，弹性好，耐磨、耐压、耐水，美观大方，行走舒适，不起尘、易清扫，不需要打蜡，可代替地毯使用。它适用于会议室、放映厅、图书馆等人流较多的场合的弹性装饰地面，工业厂房、车间和精密机房的耐磨、耐油、耐腐蚀地面及地下室、卫生间的防水装饰地面。

4.4 顶棚构造认知

讨论： 在现代建筑中，随着人们生活水平的提高，无论是公共建筑还是住宅，顶棚装修成为现代建筑装修中不能缺少的一部分。同学们见过哪些类型的顶棚呢？

视频：顶棚构造认知

顶棚是楼板层最下面的部分，又称为天棚或者平顶，是室内装修的一部分。顶棚层应能满足管线敷设的需要，能良好地反射光线，改善室内照度，同时应平整光滑、美观大方，与楼板层有可靠连接。有特殊要求的房间还要求顶棚能保温、隔热、隔声等。

从构造上来分，顶棚一般有直接式顶棚和悬吊式顶棚。

4.4.1 直接式顶棚

直接式顶棚是在楼板结构层的底面直接进行喷刷、抹灰、贴面而形成饰面的顶棚。顶棚与上部结构层应可靠地黏结或钉接，具有取材容易、构造简单、施工方便、造价较低的优点，广泛应用于民用建筑。

1. 直接喷涂、抹灰顶棚

直接喷涂、抹灰顶棚是在楼板底面直接喷涂、抹灰，以保证饰面的平整和增加抹面灰层与基层的黏结力，如图 4-26 所示。具体做法是：先在顶棚的基层上刷一遍纯水泥浆，然后用混合砂浆打底找平。对于要求较高的房间，可在底板增设一层钢板网，在钢板网上再做抹灰。

2. 贴面顶棚

贴面顶棚的贴面材料较丰富，能够满足室内不同的使用要求，其基层处理要求和方法与直接抹灰、喷刷、裱糊类顶棚相同。对于对装修要求较高或有隔声、隔热等特殊要求的建筑物，可在板底直接粘贴装饰吸声板、石膏板、塑胶板等，如图 4-27 所示。

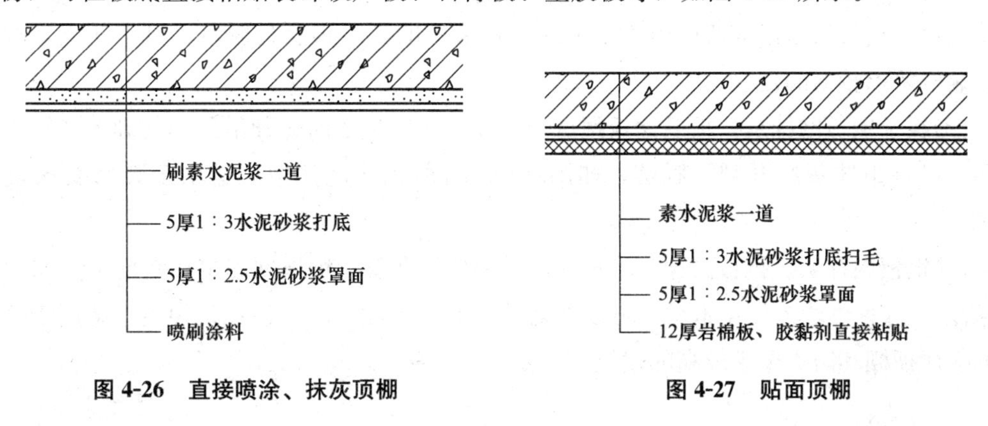

图 4-26　直接喷涂、抹灰顶棚　　**图 4-27　贴面顶棚**

3. 结构式顶棚

当屋顶采用网架结构等类型时，结构本身就具有一定的艺术性，可以不必另做顶棚，只需要结合灯光、通风、防火等要求作局部处理即可，称为结构式顶棚。

4.4.2　悬吊式顶棚

悬吊式顶棚又称为吊顶，它悬吊在楼板层和屋顶的结构层下面，与结构层之间留有一定的空间，以满足遮挡不平整的结构底面、敷设管线、通风、隔声及特殊的使用要求。悬吊式顶棚按材料分为抹灰吊顶和板材吊顶。

1. 吊顶的组成

吊顶一般由吊筋、基层和面层三个部分组成。

(1)吊筋。吊筋又称为吊杆，是连接楼板层和屋顶的结构层与顶棚骨架的杆件，其形式和材料的选用与顶棚的质量、骨架的类型有关，一般有 $\phi 6 \sim \phi 8$ 的钢筋、8 号钢丝或 $\phi 8$ 的螺栓，也可采用型钢、轻钢型材或木枋等加工制作。

(2)基层。基层即骨架层，一般是指由主龙骨、次龙骨组成的网格骨架体系，按材料分为木基层和金属基层两大类。基层的主要作用是承受顶棚荷载并将荷载通过吊筋传给楼板或屋面板。

(3)面层。面层一般分为抹灰类、板材类和格栅类，其作用是装饰美化室内空间。面层的设计应结合灯具、风口等的布置进行。面层与基层的连接根据其材料的不同而不同，有的用连接件、紧固件连接，如圆钉、螺栓、卡具等；有的则直接将面层搁置或挂扣在龙骨上，不需连接件。

2. 抹灰吊顶

抹灰吊顶的龙骨可以用木龙骨，也可以用轻钢龙骨。主木龙骨的断面宽 60～80 mm，高 120～150 mm，中距为 1 m，次龙骨的断面尺寸为 40 mm×60 mm，中距为 400～500 mm，用吊木固定在主龙骨上。轻钢龙骨一般有配套的型材。

抹灰面层的做法主要有板条抹灰、板条钢板网抹灰、钢板网抹灰三种。

(1)板条抹灰。板条抹灰一般采用木龙骨，如图 4-28(a)所示。这种吊顶采用传统做法，构造简单，造价低，但抹灰层由于干缩或结构变形的影响很容易脱落，且不防火，故通常用于装修要求较低的建筑。

(2)板条钢板网抹灰。板条钢板网抹灰吊顶的做法是在前一种吊顶的基础上加钉一层钢板网，以防止抹灰层开裂、脱落，如图 4-28(b)所示。这种做法适用于装修要求较高的建筑。

(3)钢板网抹灰。钢板网抹灰吊顶一般采用轻钢龙骨，钢板网固定在钢筋上，如图 4-28(c)所示。这种做法未使用木材，可以提高吊顶的防火性、耐久性和抗裂性，多用于公共建筑的大厅顶棚和防火要求较高的建筑。

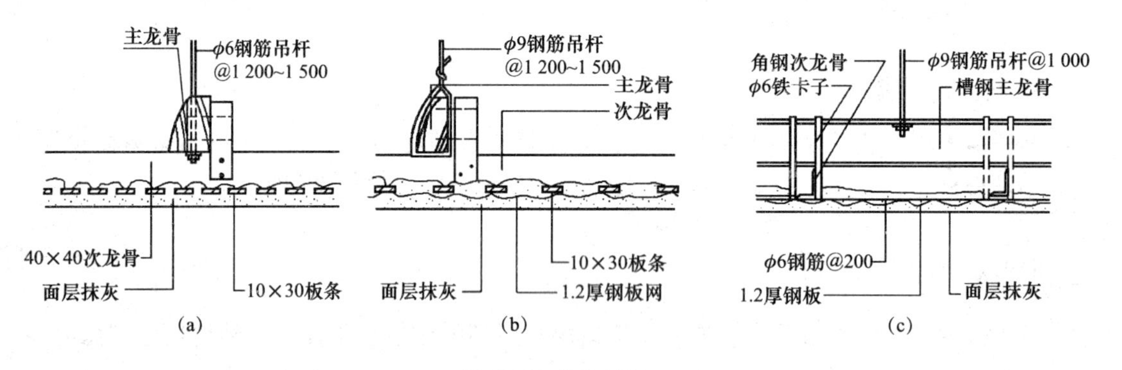

图 4-28 抹灰吊顶

(a)板条抹灰吊顶；(b)板条钢板网抹灰吊顶；(c)钢板网抹灰吊顶

3. 金属板吊顶

金属板吊顶是板材吊顶的一种，采用铝合金板、薄钢板等金属板材面层，铝合金板表面作电化铝饰面处理，薄钢板表面可作镀锌、涂塑、涂漆等防锈饰面处理。这种吊顶的龙骨除了是承重杆件外，还兼有卡具的作用，其构造简单，安装方便，耐火、耐久。

(1)金属条板吊顶。金属条板吊顶一般来说属于轻型不上人吊顶。金属条板一般多用卡口方式与龙骨相连，但这种方法只适用于板厚不大于 0.8 mm、板宽不超过 100 mm 的条板。

对于板宽超过 100 mm、板厚超过 0.8 mm 的板材，多采用螺钉等进行固定。铝合金和薄钢板轧制而成的槽形条板有窄条、宽条之分，根据条板类型的不同，吊顶龙骨的布置方法也不同。金属条板吊顶按条板与条板相接处的板缝处理形式分为封闭型和开放型，如图 4-29 所示。

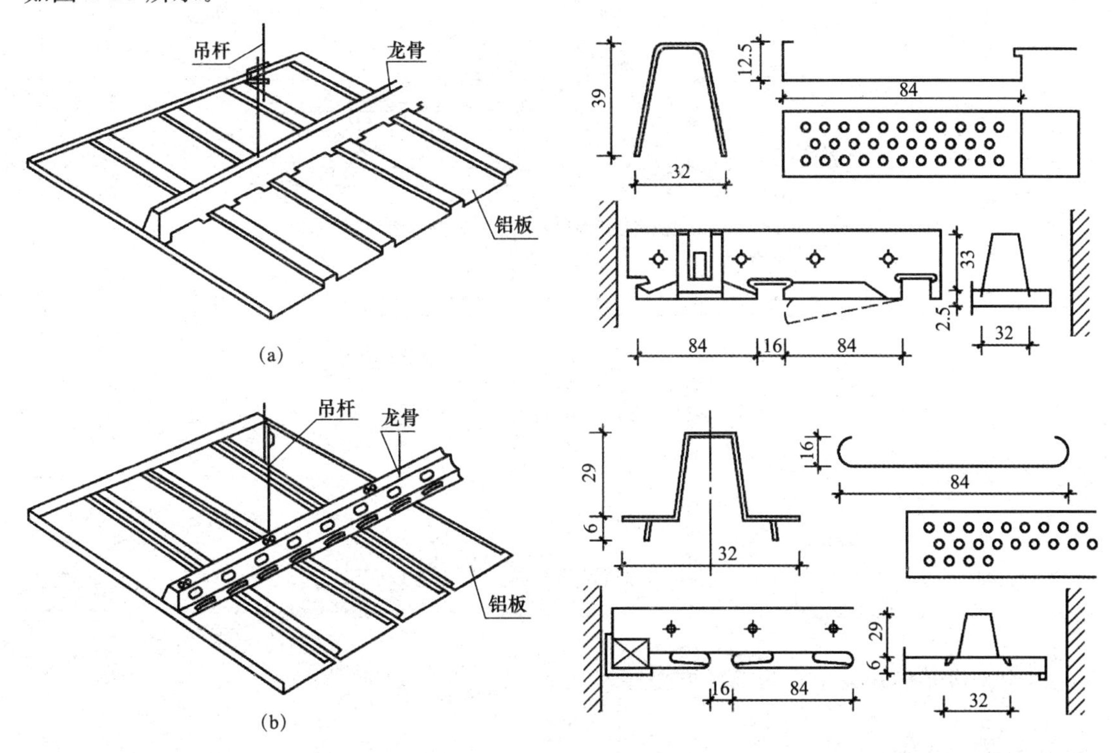

图 4-29　金属条板吊顶

(a)封闭型；(b)开放型

(2)金属方板吊顶。金属方板吊顶易与顶棚表面设置的灯具、风口、喇叭等协调一致，形成有机的整体。金属方板安装的构造有搁置式和卡入式两种。搁置式多为 T 形龙骨，方板四边带翼缘，搁置后形成格子状离缝，如图 4-30 所示。采用卡入式时，金属方板的卷边应向上，形同有缺口的盒子形状，一般在边上扎出凸出的卡口，然后卡入带有夹器的龙骨，其构造如图 4-31 所示。方板可以打孔，在上面衬纸上放置矿棉或玻璃棉的吸声垫，以形成吸声顶棚。方板也可压成各种纹饰，组合成不同的图案。

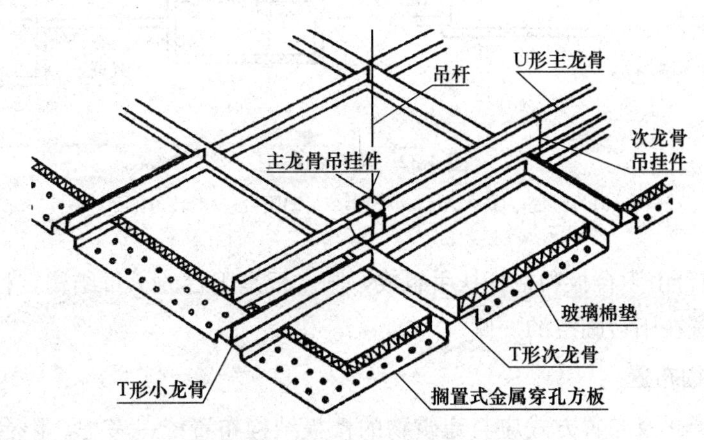

图 4-30　搁置式金属方板吊顶构造

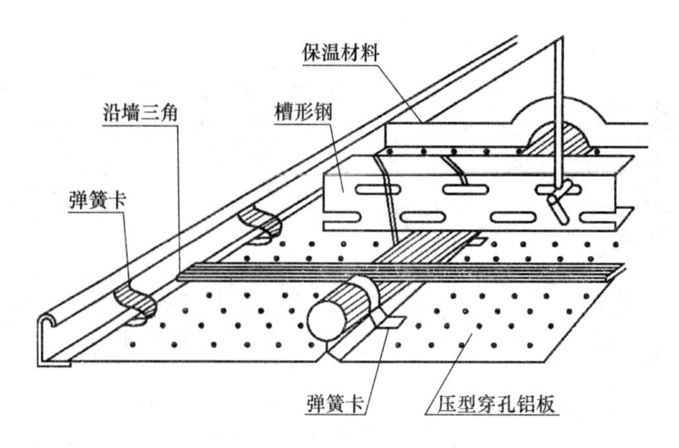

图 4-31　卡入式金属方板吊顶构造

4.5　阳台和雨篷构造认知

讨论：同学们知道阳台和雨篷有哪些类型吗？

4.5.1　阳台

阳台是楼房建筑中各层伸出室外的平台，可供使用者在上面休息、眺望、晾晒衣物或从事其他活动。同时，良好的阳台造型设计还可以增加建筑物外观的美感。

1. 阳台的类型及组成

(1)类型。阳台按其与外墙的相对位置不同，可分为凸阳台、凹阳台、半凸半凹阳台及转角阳台，如图 4-32 所示。阳台按功能不同，可分为生活阳台(靠近客厅或卧室)和服务阳台(靠近厨房或卫生间)。阳台按施工方式不同，可分为现浇阳台和预制阳台。

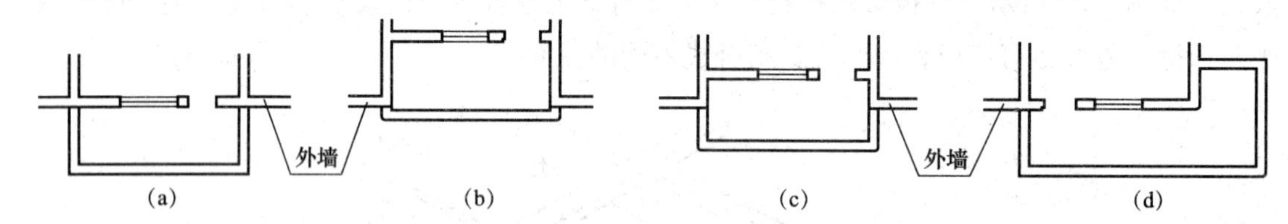

图 4-32　阳台的类型

(a)凸阳台；(b)凹阳台；(c)半凸半凹阳台；(d)转角阳台

(2)组成。阳台由阳台板和栏杆扶手组成，阳台板是阳台的承重结构，栏杆扶手是阳台的围护构件，设置在阳台临空的一侧。

2. 阳台的结构布置

阳台的结构形式及布置方式应与建筑物的楼板结构布置统一考虑。阳台的承重结构布置一般为悬挑式结构，按悬挑方式分为挑梁式、挑板式、压梁式等。

(1)挑梁式阳台[图 4-33(a)]。挑梁式阳台是从建筑物的横墙上伸出挑梁，上面搁置阳台板。为防止阳台倾覆，挑梁压入横墙部分的长度应不小于悬挑部分长度的 1.5 倍，悬挑长度最常见的是 1.2 m。工程中一般在挑梁端部增设与其垂直的边梁，以加强阳台的整体性，并承受阳台栏杆的质量。

(2)挑板式阳台[图 4-33(b)]。挑板式阳台是将楼板延伸挑出墙外，形成阳台板。由于阳台板与楼板是一个整体，楼板的质量和墙的质量构成阳台板的抗倾覆力矩，保证阳台板的稳定。挑板式阳台板底平整美观，若采用现浇式工艺，还可以将阳台平面制成半圆形、弧形、多边形等形式，增加房屋的形体美观性，挑板式阳台的悬挑长度一般不超过 1.2 m。

(3)压梁式阳台[图 4-33(c)]。压梁式阳台是将凸阳台板与墙梁整浇在一起，墙梁可用加大的圈梁代替，此时梁和梁上的墙构成阳台板后部压重。由于墙梁受扭，故阳台悬挑尺寸不宜过大，一般以在 1 m 以内为宜。当梁上部的墙开洞较大时，可将梁向两侧延伸至不开洞部分，必要时还可以伸入内墙以确保安全。

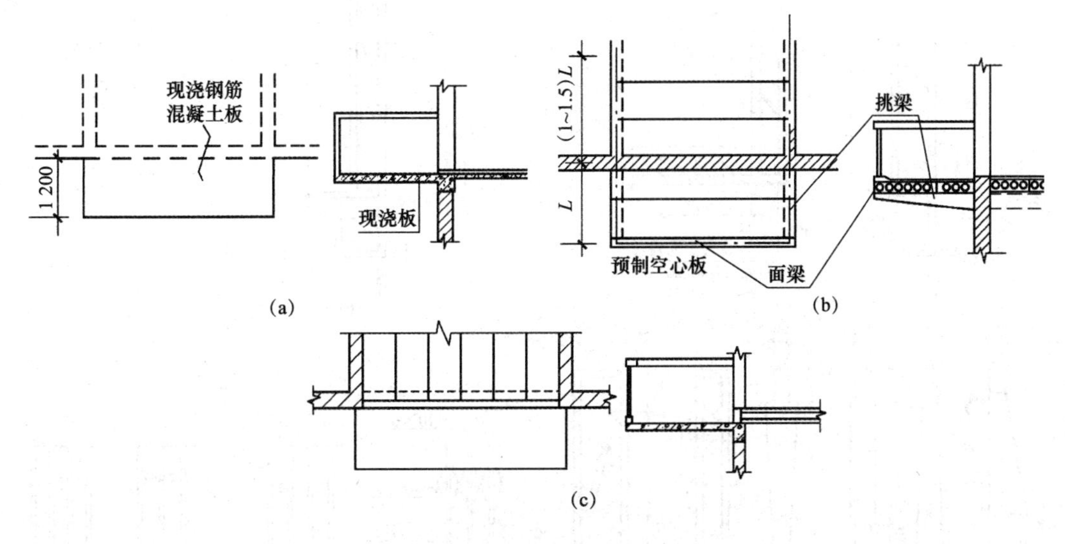

图 4-33　阳台悬挑形式

(a)挑梁式；(b)挑板式；(c)压梁式

3. 阳台的细部构造

阳台的细部构造主要包括阳台栏杆(板)、扶手与阳台板，墙体之间的连接及排水等的构造。

(1)阳台栏杆(板)。栏杆(板)是阳台的围护结构，它还承担使用者对阳台侧壁的水平推力，因此必须具有足够的强度和适当的高度，以保证使用安全。栏杆(板)按外形分为空花式、实体式、混合式三种，如图 4-34 所示。材料可用砖砌、钢筋混凝土板、金属和钢化玻璃等。

阳台栏杆(板)的构造如图 4-35 所示。

(2)扶手。扶手供人手扶持所用，有金属管、塑料、混凝土等类型，空花式栏杆上多采

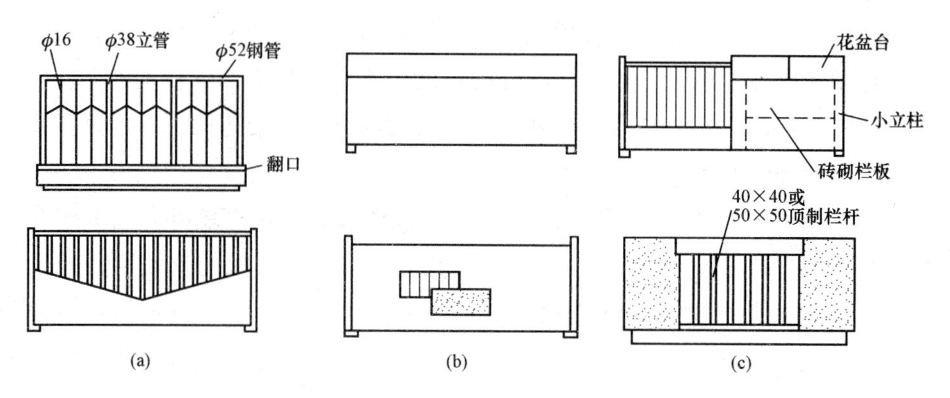

图 4-34　阳台栏杆(板)的形式

(a)空花式；(b)实体式；(c)混合式

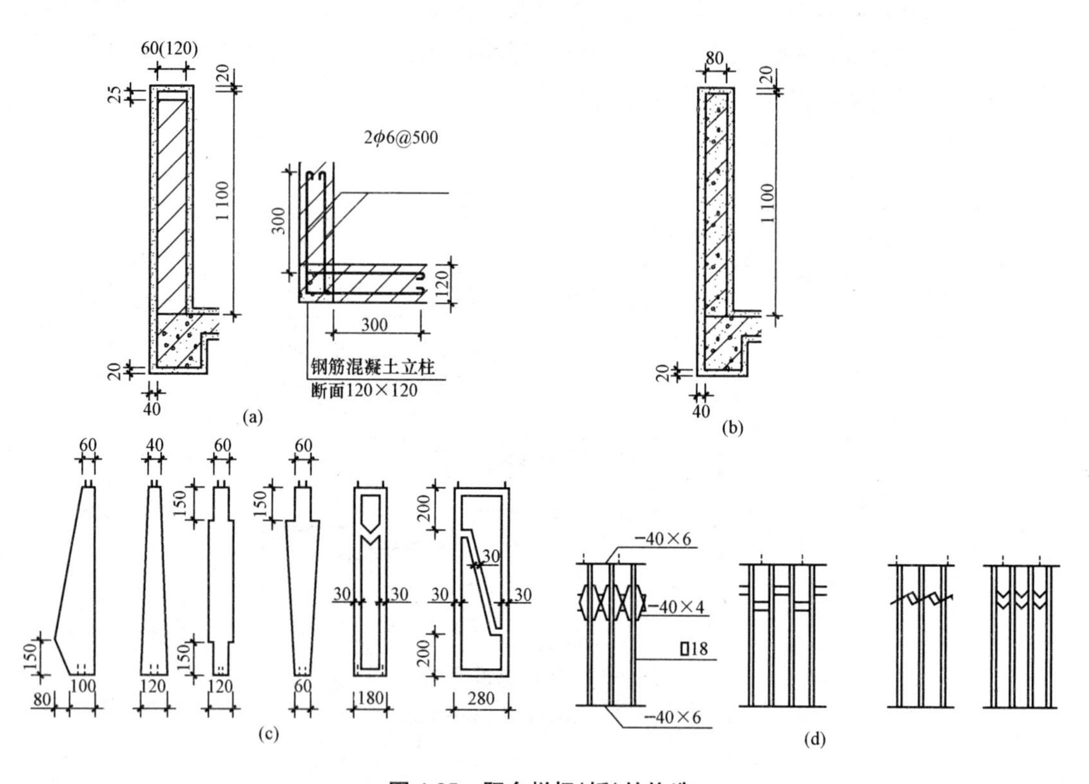

图 4-35　阳台栏杆(板)的构造

(a)砖砌栏板；(b)、(c)钢筋混凝土栏板；(d)金属栏杆

用金属管和塑料扶手，栏板和组合栏板多采用混凝土扶手。阳台栏杆(板)、扶手及墙体的连接构造如图 4-36 所示。

4. 阳台的排水

为了防止雨水流入室内，设计时应使阳台标高低于室内地面 30～50 mm，并在阳台一侧设置排水孔，如图 4-37 所示。阳台排水主要有落水管排水和坡口管排水两种形式。低层或要求不高的建筑，阳台面向两侧做 5‰坡度，在阳台的外侧栏板设置镀锌铁管或硬质塑料

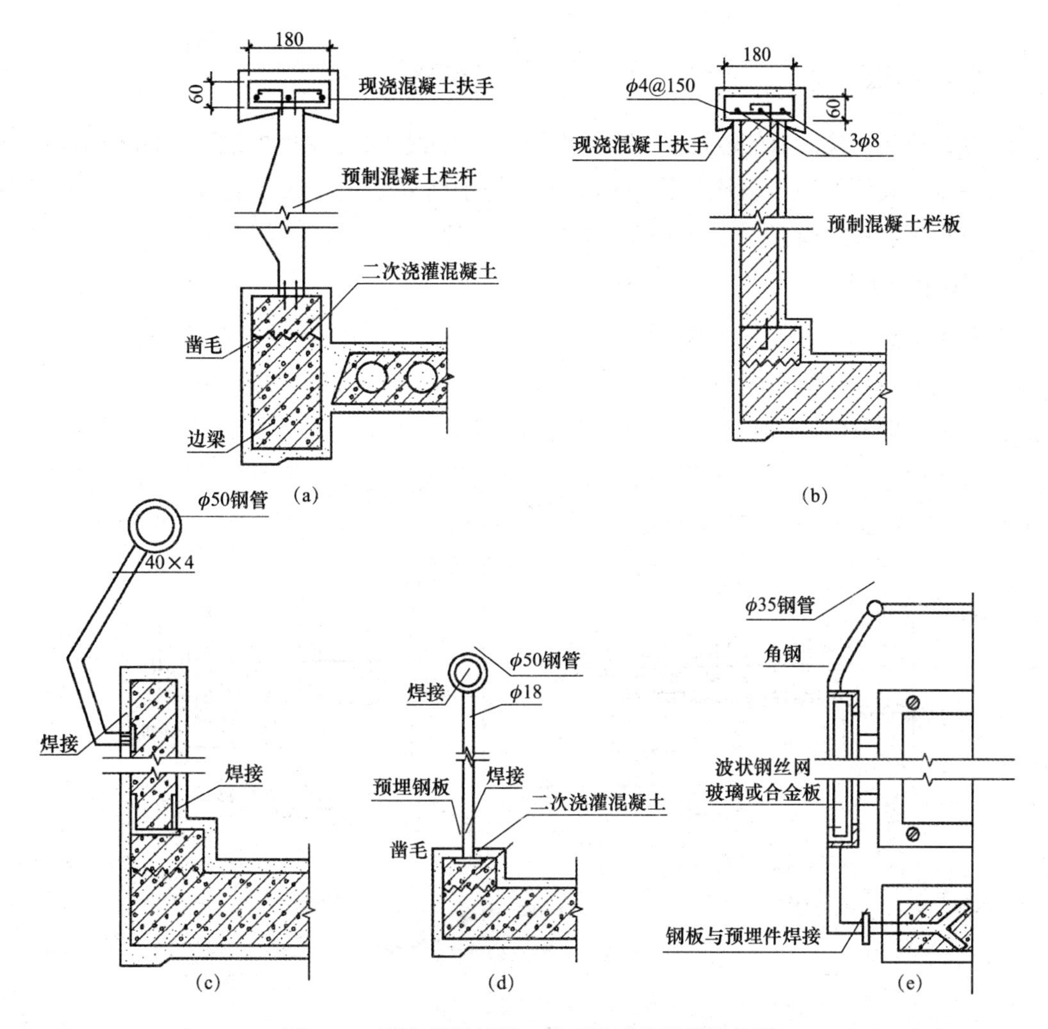

图 4-36　阳台栏杆(板)、扶手及墙体的连接构造

(a)预制混凝土栏杆与现浇混凝土扶手；(b)预制钢筋混凝土栏板与现浇混凝土扶手；

(c)预制钢筋混凝土栏板与钢扶手；(d)金属栏杆与钢管扶手；(e)波状钢丝网玻璃栏板与钢扶手

管，伸出阳台栏板外面不少于 80 mm，以防止落水溅到下面阳台上。落水管排水适用于高层建筑，为了保证建筑立面效果，可在阳台内侧设地漏和排水立管。

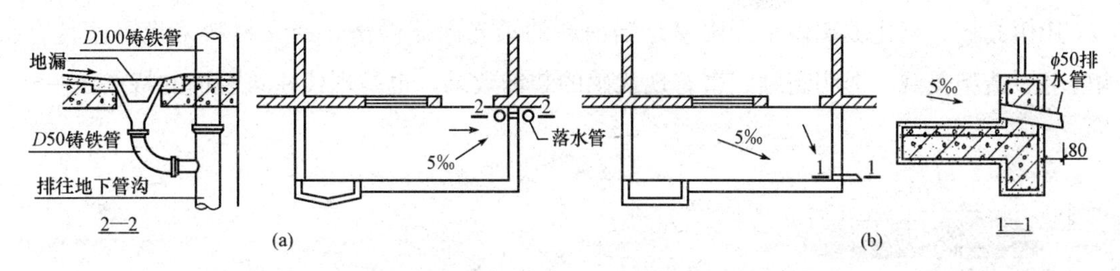

图 4-37　阳台排水构造

(a)落水管排水；(b)坡口管排水

4.5.2 雨篷

雨篷是建筑物外门顶部悬挑的水平挡雨构件。雨篷除具有保护大门不受侵害的作用外，还具有一定的装饰作用。雨篷从构造形式上分为钢筋混凝土雨篷、钢结构玻璃采光雨篷。钢筋混凝土雨篷按结构形式分为悬板式和梁板式两种。

1. 悬板式雨篷

悬板式雨篷一般用于宽度不大的入口和次要的入口，雨篷所受的荷载较小，因此，雨篷板的厚度较小，一般做成变截面形式，根部厚度不小于 70 mm，端部厚度不小于 50 mm。悬板式雨篷一般与门洞口上的过梁整体现浇，要求上、下表面相平。雨篷挑出长度较小时，构造处理较简单，可采用无组织排水，在板底周边设滴水，雨篷顶面抹 15 mm 厚 1∶2 水泥砂浆内掺 5%防水剂，防水砂浆沿墙上卷至少 250 mm，形成泛水，如图 4-38(a)所示。

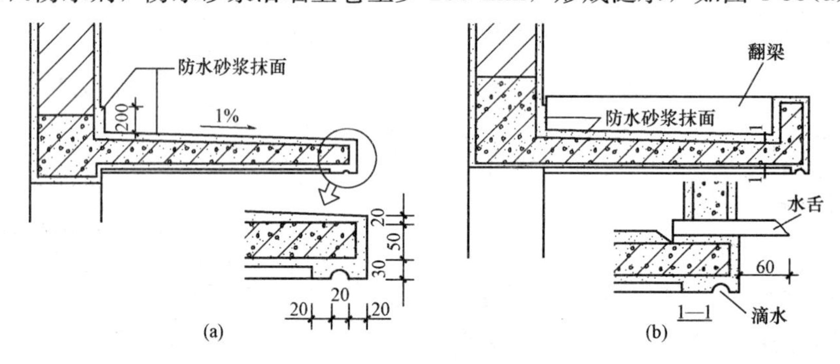

图 4-38 雨篷

(a)悬板式雨篷；(b)梁板式雨篷

2. 梁板式雨篷

当门洞口尺寸较大，雨篷挑出尺寸也较大时，为了立面需要和使雨篷底面平整，通常将周边梁向上翻起成侧梁式(也称为翻梁)，如图 4-38(b)所示，一般是在雨篷外沿用砖或钢筋混凝土板制成一定高度的卷檐。当雨篷尺寸较大时，可在雨篷下面设置柱支撑。

3. 钢结构玻璃采光雨篷

用阳光板、钢化玻璃做采光雨篷是当前新的透光雨篷做法，透光材料采光雨篷具有结构轻巧、造型美观、透明新颖、富有现代感的装饰效果，也是现代建筑装饰的特点之一。

模块小结

楼板是水平方向的承重构件，把人和家具等竖向荷载及楼板自重通过墙体或柱传给基础，按其使用的材料可分为木楼板、砖拱楼板、钢筋混凝土楼板、压型钢板组合楼板等。

楼板层通常由面层、结构层(楼板)、顶棚层三个基本层次组成。

钢筋混凝土楼板是目前应用最广泛的楼板形式，按照施工方法可以分为现浇整体式、预制装配式、装配整体式三种类型。

楼地面的材料和做法应根据房间的使用要求和经济要求而定。根据面层材料和施工方法的不同，楼地面可以分为整体类楼地面、板块类楼地面、卷材类楼地面、涂料类楼地面等。

顶棚从构造上来分，一般有直接式顶棚和悬吊式顶棚两种。

悬吊式顶棚简称吊顶，一般由吊筋、龙骨和面层组成。龙骨有木龙骨和轻钢铝合金等金属龙骨两种类型。面层有抹灰、植物板材、矿物板材、金属板材、格栅等类型。

阳台的结构布置方式有挑梁式、挑板式和压梁式三种。

雨篷从构造形式上分为钢筋混凝土雨篷和钢结构玻璃采光雨篷等。

模块 5　楼梯构造认知

知识目标

楼梯梯段、平台、栏杆与扶手、楼梯的类型、楼梯各组成部分的尺寸；

现浇整体式钢筋混凝土楼梯、预制装配式钢筋混凝土楼梯；

楼梯踏面防滑、栏杆扶手的构造；

台阶的构造做法、坡道的构造做法；

电梯的组成、电梯的土建要求。

能力目标

掌握楼梯的组成、类型和楼梯设计的尺寸要求，掌握《民用建筑设计统一标准》(GB 50352—2019)中关于楼梯尺度设计的内容，理解设计师的设计意图，能进行简单平行双跑楼梯的设计；

能识读楼梯详图、建筑施工图纸中有关楼梯部分的信息；

掌握现浇整体式钢筋混凝土楼梯的结构形式，了解中小型预制装配式钢筋混凝土楼梯的结构形式，正确认知楼梯的类型，为后续专业课程的学习打下基础；

微课：楼梯构造认知

掌握楼梯的细部构造，熟悉台阶、坡道的设计要求及构造要求，识读《住宅建筑构造》(11J930)的相关内容，能进行正确的施工指导。

5.1　楼梯认知

讨论： 同学们是否留意过教学楼大厅的楼梯？它和宿舍楼的楼梯一样宽吗？它们的行走方式一样吗？

楼梯、电梯、自动扶梯、爬梯、坡道和台阶都是建筑物的垂直交通设施。楼梯是有楼层的建筑物中各个不同楼层之间上下联系的不可缺少的主要垂直交通设施，其还要担负紧急情况下安全疏散的任务。楼梯坡度为 20°～45°；爬梯用于消防和检修，其坡度为 60°～90°；坡道用于建筑物入口处或走廊通道处，其坡度小于 15°；室外台阶用于室内、外有高差的楼地面之间的联系，其坡度为 15°～20°；电梯主要用于中高层以上的建筑或有特殊要求的建筑；自动扶梯用于人流量大的公共建筑。其中楼梯应用最广泛。通过本模块的学习，我们将从中得到启迪。图 5-1 所示为楼梯实例。

图 5-1　楼梯实例

5.1.1　楼梯的组成

微课：楼梯的组成认知

动画：楼梯的组成认知

楼梯主要是由楼梯段、平台、栏杆（或栏板）和扶手组成的，如图 5-2 所示。

（1）楼梯段：楼梯段（或称为跑）是联系两个不同标高平台的倾斜构件，一般由踏步或踏步和斜梁组成。为减缓疲劳和安全起见，一般楼梯段踏步步数不超过 18 级，不少于 3 级。

（2）平台：平台分为中间平台和楼层平台。两个楼层之间的平台称为中间平台，当踏步数超过 18 级时应设置中间平台。与楼层地面标高平齐的平台称为楼层平台，用来供人们调节疲劳和转换楼梯段方向。

由平台和楼梯段围成的空间称为楼梯井，一般宽度为 60～200 mm。

（3）栏杆（或栏板）和扶手：栏杆（或栏板）是指高度在人体胸部与腹部之间，用以保障人身安全或分割空间用的防护分隔构件；栏杆（或栏板）顶部供人们依扶用的连续杆件，称为扶手。

当楼梯段宽度不大时，只在临空的一面设栏杆（或栏板）和扶手。当楼梯段较宽达三股人流时，应在靠墙一边加设靠墙扶手；特别宽，达四股人流时，还应该在楼梯段中间增设中间扶手。

5.1.2　楼梯的类型

楼梯是由连续行走的梯级、休息平台和围护安全的栏杆（或栏板）、扶手，以及相应的支托结构组成的作为楼层之间垂直交通用的建筑部件。

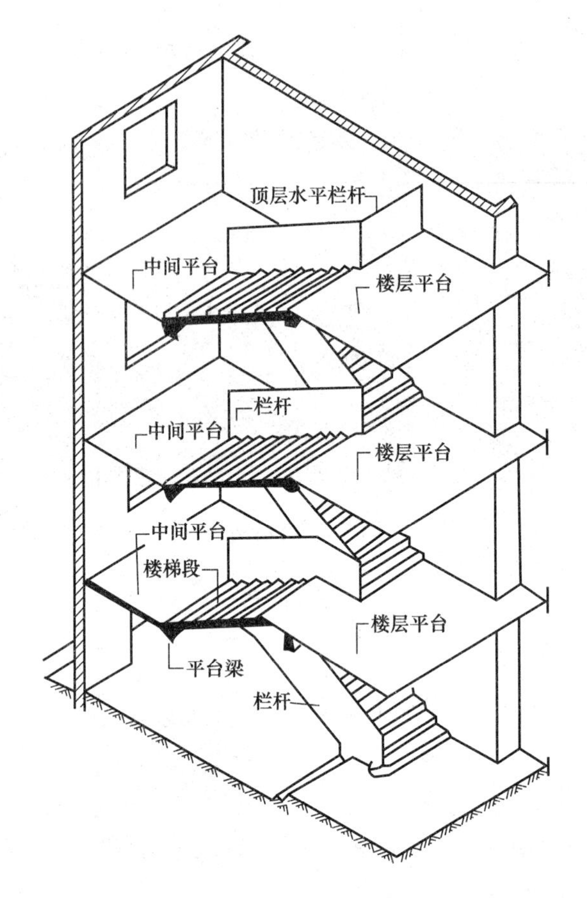

图 5-2　楼梯的组成

楼梯的类型较多，在不同的建筑中可以采用不同的类型。

(1)楼梯按楼梯段的数量、构造和平面布置方式划分，常见的类型有单跑式(通常把楼梯段称为跑)、双跑式(包括双跑直行式、转角式、双跑平行式、双分式、双合式、剪刀式)、三跑式、弧形式和螺旋式等，如图 5-3 所示。

微课：楼梯的类型认知

①单跑式楼梯：是指从一个楼层沿着一个方向到另一个相邻楼层，只有一个不设置中间平台的楼梯段组成的楼梯。其平面投影较短，多用于楼层高度较小的建筑。

②双跑式楼梯：是指从一个楼层到另一个相邻楼层，有两个楼梯段组成的楼梯。其包括双跑直行式、转角式、双跑平行式、双分式、双合式、剪刀式等。其中，双跑平行式楼梯的平面投影为矩形，便于与建筑物中的房间组合，所以应用最为广泛，无论工业还是民用建筑大多采用这种楼梯。双跑直行式楼梯由于平面投影较长，多用于楼梯间平面呈长条形的建筑中。转角式楼梯占据房间一角，故多用于室内空间较小的建筑。双分式平行梯、双合式平行梯及剪刀式楼梯，由于楼梯段相对较宽，且便于分散人流，故多用于人流较大的公共建筑。

③三跑式楼梯：是指从一个楼层到另一个相邻楼层，有三个转折的楼梯段组成的楼梯。其平面投影近似方形，故多用于楼梯间平面接近方形的建筑。

④弧形式楼梯：是指楼梯段的投影为弧形的楼梯。由于其造型优美，可以丰富室内空间的艺术效果，故多用于美观要求较高的公共建筑。

⑤螺旋式楼梯：是指楼梯踏步围绕一根或多根中央立柱布置、每个踏步均为扇形的楼梯。由于其踏步内窄外宽，行走不便，但造型优美，一般用于人流量小的居住建筑和公共建筑的大厅中。

(2)楼梯按位置划分，有室内楼梯和室外楼梯。

(3)楼梯按重要性划分，有主要楼梯和辅助楼梯。

(4)楼梯按材料划分，有木楼梯、钢楼梯和钢筋混凝土楼梯等。

(5)楼梯按结构形式分，有板式楼梯、梁式楼梯、悬挑楼梯等。

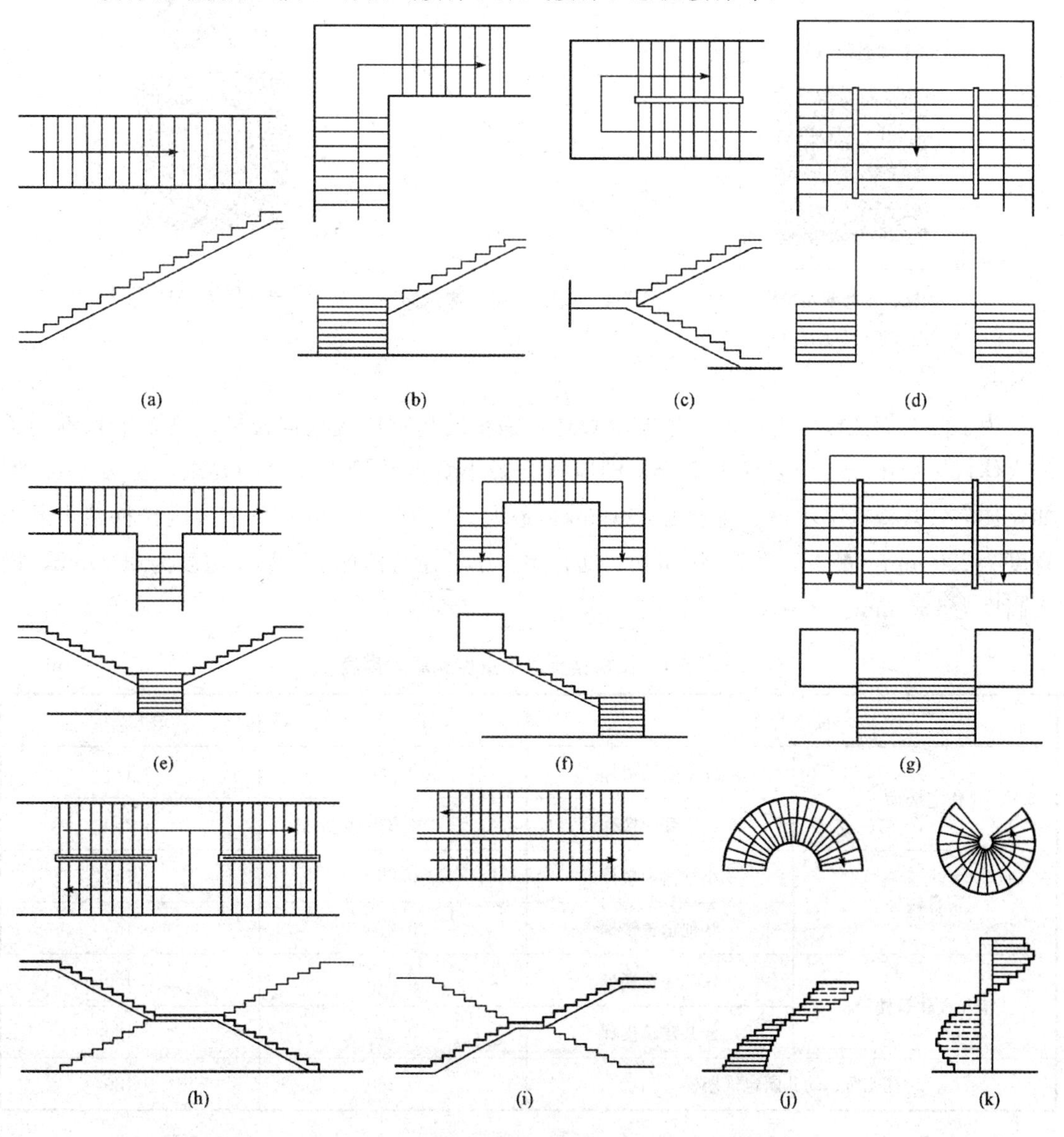

图 5-3　楼梯段平面布置方式

(a)单跑式；(b)转角式；(c)双跑平行式；(d)双合式；(e)双分式(一)；(f)三跑式；(g)双分式(二)；(h)剪刀式；(i)交叉式；(j)弧形式；(k)螺旋式

5.1.3 楼梯的尺度

1. 楼梯的坡度与踏步尺寸

楼梯的坡度一般为20°～45°，一般楼梯的坡度不宜超过38°，较为舒适的坡度为26°34′，即高宽比为1/2。

踏步由踏面和踢面组成。踏面是指踏步的水平面；踢面是指踏步的垂直面。踏步的尺寸应根据人体的尺度来决定其数值。踏步宽常用b表示，踏高常用h表示，如图5-4所示。

视频：平行双跑楼梯尺度设计认知(一)

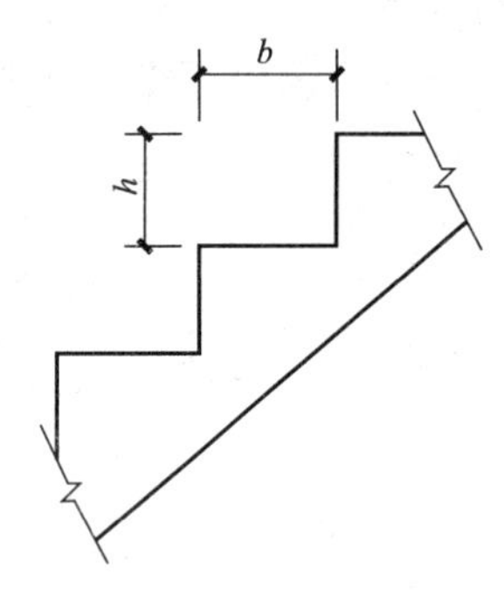

图5-4　踏步的高、宽示意

动画：尺度设计(一)

为了使人们在楼梯上行走起来安全舒适，踏步的高宽比应根据楼梯坡度要求和不同类型人体自然踏步(步跑)要求来确定，即应符合最小宽度和最大高度的要求，见表5-1。例如，住宅公共楼梯踏步最小宽度为260 mm，最大高度为175 mm；住宅套内楼梯踏步最小宽度为220 mm，最大高度为200 mm；幼儿园、小学建筑楼梯踏步最小宽度为260 mm，最大高度为130 mm。

表5-1　楼梯踏步最小宽度和最大高度　　m

楼梯类别		最小宽度	最大高度
住宅楼梯	住宅公共楼梯	0.260	0.175
	住宅套内楼梯	0.220	0.200
宿舍楼梯	小学宿舍楼梯	0.260	0.150
	其他宿舍楼梯	0.270	0.165
老年人建筑楼梯	住宅建筑楼梯	0.300	0.150
	公共建筑楼梯	0.320	0.130
托儿所、幼儿园建筑楼梯		0.260	0.130

2. 楼梯段与平台的宽度

楼梯段的宽度是指墙面到扶手中心线或扶手中心线之间的水平距离。其宽度应符合防火要求和人流股数的要求。供日常主要交通用的楼梯的楼梯段净宽应根据建筑物的使用特征，一般按每股人流 0.55 m+(0～0.15)m 计算，并不少于两股人流。其中，0.55 m 为正常人体的宽度，(0～0.15)m 为人行走时的摆幅。一般双人通行时，为 1 100～1 400 mm，三人通行时，为 1 650～2 100 mm。住宅套内楼梯的楼梯段净宽，一边临空时，不小于 750 mm；两侧有墙时，不小于 900 mm。高层建筑疏散楼梯的最小宽度规定：居住建筑为 1.10 m；医院病房楼为 1.30 m；其他建筑为 1.20 m。

动画：尺度设计(二)

楼梯平台的宽度是指墙面到扶手中心线的水平距离。平台的宽度必须大于或等于楼梯段宽度。当平台上设置有暖气片或消火栓时，应扣除其所占的宽度。

动画：尺度设计(三)

3. 楼梯的净空高度

楼梯的净空高度(净高)是指自踏步前缘(包括最高和最低一级踏步前缘线以外 0.30 m 范围内)量至上方凸出物下缘的垂直高度。

楼梯平台上部及下部过道处的净高不应小于 2 m，楼梯段净高不宜小于 2.2 m，如图 5-5 所示。

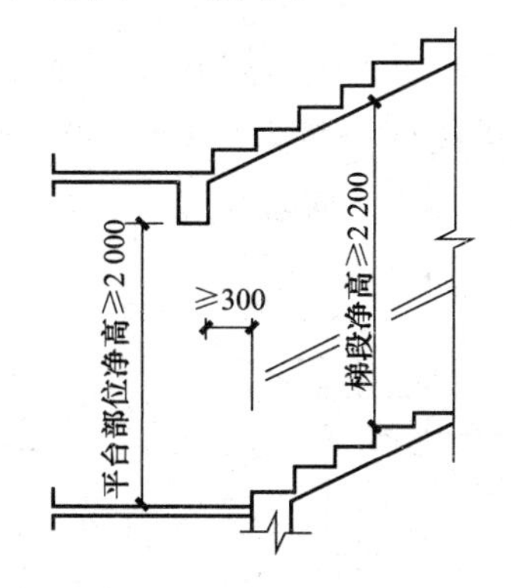

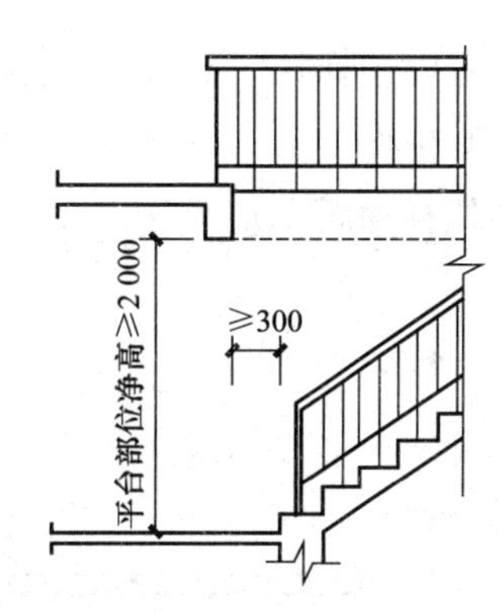

图 5-5　楼梯的净高

当楼梯平台下做通道或出入口时，为满足净高要求，可采取以下方法解决：

(1)不等楼梯段。将底层第一楼梯段加长，做成不等楼梯段，如图 5-6(a)所示。这种处理方式适用于楼梯间进深较大的情况。

(2)降低楼梯间入口处室内地面标高。第一楼梯段长度与步数保持不变，降低楼梯间入口处室内地面标高，如图 5-6(b)所示。这种处理方式的楼梯构造简单，但是增加了室内外高差，提高了整个建筑物的总高度，造价较高。

(3)综合方法。综合方法是将上述两种处理方法结合起来使用，既增加了室内外高差，又做成了不等楼梯段。这种处理方式对楼梯间进深和室内外高差要求都不太大，造价适中，应用较多。

4. 楼梯扶手高度

楼梯扶手高度是指自踏步前缘线量起至扶手上表面的垂直高度。

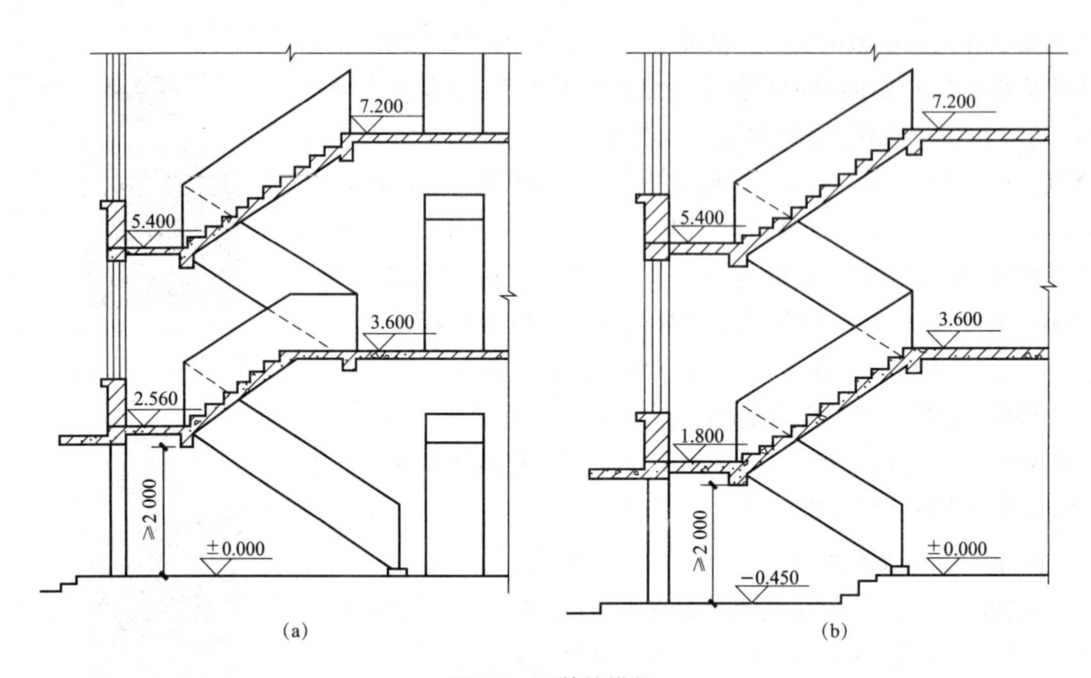

图 5-6　不等楼梯段

(a)将底层第一楼梯段加长；(b)降低楼梯间入口处室内地面标高

一般情况下，室内楼梯扶手高度不应小于 900 mm。靠梯井一侧水平扶手长度大于 0.5 m时，其高度不应小于 1.05 m。儿童用扶手高度一般为 500～600 mm，当采用垂直杆件做栏杆时，其栏杆净距不应大于 0.11 m，如图 5-7 所示。

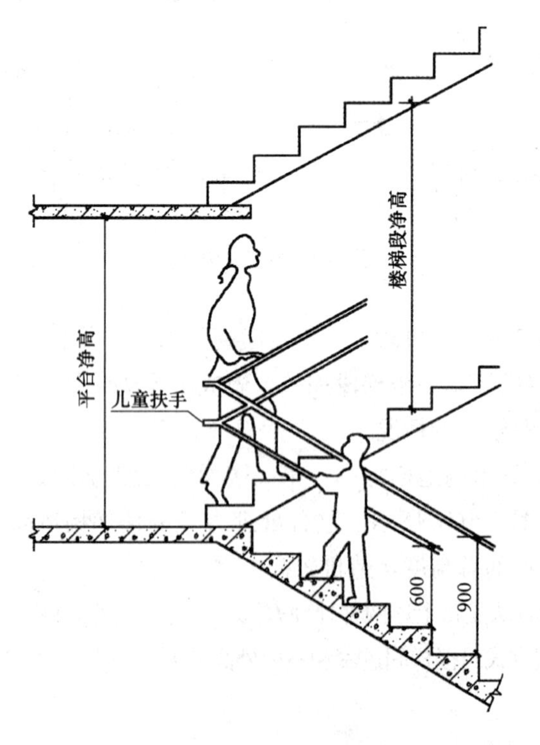

图 5-7　楼梯扶手高度

5. 楼梯间尺寸的确定

视频：平行双跑楼梯尺度设计认知(二)

已知楼梯间的开间、进深和层高，根据建筑的性质和使用要求，按以下顺序确定楼梯各部分的尺寸。

(1)确定踏步的尺寸与数量。踏步的尺寸由公式 $2h+b=600\sim620$ mm 或 $b+h=450$ mm，按建筑的使用性质及相关设计规范的规定，先假定出踏步的宽度 b，根据公式求出踏步的高度 h。

踏步的数量则根据房屋的层高来定，如层高为 H，则踏步的数量 $N=H/h$。

对于双跑平行式楼梯，踏步最好为偶数，如果求得的 N 为奇数，可重新调整步高 h，使 N 尽量成为偶数，以便于设计与施工。

(2)楼梯段长度(L)的计算：其取决于踏步的数量。当每层总的踏步级数 N 求出后，对于等跑楼梯段长度 L，可按下式求得：

$$L=(N/2-1)b$$

(3)楼梯段宽度(D)与平台宽度(B)的计算。楼梯段宽度取决于楼梯间的开间宽度，如果楼梯间净宽为 A，两楼梯段之间的梯井宽为 C，则楼梯段宽度为

$$B=(A-C)/2$$

平台宽度 $D\geqslant B$。

若楼梯间的尺寸不可调整，计算出的各部分尺寸不满足相关要求时，可以调整楼梯的类型、踏步的尺寸及数量等；若楼梯间的尺寸可以调整时，即按模数调整楼梯间的尺寸，如图 5-8 所示。

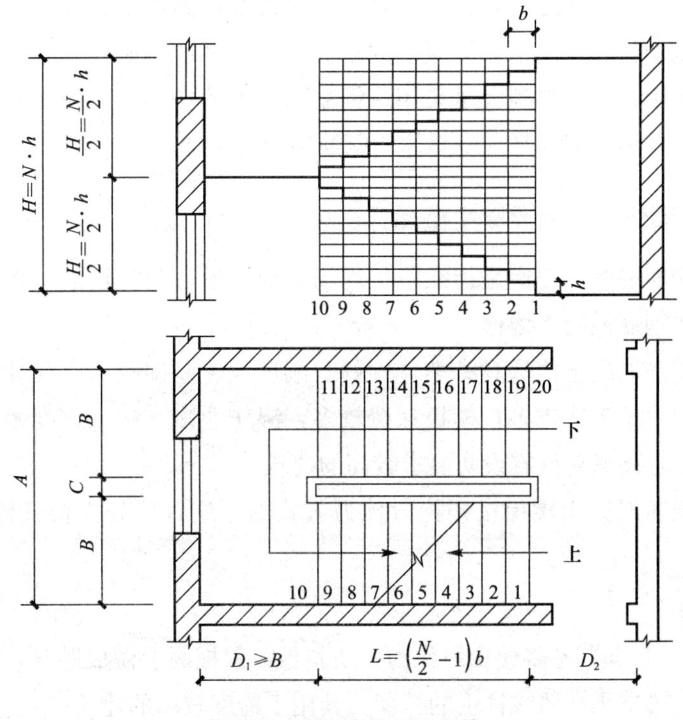

图 5-8　楼梯段的尺寸计算

5.2　钢筋混凝土楼梯构造认知

讨论： 钢筋混凝土楼梯施工过程包括了支模板，绑钢筋，浇筑混凝土，养护、拆模等，如图 5-9 所示，这种楼梯的整体性好，刚度大，对抗震有利。那么，这种楼梯应用广泛吗？它是什么类型呢？还有哪些类型的楼梯呢？

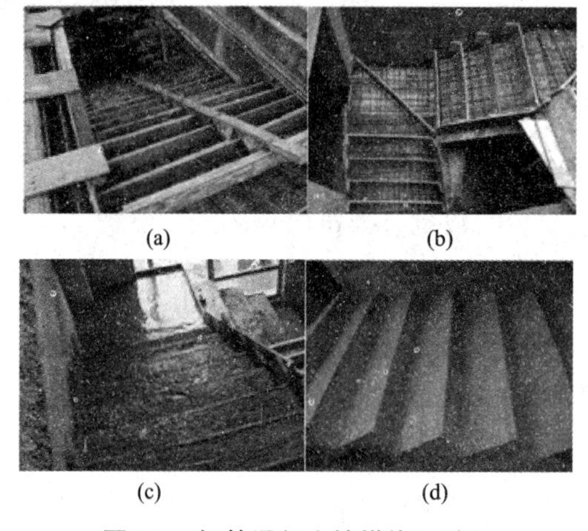

图 5-9　钢筋混凝土楼梯施工过程

(a)支模板；(b)绑钢筋；(c)浇混凝土；(d)养护、拆模

视频：钢筋混凝土楼梯构造认知

楼梯按照构成材料的不同，可分为钢筋混凝土楼梯、木楼梯、钢楼梯和用多种材料制成的组合材料楼梯等。楼梯是建筑中最重要的安全疏散设施，耐火性能要求较高，属于耐火极限较长的建筑构件之一。钢筋混凝土的耐火和耐久性能均好于木材和钢材，因此，钢筋混凝土楼梯在民用建筑中得到大量采用。钢筋混凝土楼梯主要有现浇整体式和预制装配式两大类，建筑中较多采用的是现浇整体式钢筋混凝土楼梯。

5.2.1　现浇整体式钢筋混凝土楼梯

现浇整体式钢筋混凝土楼梯是指在施工现场就地支模、绑扎钢筋，将楼梯段与平台整浇在一起的整体式钢筋混凝土楼梯。

现浇整体式钢筋混凝土楼梯具有整体性好、刚度大、坚固耐久、尺寸灵活的特点，对抗震较为有利，但由于工序较多，模板耗费较多，湿作业多，施工速度慢，多用于楼梯形式复杂、整体性要求高或对抗震设防要求较高的建筑。

现浇整体式钢筋混凝土楼梯按楼梯段传力方式的不同，可分为板式楼梯和梁式楼梯，如图 5-10 所示。

1. 板式楼梯

板式楼梯[图 5-10(a)]是将楼梯段作为一块斜板，斜板面上做成踏步，楼梯段的两端放在平台梁上，平台梁支承在墙或柱上的楼梯。其用于跨度较小的建筑。

2. 梁式楼梯

梁式楼梯[图 5-10(b)]是楼梯段中设有斜梁，斜梁支承在平台梁上，平台梁支承在墙或柱上的楼梯。其适用于跨度大的建筑。

斜梁的位置可在楼梯段的上面，也可在楼梯段的下面；可以在临空一侧或下部中间设置一根，也可以在楼梯段的两侧各设置一根。

梁式楼梯的斜梁一般暴露在踏步板的下面，从楼梯段侧面就能看见踏步，故又称为明步楼梯，如图 5-11(a)所示。这种做法使楼梯段下部形成梁的暗角，容易积灰，楼梯段侧面经常被清洗踏步产生的脏水污染，影响美观；另一种做法是把斜梁反设到踏步板上面，此时楼梯段下面是平整的斜面，称为暗步楼梯，如图 5-11(b)所示。暗步楼梯弥补了明步楼梯的缺陷，但由于斜梁宽度要满足结构的要求，往往宽度较大，从而使楼梯段的净宽变小。

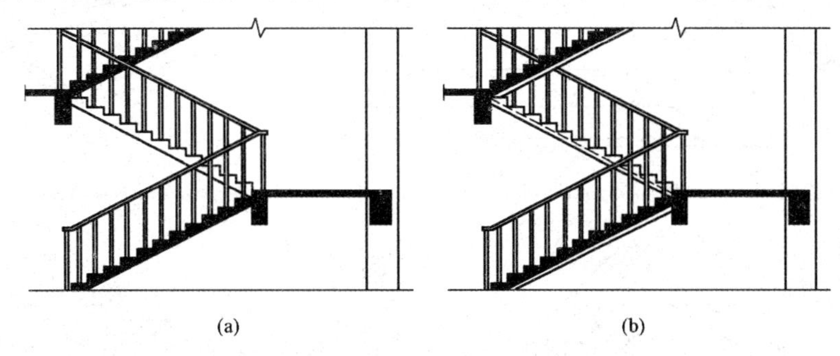

(a) (b)

图 5-10 现浇整体式钢筋混凝土楼梯的构造

(a)板式；(b)梁式

(a) (b)

图 5-11 梁式楼梯的两种类型

(a)明步；(b)暗步

5.2.2 预制装配式钢筋混凝土楼梯

预制装配式钢筋混凝土楼梯是在预制现场或施工现场将楼梯的组成构件预制成型，运到楼梯的相应部位，进行组装形成的楼梯。其施工速度快，湿作业少，但造价相对较高，楼梯的整体性能也差，有振动和地震的地区不适用，目前已经很少使用。

按构件大小的不同，预制装配式钢筋混凝土楼梯可分为小型构件装配式楼梯、中型构件装配式楼梯和大型构件装配式楼梯。

1. 小型构件装配式楼梯

小型构件装配式楼梯一般由踏步板、梯梁、平台梁、平台板等组成。小型构件装配式楼梯可分为梁承式、墙承式和悬挑式，如图 5-12 所示。

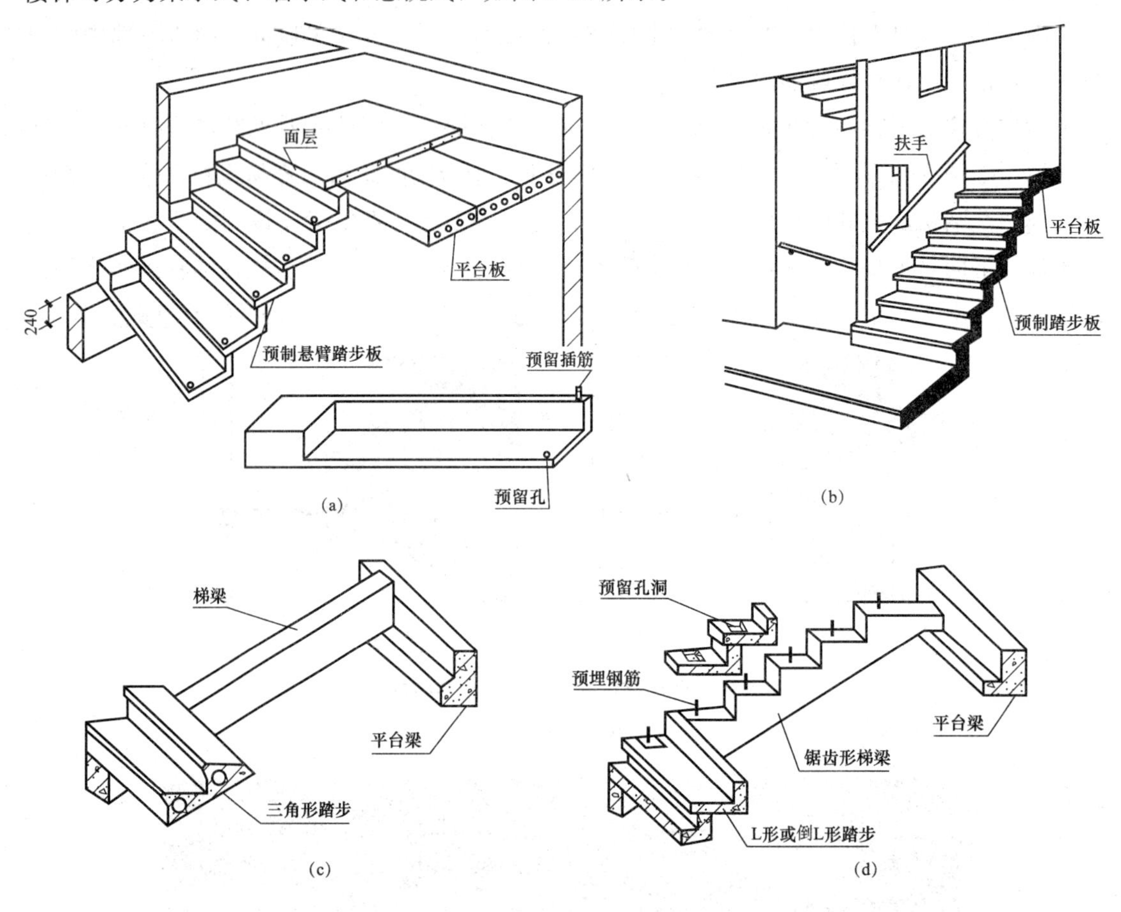

图 5-12 小型构件装配式楼梯

(a)悬挑式楼梯；(b)墙承式楼梯；(c)、(d)梁承式楼梯

小型构件装配式楼梯的构件尺寸小、质量小、数量多，一般把踏步板作为基本构件，具有构件生产、运输、安装方便的优点，同时，存在施工较复杂、施工进度慢和湿作业量大的缺点，适用于施工条件较差的地区。

(1)梁承式楼梯。梁承式楼梯由斜梁、踏步板、平台梁和平台预制板装配而成。这些基本构件的传力：踏步板搁置在斜梁上，斜梁搁置在平台梁上，平台梁搁置在两边侧墙上，而平台可以搁置在两边侧墙上，也可以一边搁在墙上、另一边搁在平台梁上。图 5-13 所示为梁承式楼梯平面。

踏步板截面形式有三角形(正、反)、L 形(正、反)、一字形三种，如图 5-14 所示。

①三角形：优点是拼装后底面平整，但踏步尺寸较难调整，一般多用于简支楼梯。

②L 形：用锯齿形斜梁。肋向上者，作为简支时，下面的肋可作上面板的支承，可用于简支和悬挑楼梯；肋向下者，接缝在下面，踏面和踢面上部交接处看上去较完整，类似

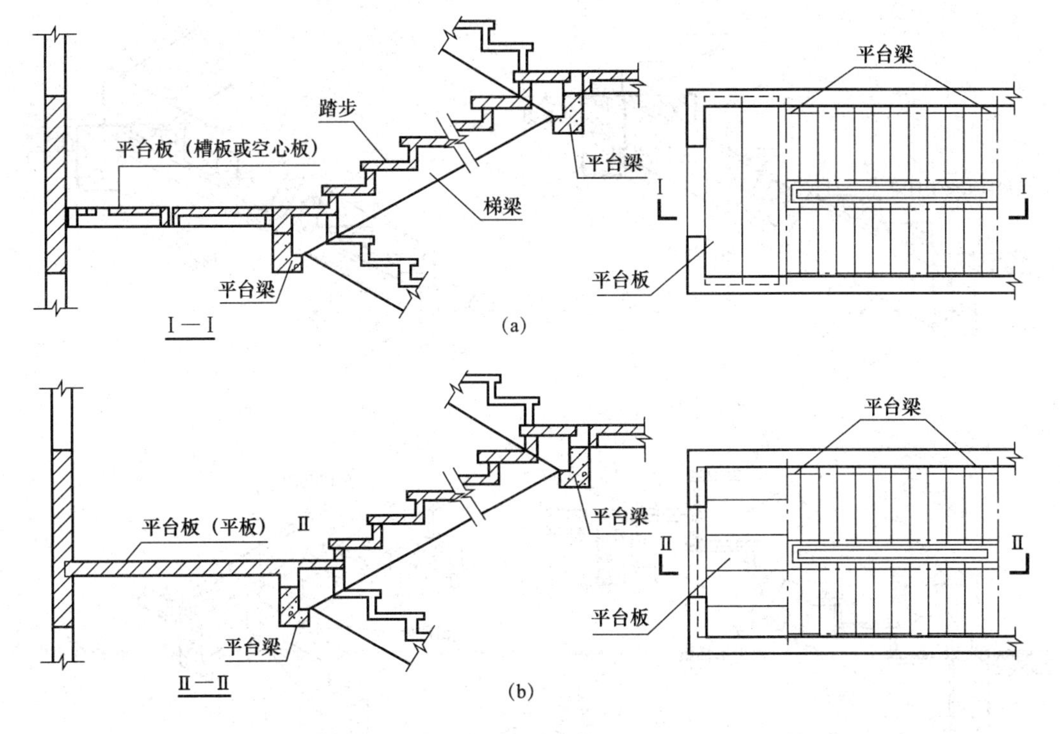

图 5-13　梁承式楼梯平面

带肋平板，结构合理。

③一字形：用锯齿形斜梁，踏步的高、宽可调节，可用于简支和悬挑式楼梯。

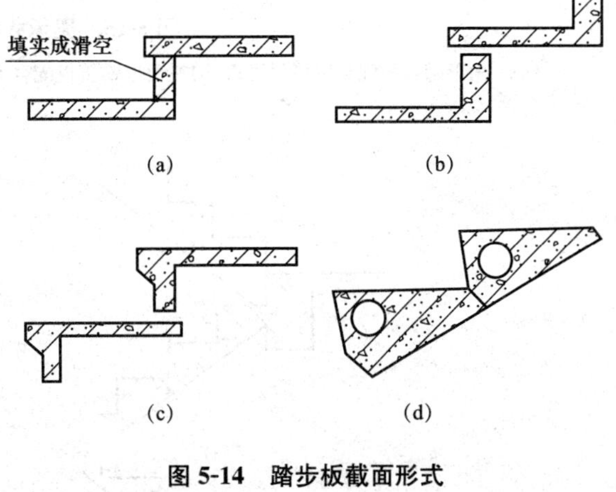

图 5-14　踏步板截面形式

(a)一字形；(b)L 形(正)；(c)L 形(反)；(d)三角形

(2)楼梯斜梁与平台梁搁置方式。楼梯斜梁分为矩形、L 形、锯齿形三种。三角形踏步板配合矩形斜梁，拼装之后形成明步楼梯[图 5-15(a)]；三角形踏步板配合 L 形斜梁，形成暗步楼梯[图 5-15(b)]。L 形和一字形踏步板应与锯齿形斜梁配合使用。采用一字形踏步板时，一般用侧砌墙作为踏步的踢面[图 5-15(c)]。采用 L 形踏步板时，要求斜梁锯齿的尺寸和踏步板尺寸相互配合、协调，避免出现踏步架空、倾斜的现象。

(3)平台梁位置的选择。为了节省楼梯所占空间，上、下楼梯段最好在同一位置起步和止步。由于现浇钢筋混凝土楼梯是现场施工绑扎钢筋的，因此可以顺利地做到这一点，如图 5-16 所示。预制装配式钢筋混凝土楼梯为了减少楼梯构件类型，往往要求上、下楼梯段应在同一高度进入平台梁，容易形成上、下楼梯段错开一步或半步起、止步，使楼梯段纵向水平投影长度加大，占用面积增大，若采用平台梁落低的方案对下部净空影响大；还可将斜梁部分做折线形。

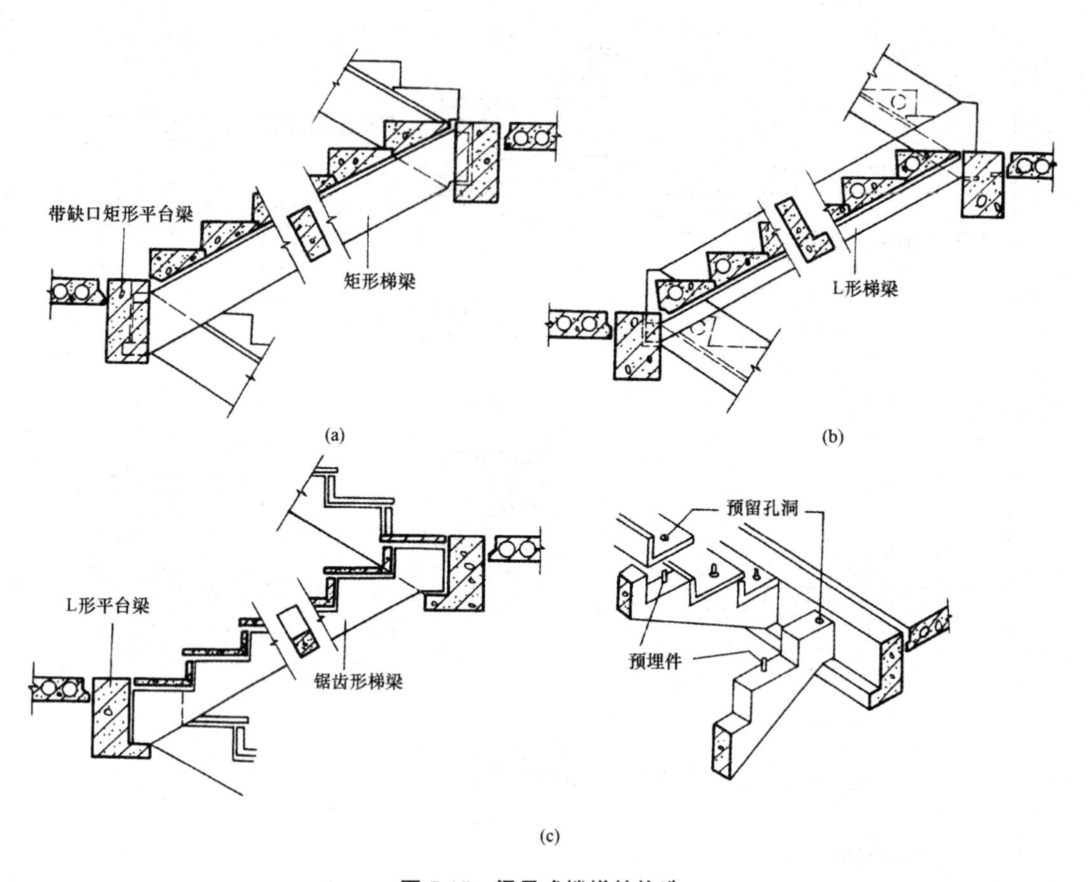

图 5-15　梁承式楼梯的构造

(a)三角形踏步板配合矩形斜梁；(b)三角形踏步板配合 L 形斜梁；(c)L 形和一字形踏步板配合锯齿形斜梁

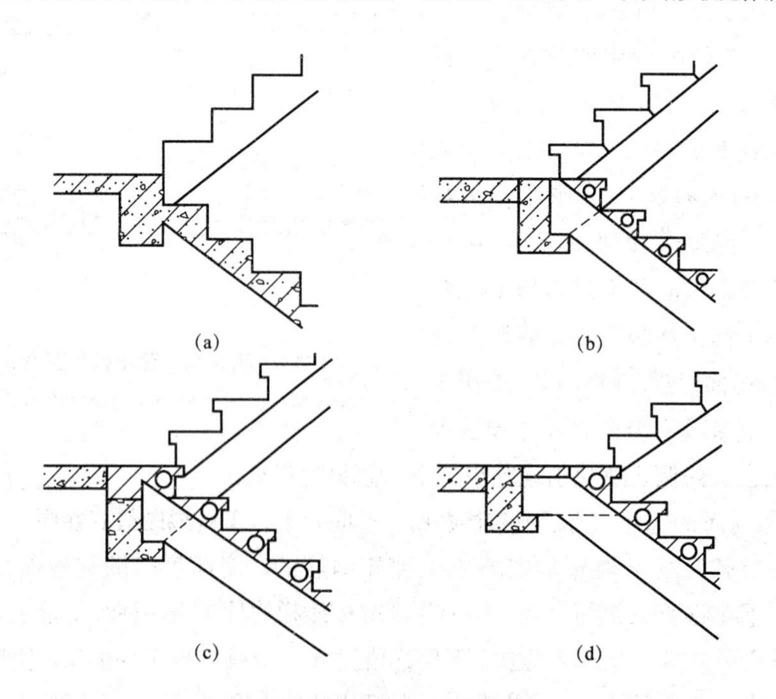

图 5-16　楼梯起、止步的处理

(a)浇楼梯可同时起止步；(b)踏步错开一步；(c)平台梁位置降低；(d)斜梁做成折线形

2. 中型构件装配式楼梯

中型构件装配式楼梯一般由楼梯段、平台梁、平台板(或平台梁和平台板合二为一)等组成。楼梯段可以为板式，也可以为梁板式，如图 5-17 所示。

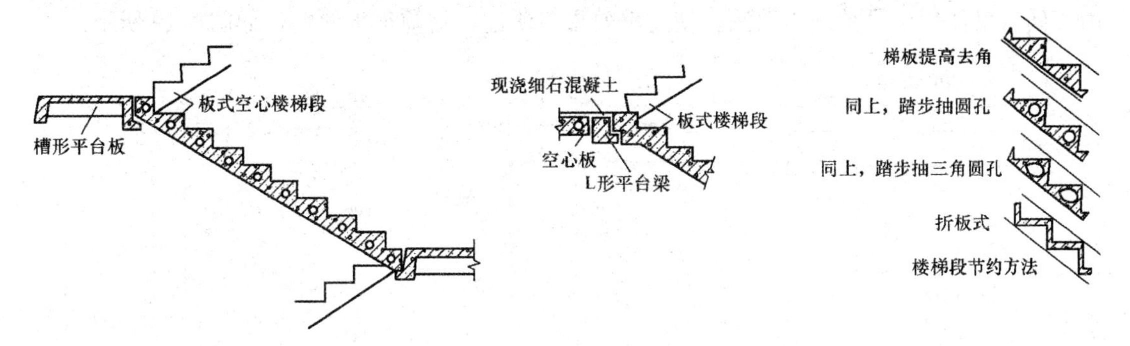

图 5-17　中型构件装配式楼梯

3. 大型构件装配式楼梯

大型构件装配式楼梯一般是指楼梯段与平台板合为一体，整个楼梯由两块带有楼梯段的折板组成，按其结构形式的不同，可分为板式楼梯和梁板式楼梯两种，如图 5-18 所示。

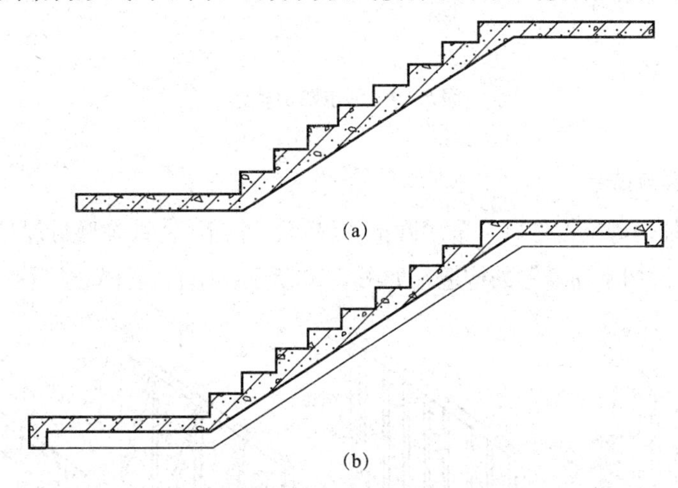

图 5-18　大型构件装配式楼梯

(a)板式楼梯；(b)梁板式楼梯

5.2.3　楼梯的细部构造

微课：楼梯细部构造认知

楼梯细部构造是指楼梯的楼梯段与踏步构造，踏步面层构造及栏杆、栏板构造等细部处理。这里着重介绍楼梯段部分的细部构造。

1. 踏步面层及防滑

楼梯踏步的踏面应坚固、光洁、耐磨且易于清扫。

面层材料常与相邻楼地面的材料一致，常采用水泥砂浆、水磨石面、各种人造石材和天然石材面等。

当通行人数多时，为防止行人在上下楼梯时滑跌，常在踏步表面设置防滑条或防滑槽。防滑条应高出面层2～3 mm，宽10～20 mm。防滑材料可用铜金属条、马赛克等耐磨材料。由于防滑槽使用中易被灰尘填满，使防滑效果不明显，目前很少使用，如图5-19所示。

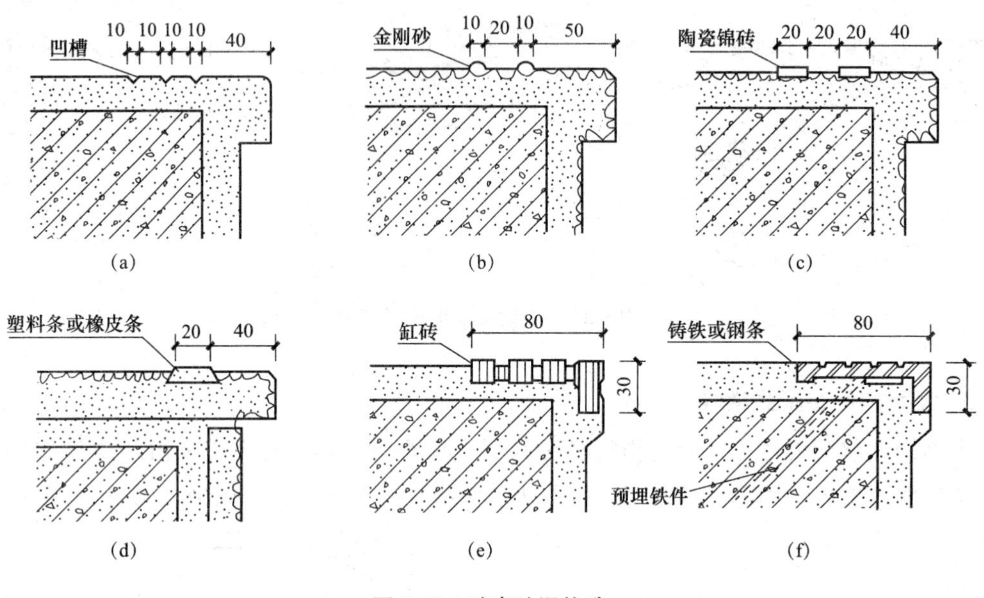

图5-19　踏步防滑构造

2. 栏杆、栏板与扶手

(1)栏杆。栏杆是透空构件，常采用圆钢、扁钢、方钢、铸铁等型材焊接或铆接成一定的图案。楼梯栏杆应采用不易攀登的构造，如图5-20所示。垂直栏杆间净距不大于0.11 m。

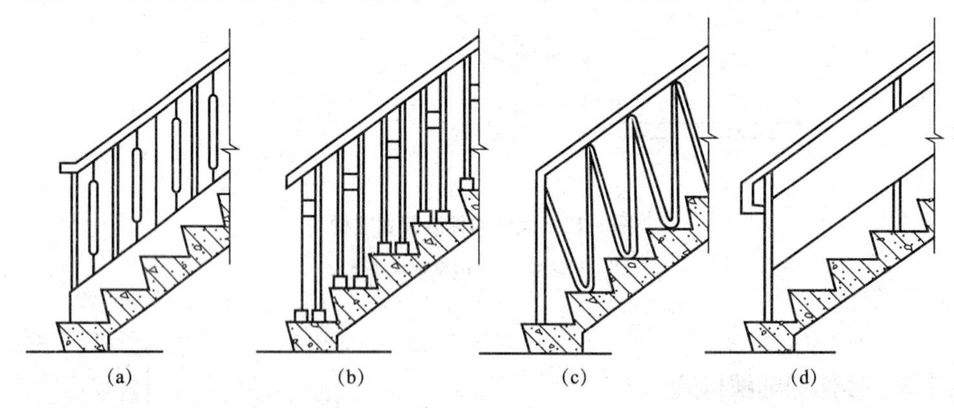

图5-20　栏杆式样

栏杆与楼梯段的连接方式有焊接、预留孔洞连接和膨胀螺栓连接。

1)预埋铁件焊接。将栏杆立杆的下端与楼梯段中预埋的钢板或套管焊接在一起，如图5-21(a)所示。

2)插接。将端部做成开脚或倒刺的栏杆插入楼梯段预留的孔洞内，用水泥砂浆或细石混凝土填实，如图 5-21(b)所示。

3)膨胀螺栓连接。用膨胀螺栓将栏杆固定在楼梯段上，如图 5-21(c)所示。

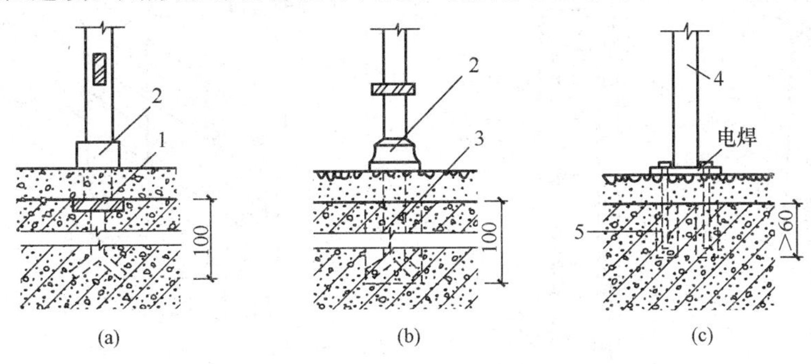

图 5-21　栏杆与楼梯段的连接方式

(a)与预埋钢板焊牢；(b)埋入预留孔洞；(c)立柱焊在底板上用膨胀螺栓锚固

1—预埋钢板；2—圆钢或扇铁；3—细石混凝土；4—钢管；5—膨胀螺栓

栏杆与墙、柱的连接方式有焊接和预留孔洞连接，如图 5-22 所示。

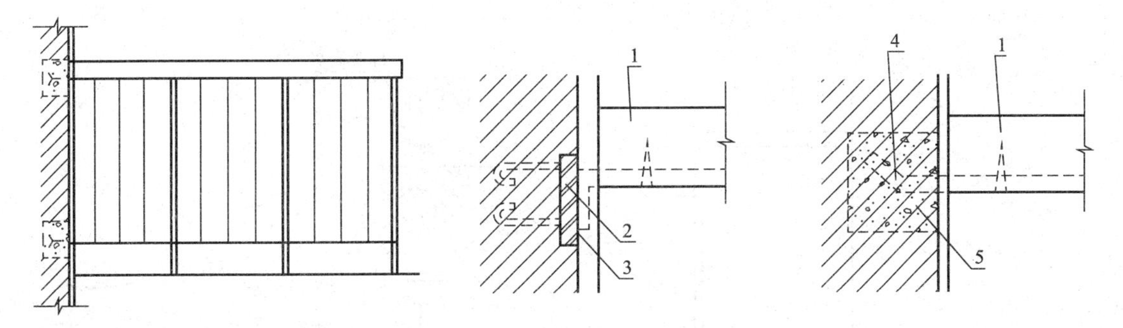

图 5-22　栏杆与墙、柱的连接方式

1—木扶手；2—预埋铁件；3—焊接；4—铁燕尾；5—120 mm×120 mm×120 mm 孔填细石混凝土

栏杆还有放在楼梯段外侧的，这样可以加大楼梯段宽度，如图 5-23 所示。

(2)栏板。栏板是不透空构件，可以采用砖砌、钢丝网水泥、塑料及玻璃钢等，目前常用玻璃钢做成，如图 5-24～图 5-26 所示。

图 5-23　栏杆置于楼梯段外侧实例

图 5-24　玻璃栏板实例

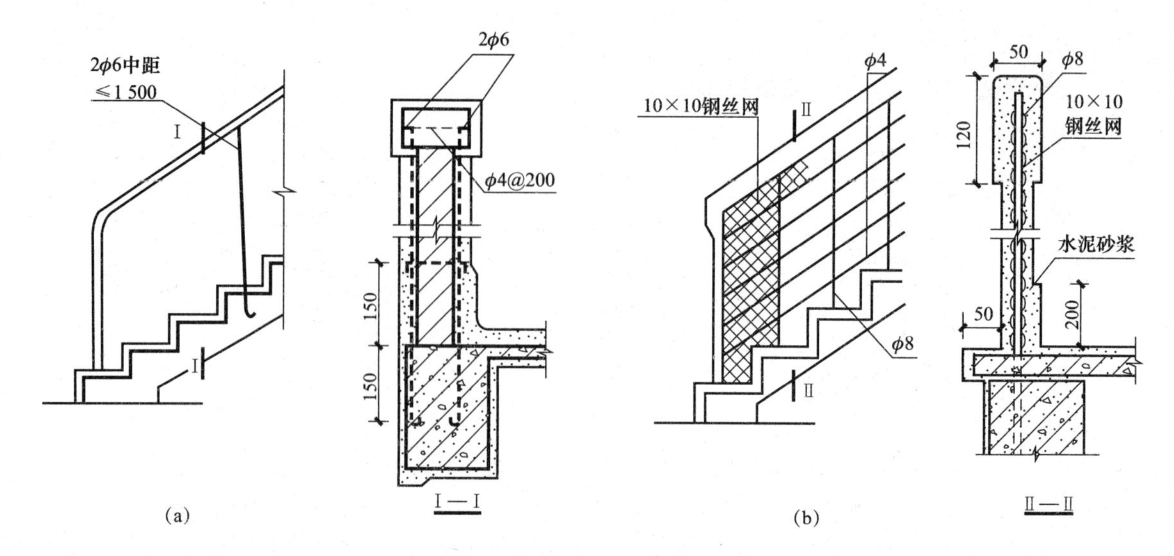

图 5-25　实心栏板的构造

(a)1/4 砖砌栏板；(b)钢丝网水泥栏板

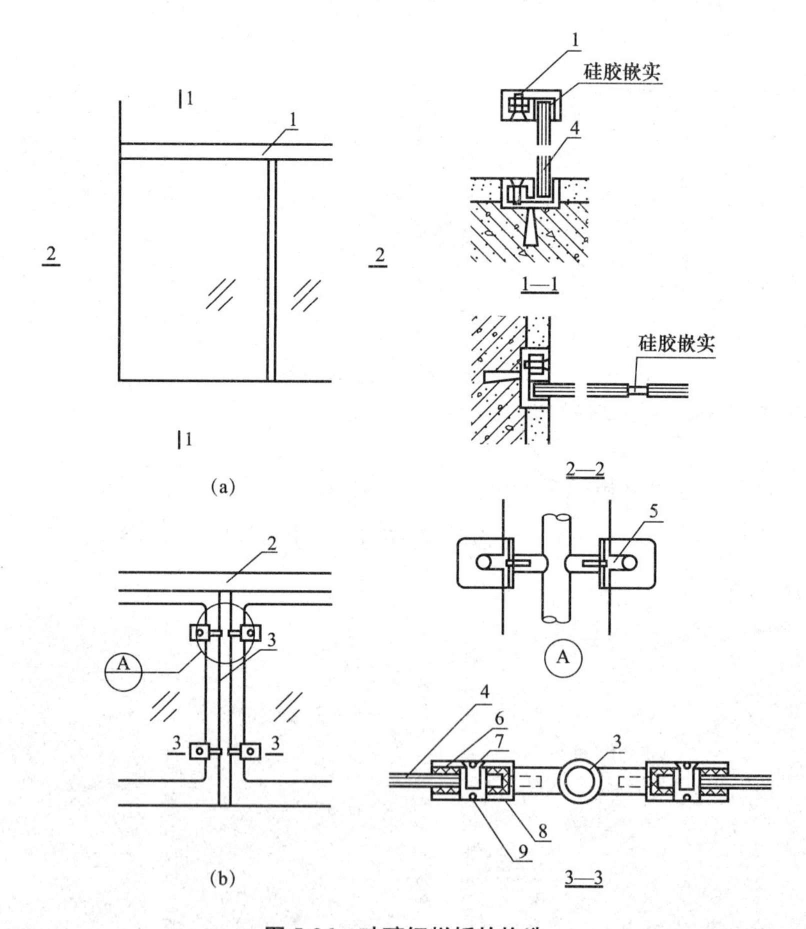

图 5-26　玻璃钢栏板的构造

(a)无立柱全玻璃栏板；(b)立柱夹具夹玻璃栏板

1—不锈钢扶手；2—木扶手；3—ϕ40 钢管立柱；4—12 mm 厚玻璃；5—玻璃开槽；

6—橡胶衬垫；7、9—紧固件；8—钢夹

(3)扶手。扶手的材料一般用硬木、钢管、不锈钢管、塑料管、大理石等材料做成。玻璃钢栏板的上部可用塑料板、硬木等做扶手。不同材料的栏杆和不同材料的扶手连接有不同的方法。栏杆与扶手的连接方式有焊接、预留孔洞连接、木螺钉连接和扣接等，如图 5-27 所示。

靠墙扶手与墙的连接方法如图 5-28 所示。

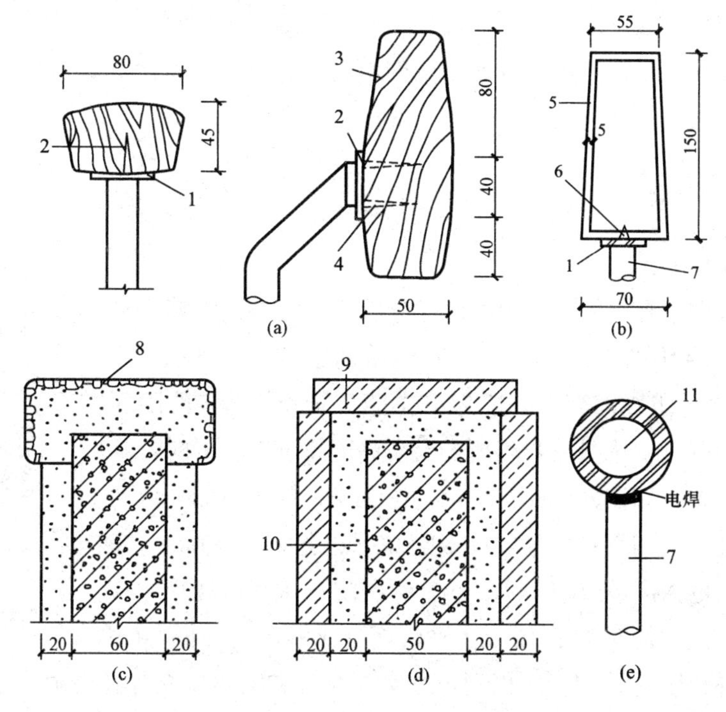

图 5-27 栏杆与扶手的连接方式

(a)硬木扶手；(b)塑料扶手；(c)水泥砂浆或水磨石扶手；(d)大理石扶手；(e)钢管扶手

1—通长扁铁；2—木螺钉；3—硬木扶手；4—垫圈；5—塑料扶手；6—螺钉；

7—立柱；8—水磨石；9—大理石；10—水泥砂浆；11—镀锌钢管

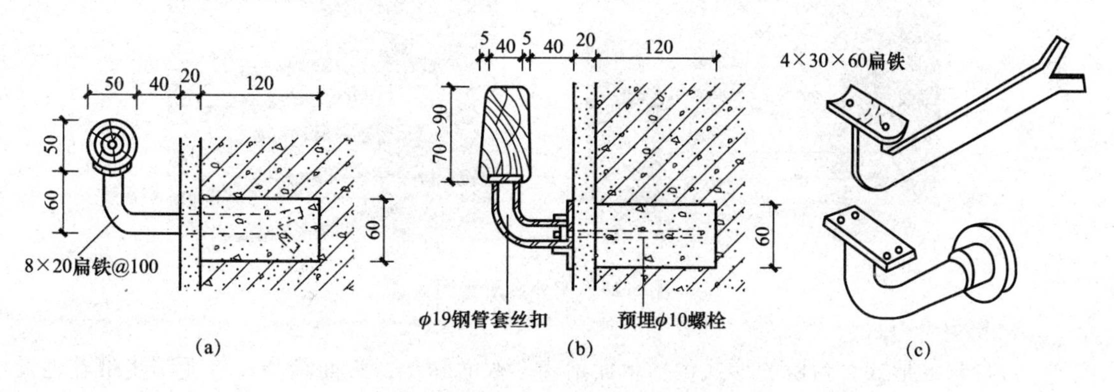

图 5-28 靠墙扶手与墙的连接方法

(a)圆木扶手；(b)条木扶手；(c)扶手铁脚

5.3 室外台阶与坡道构造认知

讨论：为什么建筑物外要设置台阶？台阶的高度和室内踏步的高度一样吗？

台阶是指在室外或室内的地坪或楼层不同标高处设置的供人行走的阶梯；坡道是指连接不同标高的楼面、地面，供人行或车行的斜坡式交通道。台阶和坡道作为交通的附属设施有时是不可少的。

5.3.1 室外台阶

室外台阶实例如图 5-29 所示。

微课：室外台阶与坡道构造认知

台阶由踏步和平台组成。台阶的设置应满足：室内台阶踏步数不应小于 2 步。台阶的坡度宜平缓些，台阶的适宜坡度为 10°～23°，通常台阶每一级踢面高度一般为 100～150 mm，踏步的踏面宽度为 300～400 mm。人员密集场所的台阶高度超过 0.7 m 时，其侧面宜有护栏措施，如设置栏杆、花台、花池等。台阶顶部平台的宽度应大于所连通的门洞口宽度，一般至少每边宽出 500 mm。室外台阶顶部平台的深度不应小于 1.0 m，影剧院、体育馆观众厅疏散出口平台的深度不应小于 1.40 m。平台面宜比室内地面低 20～50 mm，并向外找坡 1%～4%，以利于排水。台阶和踏步应充分考虑雨、雪天气时的通行安全，台阶宜用防滑性能好的面层材料。

图 5-29　室外台阶实例

(1)台阶的形式。台阶的形式包括单面踏步、双面踏步、三面踏步、单面踏步带花池及单面踏步带坡道。

(2)台阶的构造。台阶的构造有实铺式和架空式两种，如图 5-30 所示。

①实铺式台阶构造组成包括基层、垫层和面层。基层是素土夯实；垫层可采用卵石灌

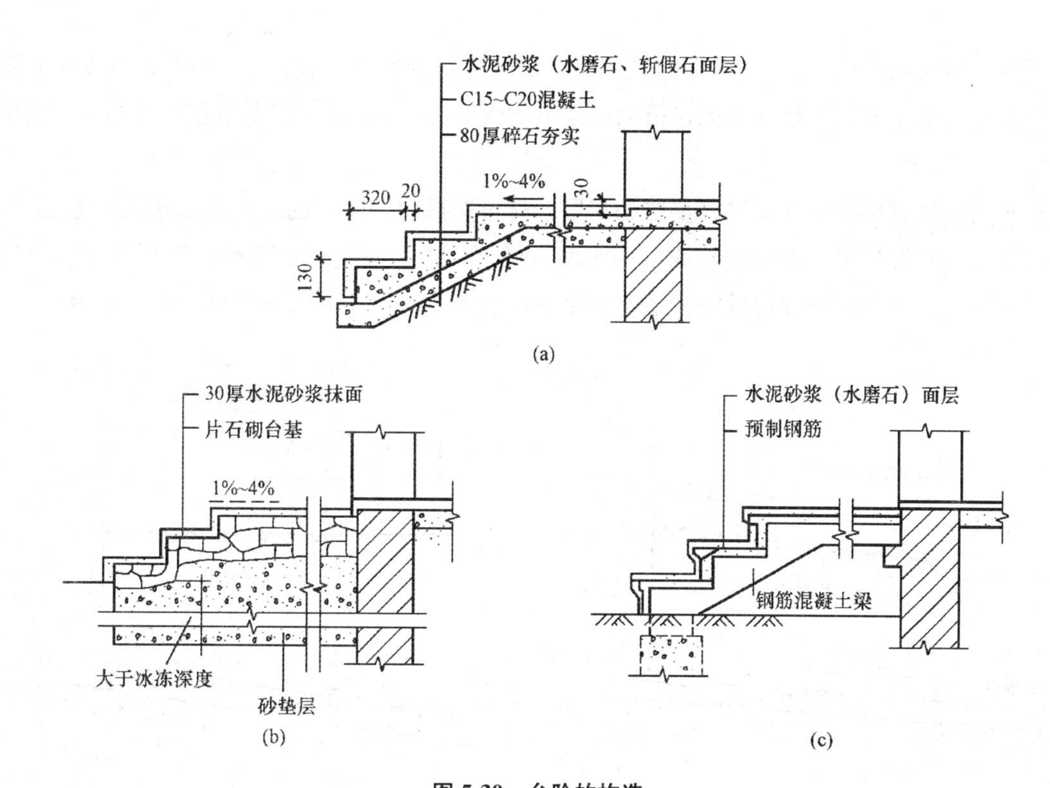

图 5-30　台阶的构造

(a)、(b)实铺式；(c)架空式

混合砂浆、三七灰土等；面层可采用混凝土、水泥砂浆、地砖、花岗石、毛面条石等。季节性冻胀地区若土为冻胀性土，应注意防冻，一般在台阶下要换为非冻胀性土。

②架空式台阶构造类似梁板式楼梯，台阶的踏步板放在两侧的斜梁上或地垄墙上。

大多数台阶为实铺式，当台阶较高、尺寸较大时宜采用架空式。

5.3.2　坡道

坡道实例如图 5-31 所示。

图 5-31　坡道实例

室内坡道的坡度(高/长)不宜大于 1∶8，室外坡道的坡度不宜大于 1∶10，供少年儿童安全疏散的坡道及供轮椅使用的坡道的坡度不应大于 1∶12。坡道的构造如图 5-32(a)、(b)所示。

坡道的构造层次宜为面层、垫层和基层，材料选择同台阶。面层材料以水泥砂浆居多，对经常处于潮湿环境、坡度较陡或采用水磨石做面层的，在其表面必须作防滑处理，并且将坡道面层做成锯齿形或设置防滑条，如金刚砂水泥防滑条，如图 5-32(c)、(d)所示。

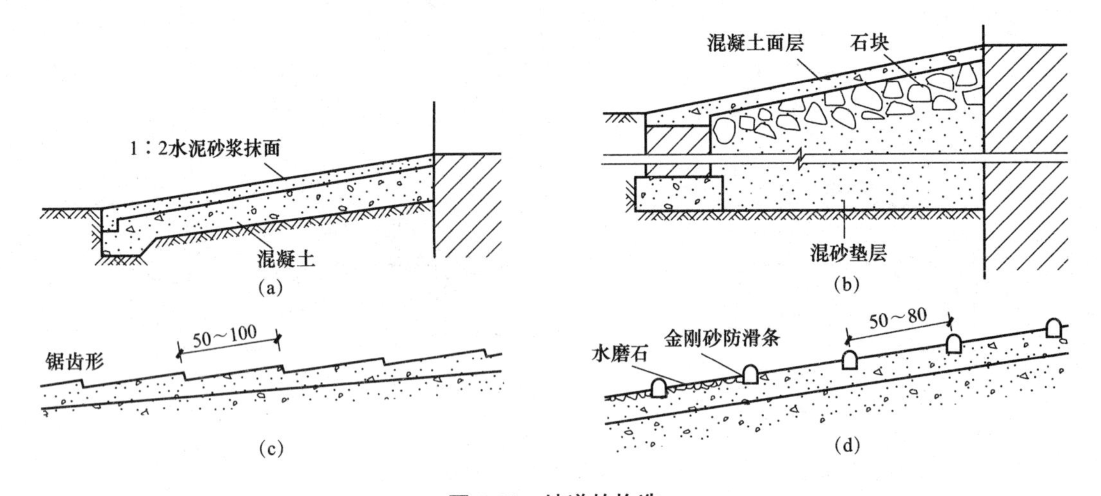

图 5-32　坡道的构造

(a)混凝土坡道；(b)换土地基坡道；(c)锯齿形坡面；(d)设置防滑条坡面

5.3.3　无障碍设计构造

无障碍设施是指方便残疾人、老年人等行动不便或有视力障碍者使用的安全设施。加强无障碍设施的建设，是物质文明和精神文明的体现，是社会进步的重要标志。台阶和坡道的无障碍设计构造应符合《无障碍设计规范》(GB 50763—2012)的相关规定。

1. 台阶的无障碍设计规定

(1)公共建筑的室内外台阶踏步宽度不宜小于 300 mm，踏步高度不宜大于 150 mm，并不应小于 100 mm。

(2)踏步应设置防滑条。

(3)三级及三级以上的台阶应在两侧设置扶手。

(4)台阶上行或下行的第一阶宜在颜色或材质上应与其他阶有明显区别。

2. 轮椅坡道

轮椅坡道是指在坡度、宽度、高度、地面材质、扶手形式等方面方便乘轮椅者通行的坡道。轮椅坡道的设计应符合下列规定：

(1)轮椅坡道宜设计成直线形、直角形或折返形。

(2)轮椅坡道的净宽度不应小于 1.00 m。

(3)轮椅坡道的高度超过 300 mm 且坡度大于 1∶20 时，应在两侧设置扶手，坡道与休息平台的扶手应保持连贯。扶手应符合相关规定。

(4)轮椅坡道的最大高度和水平长度应符合表 5-2 所示的规定。

表 5-2　轮椅坡道的最大高度和水平长度

坡度	1∶20	1∶16	1∶12	1∶10	1∶8
最大高度/m	1.20	0.90	0.75	0.60	0.30
水平长度/m	24.00	14.40	9.00	6.00	2.40

(5)轮椅坡道的坡面应平整、防滑、无反光。

(6)轮椅坡道的起点、终点和中间休息平台的水平长度不应小于 1.5 m。

(7)轮椅坡道的临空侧应设置安全阻挡措施。

(8)轮椅坡道应设置无障碍标志。无障碍标志应符合相关规定。

5.4　电梯及自动扶梯认知

讨论：电梯有哪些类型？

5.4.1　电梯

随着社会的进步，人们的居住条件有了很大改善，电梯已广泛应用在建筑中。在高层建筑和一些多层建筑中电梯已成为必需的垂直交通设施，如住宅、办公楼、医院、商场等。电梯运行速度快，节省人力和时间，便于搬运货物。

1. 电梯的类型

电梯按使用性质可分为客梯、客货梯、货梯、病床梯和杂物梯；按运行速度可分为低速(＜2.5 m/s)、中速(2.5～5 m/s)和高速(5～10 m/s)电梯；按载重量和乘客人数可分为 400 kg(5 人)、630 kg(8 人)、800 kg(10 人)、1 000 kg(13 人)、1 250 kg(16 人)和 1 600 kg(21 人)等。

2. 电梯的组成

电梯由轿厢、井道和机房组成，如图 5-33 所示。

(1)轿厢是供载人或载物之用，由生产厂家制作。

(2)井道是电梯运行的通道，其尺寸应根据电梯类型确定。井道内设有运行导轨、导轨撑架、平衡重等。井道一般采用钢筋混凝土现浇而成，在每层停靠处设有门洞，门洞底部的井道内侧设置钢筋混凝土牛腿或钢架，以填充轿厢与井道的空隙，便于安装井道门。在井道底部设有地坑，一般地坑的底面距首层地面标高的垂直距离不小于 1.4 m。地坑的平面尺寸按电梯厂提供的要求设计。厅门牛腿滑槽构造如图 5-34 所示。

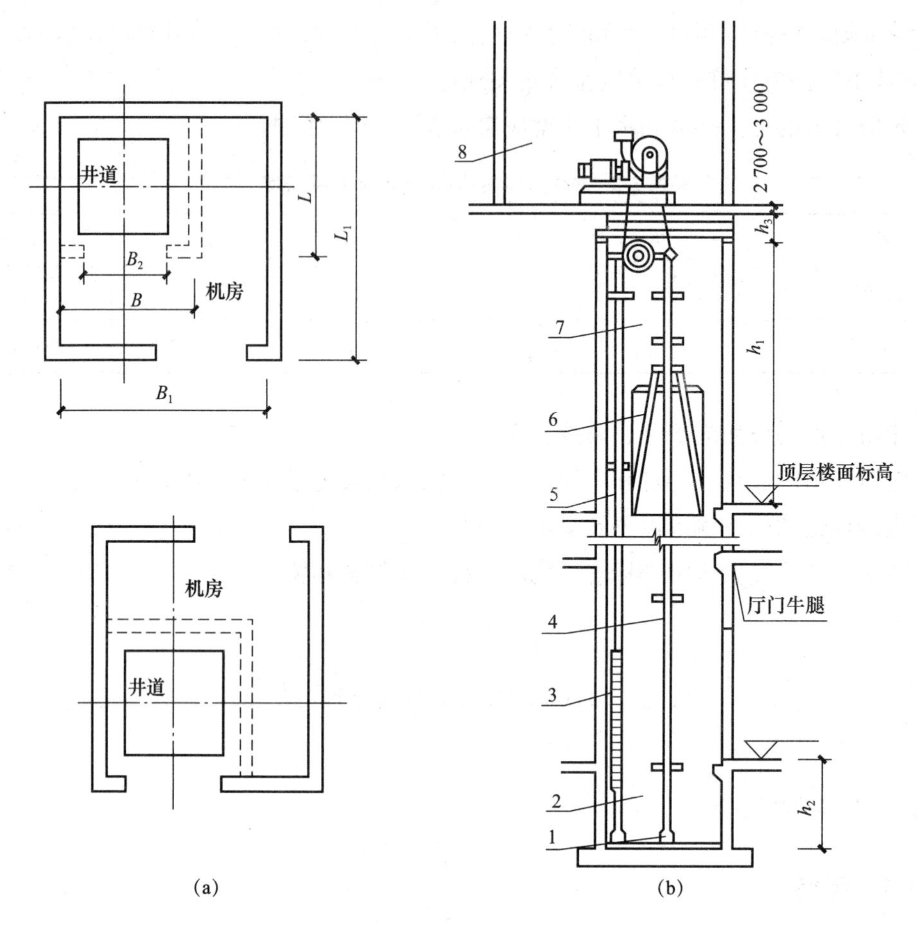

图 5-33　电梯组成示意

(a)平面；(b)剖面

1—缓冲器；2—地沟；3—平衡重；4—轿厢导轨；5—平衡重导轨；6—轿厢；7—井道；8—机房

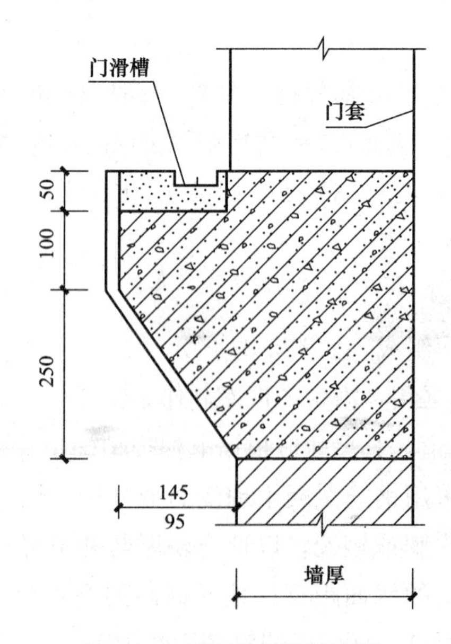

图 5-34　厅门牛腿滑槽构造

(3)机房是安装电梯的起重动力设备及控制系统的场所，一般设置在电梯到达的顶层之上。为减少电梯运行时设备的噪声，一般在井道上部、机房下部设置隔声层，如图 5-35 所示。

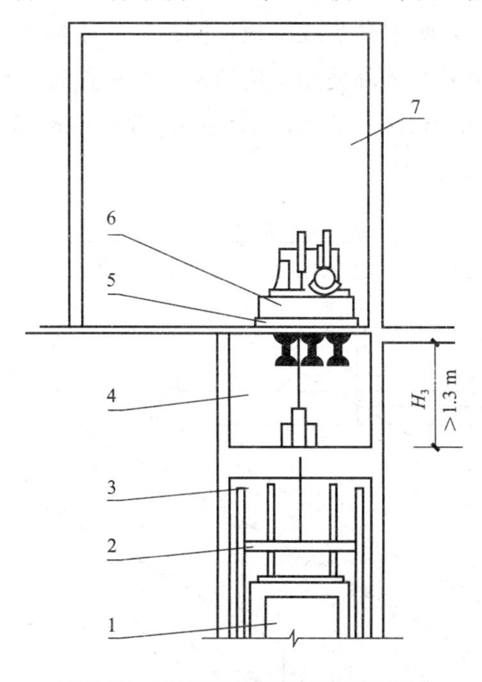

图 5-35　电梯机房隔振与隔声的处理

1—轿厢；2—横梁；3—井道；4—隔声层；

5—弹性隔振垫；6—钢筋混凝土底座；7—机房

5.4.2　自动扶梯

自动扶梯实例如图 5-36 所示。

图 5-36　自动扶梯实例

自动扶梯是公共建筑物楼层间连续运输效率最高的垂直交通设施，适用于人流量大的公共场所，如超市、商场、车站、飞机场、地下通道等。

自动扶梯由电动机驱动，牵引踏步或踏板连同栏杆扶手同步运行。自动扶梯可正、逆两个方向运行，可作竖向提升及下降使用；机器停转时可作普通楼梯使用。一般采用坡度为 30°，运行速度为 0.5～0.7 m/s，宽度为 600 mm、800 mm、1 000 mm、1 200 mm。自动扶梯的基本尺寸如图 5-37 所示。

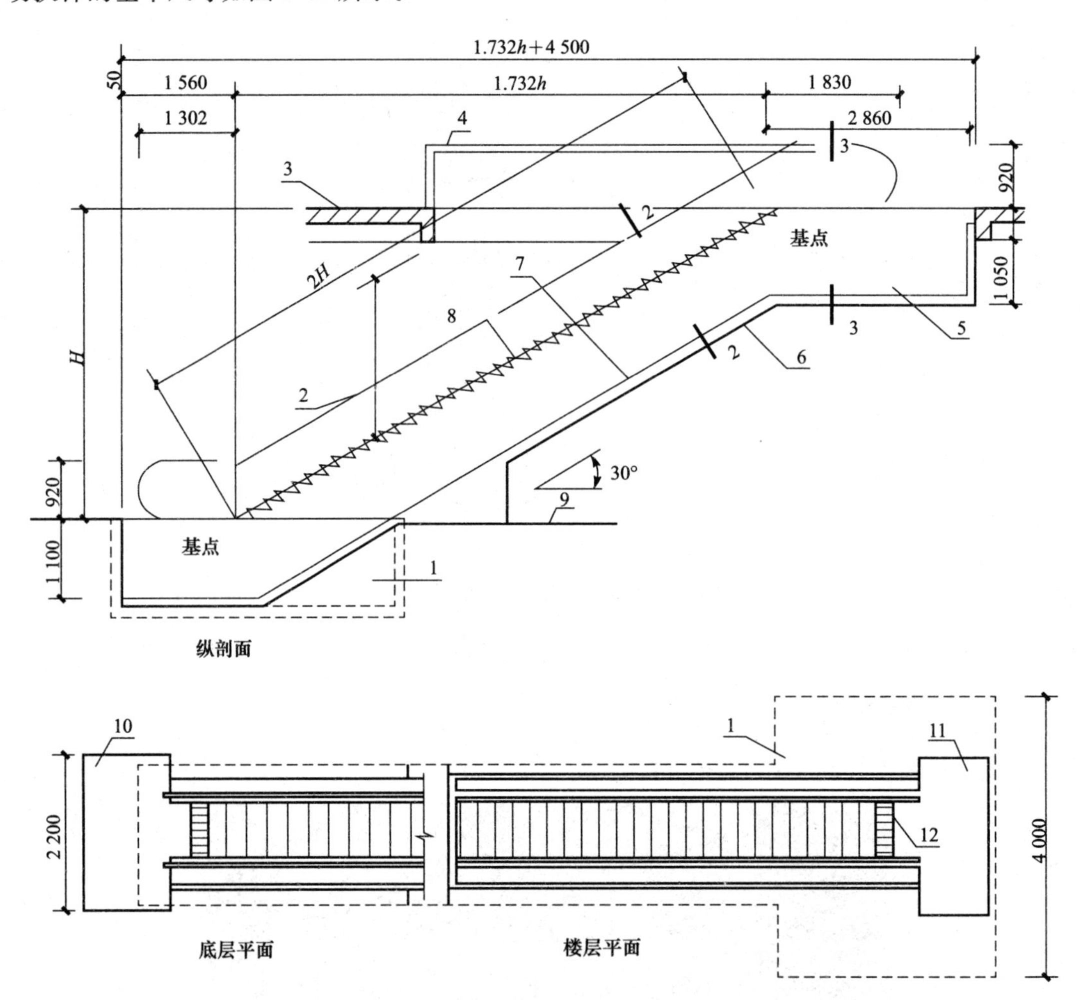

图 5-37　自动扶梯的基本尺寸

1—机房地坪位置；2—扶手带；3—楼层；4—上层栏杆；5—机房；6—外壳；7—栏板；8—活动梯级；9—底层；10—活动地板；11—活动梯板；12—横板

自动扶梯的布置方式主要有并联排列式、平行排列式、串联排列式和交叉排列式，如图 5-38 所示。

近年来，自动扶梯也可水平运行，作为自动人行道。如在上海的航空机场疏散大厅中，乘客可以站在自动扶梯上，方便了运货，加快了行进速度，减少了疲劳。

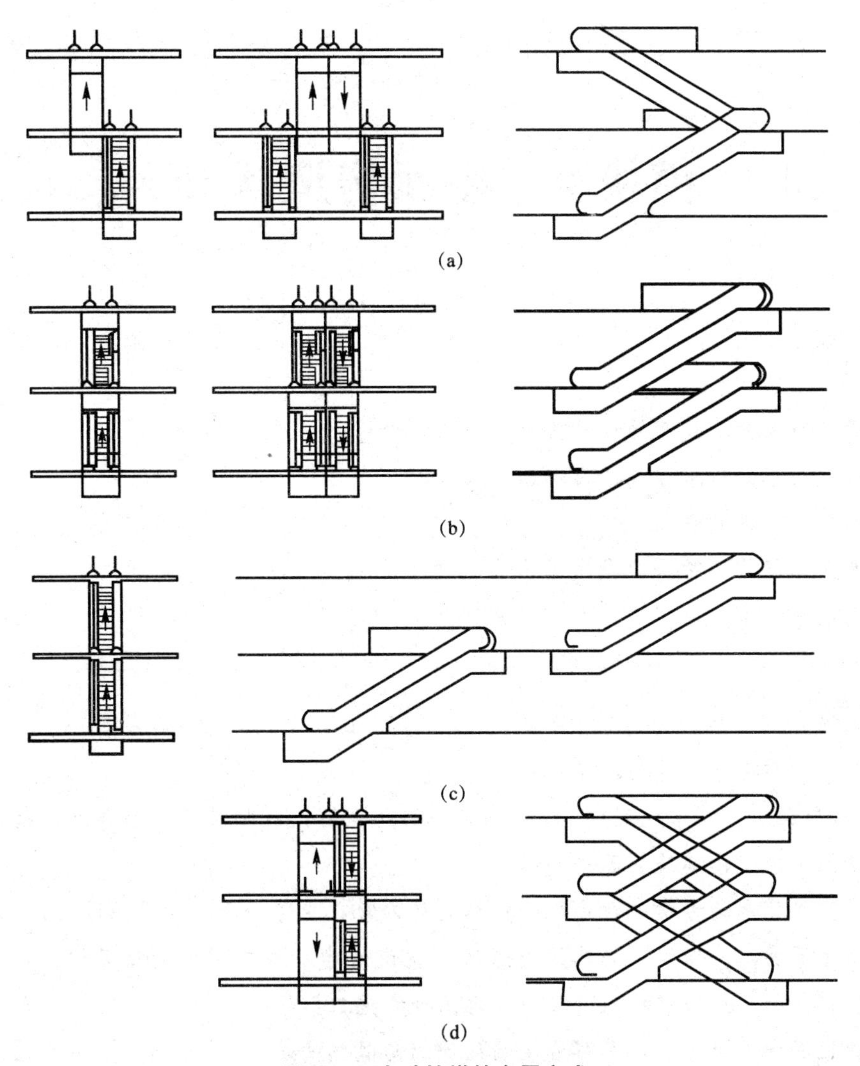

图 5-38　自动扶梯的布置方式

模块小结

楼梯是由楼梯段、平台、栏杆(或栏板)和扶手组成。

楼梯按材料可分为钢筋混凝土楼梯、木楼梯、金属楼梯、混合材料楼梯等；按平面形式可分为单跑式、多跑式、三跑式、弧形式、螺旋式等。

楼梯段宽度、楼梯净高应符合规定的要求。

现浇整体式钢筋混凝土楼梯按楼梯段传力方式不同，可分为板式楼梯和梁式楼梯两种。

楼梯的细部构造包括踏步面层防滑处理、栏杆与踏步的连接以及扶手与栏杆的连接等。

室外台阶和坡道应符合相应规定要求。

电梯也是建筑物中的垂直交通设施。

模块6　屋面构造认知

知识目标

平屋面、坡屋面及屋面的设计要求；

屋面坡度、屋面排水方式、排水组织设计；

平屋面防水构造做法；

平屋面保温层构造做法、屋面隔热构造做法；

坡屋面承重方案。

能力目标

熟悉屋面的类型与设计要求；

能根据《屋面工程技术规范》(GB 50345—2012)理解设计师关于防水等级、防水层厚度等的设计意图，能识读建筑屋面平面图；

掌握有组织排水的方案，熟悉屋面排水设计内容，能进行简单的屋面设计；

掌握平屋面防水、保温、隔热构造做法，能识读建筑施工图中的屋面详图，并能根据《住宅建筑构造》(11J930)中的构造做法进行正确的施工指导；

掌握坡屋面的承重方案，了解坡屋面的保温与隔热构造。

6.1　屋面认知

讨论：我国传统的建筑屋面形式很多，且具有严格的等级制度，现代钢筋混凝土结构采用了大量的平屋面形式。随着科学技术的不断发展和人们对物质精神生活要求的不断提高，屋面有哪些新形式呢？

视频：屋顶概述构造认知

屋面是建筑物最上层的承重构件，是建筑物的重要组成部分。其作用：一是承重，承受其上部的全部荷载，并将这些荷载连同自重传给墙、梁或柱；二是围护，屋面是建筑物最上层起覆盖作用的外围护构件，可抵抗风、雨、雪、灰的侵袭，避免日晒、寒袭等自然因素的影响；三是美观，屋面的形式和色彩对建筑物的造型及城市空间景观有很大影响。

因此，屋面应满足坚固耐久、防水排水、节能(保温隔热)和美观的要求，同时，设计时应考虑构造方案合理、自重小、施工方便、造价低等因素。

微课：屋顶类型认知

6.1.1 屋面的类型

如图 6-1 所示，目前建筑的造型在不断变化，屋面的形式也纷繁复杂，但不论怎样变化，根据其形式，大致有以下几种分类方式。

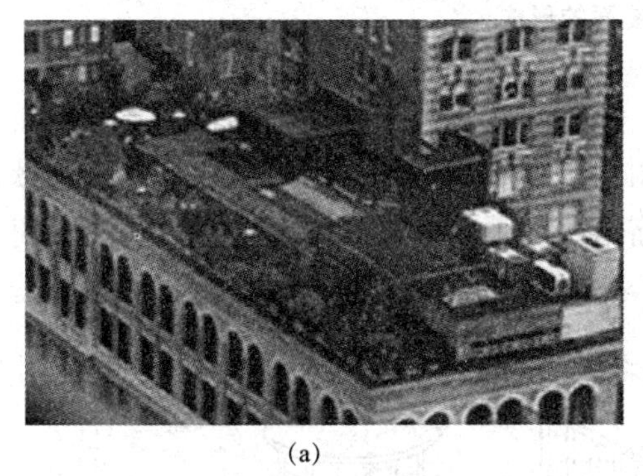

(a)

(b)

(c)

(d)

图 6-1　屋面的类型实例

(a)平屋面；(b)双层庑殿顶；(c)坡屋面；(d)曲面屋面

1. 按屋面外形分类

屋面按外形一般可分为平屋面、坡屋面、曲面屋面和其他形式屋面。

(1)平屋面。平屋面是指坡度小于 3%的屋面，可分为上人屋面和不上人屋面，在建筑中广泛采用，如图 6-2 所示。

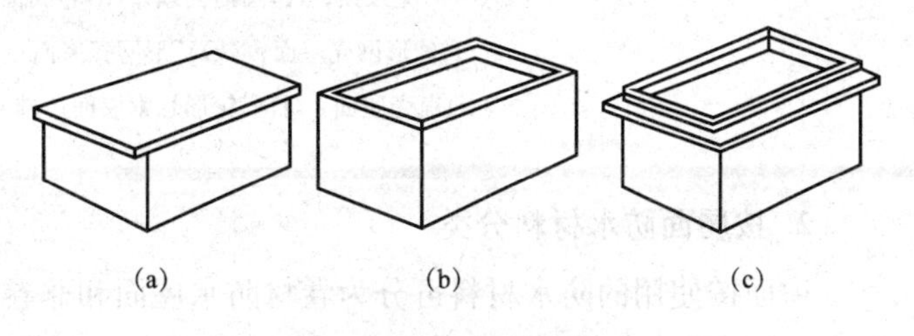

(a)　(b)　(c)

图 6-2　常见平屋面的形式

(a)带挑檐；(b)带女儿墙；(c)带挑檐女儿墙

(2)坡屋面。《坡屋面工程技术规范》(GB 50693—2011)规定，坡屋面是指坡度大于等于3%的屋面。

坡屋面按其坡面的数目可分为单坡顶、双坡顶和四坡顶等。这种屋面在我国传统建筑中应用很广泛。近年来，因为可满足城市景观要求及自身具有良好的排水性能，坡屋面在民用建筑中得到了广泛的应用，如图 6-3 所示。

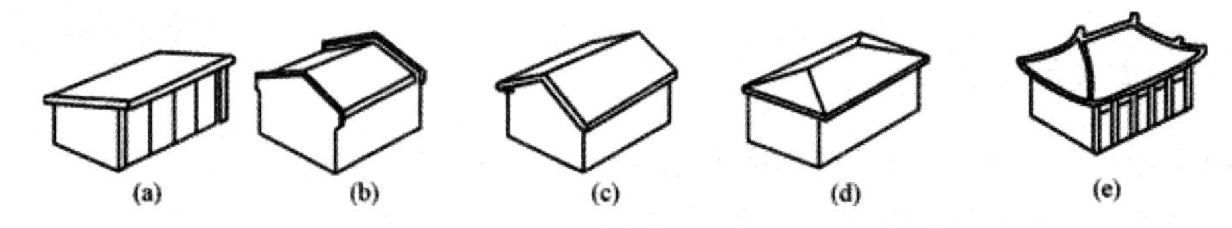

图 6-3　常见坡屋面的形式

(a)单坡顶；(b)硬山两坡顶；(c)悬山两坡顶；(d)四坡顶；(e)歇山顶

(3)曲面屋面及其他形式屋面。曲面屋面(图 6-4)通常由各种网架、拱体、薄壳及悬索结构等构成。其他形式屋面如折板等。这类屋面结构的内力分布均匀，节约材料，适用于大空间和造型特殊的建筑。

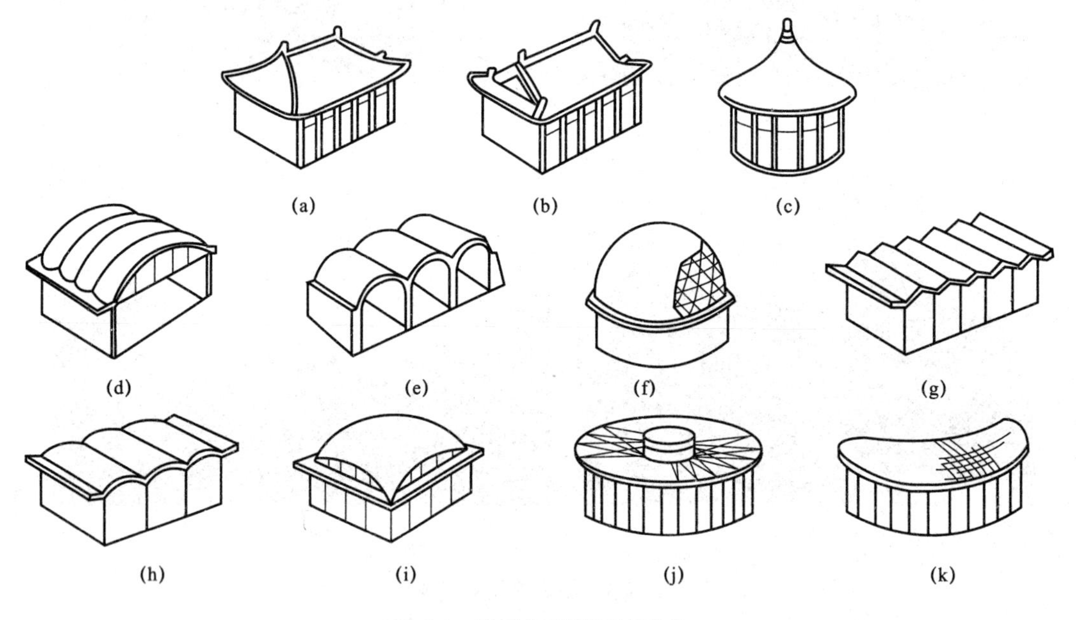

图 6-4　常见曲面屋面的形式

(a)、(b)庑殿顶；(c)圆攒尖顶；(d)卷棚顶；(e)双曲拱屋面；

(f)球形网壳屋面；(g)V 形网壳屋面；(h)筒壳屋面；

(i)扁壳屋面；(j)车轮形悬索屋面；(k)鞍形悬索屋面

2. 按屋面防水材料分类

屋面按使用的防水材料可分为卷材防水屋面和非卷材防水屋面(如涂膜防水屋面、硬泡防水屋面、瓦屋面、复合防水屋面及金属板屋面等)。

(1)卷材防水屋面(又称为柔性防水屋面)是以防水卷材及相应的胶结材料分层粘贴而成

作为防水层的屋面。

(2)非卷材防水尾面。

1)涂膜防水屋面是采用高分子防水涂料分层涂刷形成不透水的薄膜层作为防水层的屋面。

2)硬泡防水屋面是用现场喷涂成型的硬质聚氨酯泡沫塑料作为防水层的屋面。这种材料兼具防水、保温功能。

3)瓦屋面是以各种瓦材作为防水层的屋面，主要用于坡屋面。

4)金属板屋面是指采用压型金属板或金属面绝热夹芯板作为防水层的屋面。

5)装配式轻型坡屋面是以冷弯薄壁型钢屋架或木屋架为承重结构，由轻质保温隔热材料、轻质瓦材等装配组成的坡屋面系统。

3. 按屋面的传力形式分类

屋面按传力形式可分为无檩体系和有檩体系。

(1)无檩体系是指屋面板直接放置在墙或梁或屋架上的屋面。

(2)有檩体系是指屋面板先放置在檩条上，檩条放置在墙或梁或屋架上的屋面。

4. 按屋面保温隔热要求分类

屋面按保温隔热要求可分为保温屋面、隔热屋面和不保温屋面。

5. 按屋面的使用功能分类

屋面按使用功能可分为上人屋面和不上人屋面。

6.1.2 屋面的设计要求

1. 功能要求

屋面是建筑物的围护结构，应能抵御自然界各种环境因素对建筑物的不利影响。

(1)防水要求。在屋面设计中，防止屋面漏水是构造做法必须解决的首要问题，也是保证建筑室内空间正常使用的先决条件。为此，需要做好两方面的工作：首先采用不透水的防水材料以及合理的构造处理来达到防水的目的；另外，做好屋面的排水组织设计，将雨水迅速排除，不在屋面产生积水现象。《屋面工程技术规范》(GB 50345—2012)规定：屋面防水工程应根据建筑物类别、重要程度、使用功能要求确定防水等级，并应按相应等级进行防水设计，对于有特殊要求的建筑屋面，应进行专项防水设计。屋面防水等级和设防要求应符合表 6-1 所示的规定。

微课：平屋面排水设计认知(一)

表 6-1 屋面防水等级和设防要求

防水等级	建筑类别	设防要求	防水做法
一级	重要建筑和高层建筑	两道防水	卷材防水和卷材防水层、卷材防水层和涂膜防水层、复合防水层

续表

防水等级	建筑类别	设防要求	防水做法
二级	一般建筑	一道防水	卷材防水层、涂膜防水层、复合防水层
注：复合防水层是指彼此相容的卷材和涂料组合而成的防水层。			

所谓一道防水是指具有独立防水能力的一个防水层。防水层可以是卷材，也可以是涂膜。但其最小厚度必须满足规范的有关规定。无论单一还是复合使用的材料均必须达到一定的厚度才是一道防水。两种不同卷材或同一种卷材上下并用时称为叠层，如果叠层厚度仅为一道设防厚度，也只能算一道。因此，一道防水可以用单一材料，也可以采用两种材料复合成为一道防水。

每道卷材防水层最小厚度、每道涂膜防水层最小厚度、复合防水层最小厚度应分别符合表 6-2～表 6-4 所示的规定。

表 6-2　每道卷材防水层最小厚度　mm

防水等级	合成高分子防水卷材	高聚物改性沥青防水卷材		
		聚氨酯胎、玻纤胎、聚乙烯胎	自粘聚酯胎	自粘无胎
一级	1.2	3.0	2.0	1.5
二级	1.5	4.0	3.0	2.0

表 6-3　每道涂膜防水层最小厚度　mm

防水等级	合成高分子防水涂膜	聚合物水泥防水涂膜	高聚物改性沥青防水涂膜
一级	1.2	3.0	1.5
二级	1.5	4.0	2.0

表 6-4　复合防水层最小厚度　mm

防水等级	合成高分子防水卷材＋合成高分子防水涂膜	自黏聚合物改性沥青防水卷材(无胎)＋合成高分子防水涂膜	高聚物改性沥青防水卷材＋高聚物改性沥青防水涂膜	聚乙烯丙纶卷材＋聚合物水泥防水胶结材料
一级	1.2＋1.5	1.5＋1.5	3.0＋2.0	(0.7＋1.3)×2
二级	1.0＋1.0	1.2＋1.0	3.0＋2.0	0.7＋1.3

坡屋面工程设计应根据建筑物的性质、重要程度、地域环境功能要求以及屋面防水层设计使用年限，分为一级防水和二级防水，并应符合表 6-5 所示的规定。

表 6-5 坡屋面防水等级

项目	坡屋面防水等级	
	一级	二级
防水层设计使用年限	≥20 年	≥10 年

(2)保温隔热要求。屋面应能抵抗气温的影响。我国地域辽阔，南、北气候相差悬殊。在寒冷地区的冬季，室外温度低，室内一般都需要采暖，为保持室内正常的温度，减少能源消耗，避免产生顶棚表面结露或内部受潮等问题，屋面应该采取保温措施。在我国南方，气候炎热，为避免强烈太阳辐射和高温对室内的影响，屋面应采取隔热措施。现在大量建筑物使用空调设备来降低室内温度，从节能角度考虑，更需要做好屋面的保温隔热构造，以节约空调和冬季采暖对能源的消耗。

2. 结构要求

屋面既是房屋的围护结构，也是房屋的承重结构，承受风、雨、雪等的荷载及其自身的重量，上人屋面还要承受人和设备等的荷载，所以屋面应具有足够的强度和刚度，以保证房屋的结构安全，并应防止变形过大引起防水层开裂、漏水。

3. 建筑艺术要求

屋面是建筑外部体型的重要组成部分，屋面的形式对建筑的特征有很大的影响。变化的屋面外形、装修精美的屋面细部，是中国传统建筑的重要特征之一，现代建筑也应注重屋面形式及其细部设计，以满足人们对建筑艺术方面的要求。

6.1.3 屋面的坡度

1. 屋面坡度的表示方法

屋面坡度的表示方法通常有斜率法、百分比法和角度法，如图 6-5 所示。

(1)斜率法是指屋面倾斜面的垂直投影长度与其水平投影长度之比，如 1∶2、1∶5 等。该法也可用一个倒直角三角形在屋面的一侧标注，又称为倒直角三角形法。

(2)百分比法是指屋面倾斜面垂直投影长度与其水平投影长度之比的百分率，如 2%、3%等。

(3)角度法是指屋面倾斜面与水平面的夹角，如 30°、45°等。

动画：屋面坡度表示方法

平屋面坡度小，多用百分比法；坡屋面坡度大，多用斜率法和角度法。

2. 影响屋面坡度大小的因素

屋面坡度的大小直接影响屋面排水是否顺利，屋面坡度的大小由屋面结构类型、屋面基层类别、防水构造形式、材料性能及当地气候条件等确定。屋面坡度大小应适当，

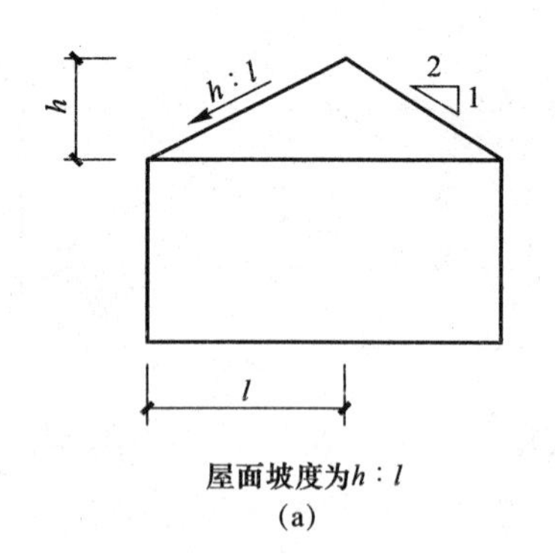

屋面坡度为$h:l$
(a)

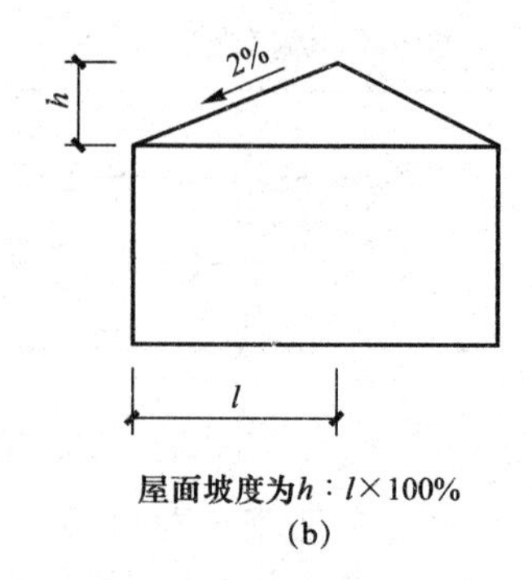

屋面坡度为$h:l\times100\%$
(b)

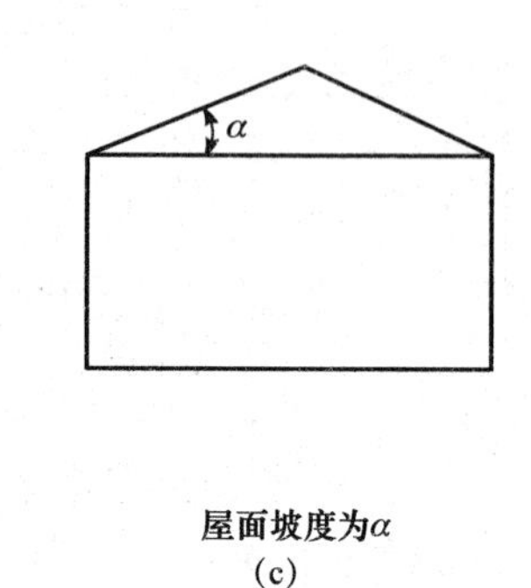

屋面坡度为α
(c)

图 6-5　屋面坡度的表示方法

(a)斜率法；(b)百分比法；(c)角度法

坡度过小易渗漏，坡度过大浪费材料(除坡屋面外)，施工麻烦，故要合理确定屋面坡度大小。

(1)屋面防水材料与坡度的关系。当屋面材料的面积小、接缝多时，屋面漏水的可能性就增大，因此，应选择大坡度的屋面，以加快雨水排除速度，减少漏水的可能性，如瓦屋面；当屋面材料面积大、接缝少时，漏水的可能性就小，因此，可选择坡度较小的屋面，如卷材防水屋面和刚性防水屋面等。恰当的防水坡度应该是既能满足防水要求，又可以做到经济、节约。表 6-6、表 6-7 列举了各种屋面防水材料与坡度大小的关系。

表 6-6　平屋面的适用坡度

	序号	类别	适用坡度/%
平屋面	1	卷材防水屋面、涂膜防水屋面(正置式)	2～5
	2	倒置式屋面	3
	3	架空屋面	2～5
	4	种植土屋面	1～2
	5	蓄水屋面	0.5
	6	停车屋面	2～3

表 6-7　坡屋面的适用坡度

	序号	类别	适用坡度/%
坡屋面	1	块瓦	≥30
	2	沥青瓦	≥20
	3	波形瓦	≥20
	4	金属板屋面	≥5
	5	装配式轻型坡屋面	≥20
	6	卷材防水屋面	任何坡度

(2)降水量大小与坡度的关系。我国地域广阔，气候条件各异，各地降水量相差很大。就年降水量而言，南方地区较大，北方地区较小。降水量大的地区，屋面坡度应大些，使雨水能迅速排除，防止屋面积水过深、水压力过大而引起渗漏；反之，降水量小的地区，屋面坡度可相对小些。

3. 屋面坡度形成方法

找坡有结构找坡和材料找坡两种方法，宜优先选择结构找坡。找坡与找平可以结合。当屋面结构层不起坡时，应做找坡层；结构层起坡时，不做找坡层。

(1)材料找坡。材料找坡又称为建筑找坡，是在混凝土屋面结构层上采用找坡材料做出排水坡度。图 6-6(a)所示为材料找坡。这种找坡方法不改变室内顶棚的平整度，施工简单，但材料找坡增加了屋面荷载。

动画：材料找坡

规范规定找坡材料宜采用质量小、吸水率低和有一定强度的材料。常采用陶粒、浮石、膨胀珍珠岩、炉渣、加气混凝土碎块等轻集料混凝土，其压缩强度不小于 LC5.0。当采用聚苯乙烯泡沫塑料做保温隔热层时，找坡层应置于其上。可利用现制保温层兼做找坡层。

平屋面材料找坡坡度应不小于 2%；檐沟及天沟的坡度应不小于 1%，沟底水落差不得超过 200 mm，即要求落水管距离分水脊线不得超过 20 m。

(2)结构找坡。结构找坡是用混凝土屋面结构层倾斜一定的坡度而做出排水坡度。图 6-6(b)所示为结构找坡。这种找坡方法使室内天棚有了一定的倾斜角度，只要室内允许有斜度，就应做结构找坡。这种找坡方法使屋面构造层次大为简化，更为合理，特别适用于没有合适的找坡材料的地区。平屋面结构找坡坡度宜为 3%。

动画：结构找坡

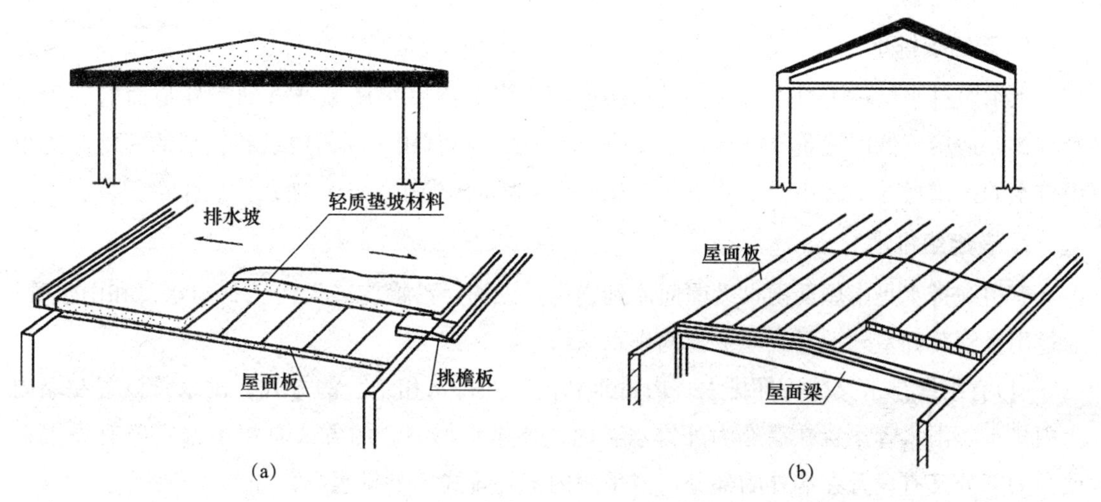

图 6-6　排水坡度

(a)材料找坡；(b)结构找坡

6.2　屋面排水设计认知

讨论： 同学们绘制过屋面平面图、建筑立面图，接触过屋面排水方式，那么，什么是女儿墙外排水？排水坡度如何确定？

屋面裸露在外面，直接受到雨、雪的侵袭，为了迅速排除屋面雨水，保证水流畅通，必须进行周密的排水设计。“防排结合”是屋面工程设计的一条基本原则。屋面雨水能迅速排走，减轻了屋面防水层的负担，减少了屋面渗漏的机会。设计屋面排水时，首先应根据屋面形式及使用功能要求，确定屋面的排水方式及排水坡度。

6.2.1　平屋面的排水方式

平屋面的排水方式有无组织排水和有组织排水两种。进行有组织排水时，宜采用雨水收集系统。

微课：平屋面排水设计认知(二)

动画：无组织排水

动画：雨水口的构造

1. 无组织排水

无组织排水又称为自由落水，是指屋面雨水沿屋面直接从挑檐落到室外地面的一种排水方式，适用于低层建筑或檐高小于 10 m 的屋面，不宜用于临街建筑和较高的建筑。无组织排水的挑檐尺寸不宜小于 0.6 m。图 6-7 所示为常用的单坡、双坡及四坡排水示意。

2. 有组织排水

有组织排水是指屋面雨水沿屋面流到檐沟、天沟，沿檐沟或天沟流到雨水口和雨水管，通过雨水管落到室外地面或地下管沟排水系统。

(1)有组织排水又分为外排水，内排水和内、外排水相结合的方式。雨水管设置在墙内为内排水，雨水管设置在墙外为外排水。内、外排水相结合的方式是指雨水管既有设置在墙内的部分又有设置在墙外的部分，或采用内落外排式。其排水方式如图 6-8 所示。

我国严寒地区应采用内排水，寒冷地区宜采用内排水。多层建筑宜采用有组织外排水。高层建筑宜采用有组织内排水，也可采用内、外排水相结合的方式。多跨及汇水面积较大

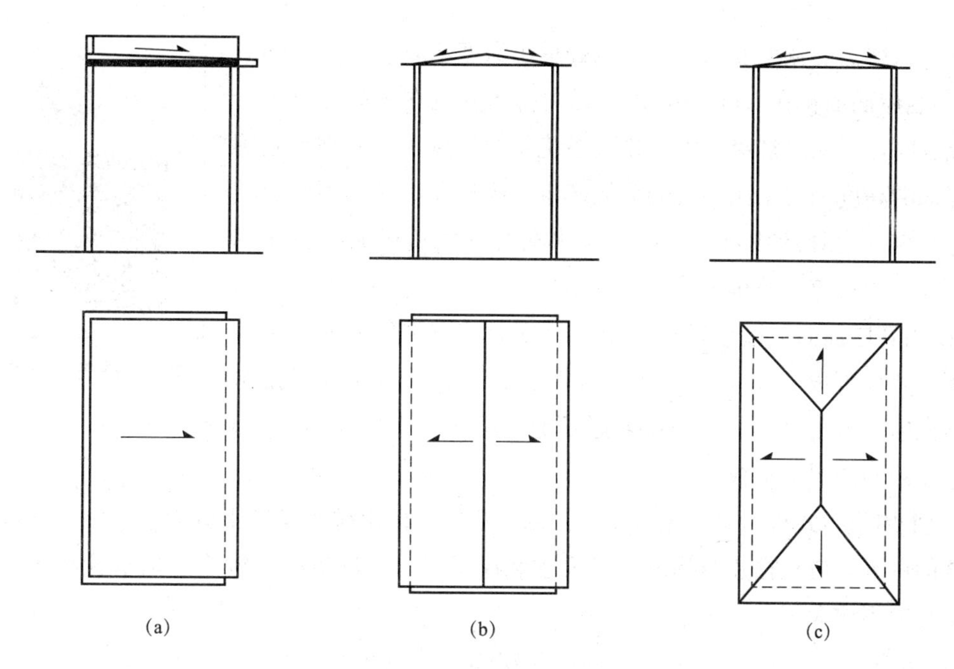

图 6-7　无组织排水示意

(a)单坡排水；(b)双坡排水；(c)四坡排水

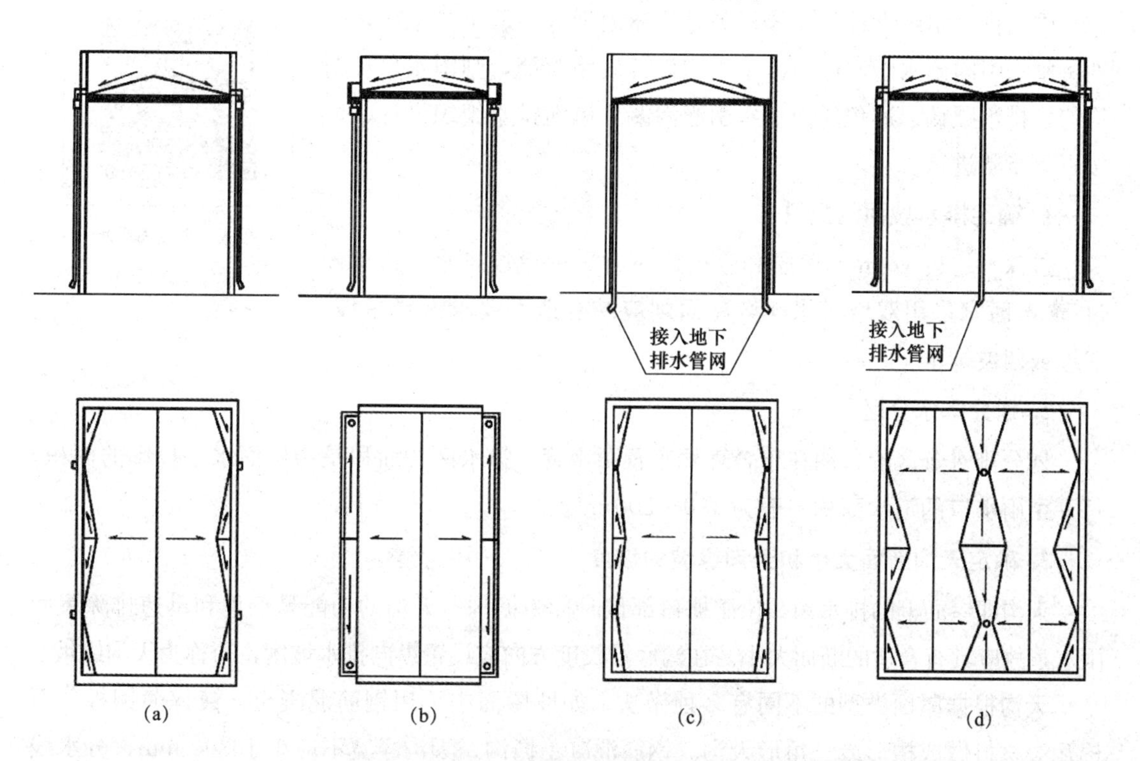

图 6-8　有组织排水示意

(a)、(b)有组织外排水；(c)有组织内排水；(d)内、外相结合排水

的屋面宜采用天沟排水，天沟找坡较长时，宜采用中间内排水和两端外排水。

(2)采用钢筋混凝土檐沟、天沟时，其净宽不应小于 300 mm，并应满足敷贴保温层及安装雨水口所需的宽度要求。分水线处最小深度不应小于 100 mm。

(3)当屋面面积在 5 000 m^2 以上做内排水并且在屋面溢流不会造成损害时，可采用虹吸式雨水排放系统。虹吸排水的原理是利用建筑屋面的高度和雨水所具有的势能产生虹吸现象，通过雨水管道变径，在该管道处形成负压，屋面雨水在管道内负压的抽吸作用下，以较高的流速迅速排出。

动画：挑檐沟外排水

(4)当高屋面向低屋面进行有组织排水时，应在低屋面上雨水管的下口处设混凝土水簸箕。从高屋面向低屋面进行无组织排水时，在低屋面上雨水冲刷的部位应通长铺设尺寸为 500 mm×500 mm×40 mm、用 C20 混凝土制作的预制混凝土板。

(5)采用重力式排水时，屋面每个汇水面积内，雨水排水立管不宜少于 2 根；雨水口和雨水管的位置，应根据建筑物的造型要求和屋面汇水情况等因素确定。雨水管和水口距散水坡的高度不应大于 200 mm。

6.2.2 屋面排水组织设计

微课：平屋面排水设计认知(三)

屋面排水组织设计的主要任务是将屋面划分为若干排水区，分别将雨水引向雨水管，屋面排水组织设计线路简捷，则雨水口负荷均匀、排水顺畅、避免屋面积水引起渗漏。屋面排水组织设计一般按以下步骤进行。

1. 确定排水坡面的数目

进深不超过 12 m 的房屋和临街建筑常采用单坡排水，进深超过 12 m 时宜采用双坡排水。坡屋面则应结合造型要求选择单坡、双坡或四坡排水。

2. 划分排水分区

划分排水分区的目的在于合理地布置雨水管。排水区的面积是指屋面水平投影的面积，每一个雨水口的汇水面积一般为 150～200 m^2。

3. 确定天沟断面大小和天沟纵坡的坡度

天沟即屋面上的排水沟，位于檐口部位时称为檐沟。天沟的功能是汇集和迅速排除屋面雨水，故应具有合适的断面大小。在沟底沿长度方向应设置纵向排水坡度，简称为天沟纵坡。

天沟根据屋面类型的不同有多种做法。如坡屋面中可用钢筋混凝土、镀锌薄钢板、石棉瓦等材料做成槽形或三角形天沟。钢筋混凝土檐沟、天沟净宽不应小于 300 mm，分水线处最小深度不应小于 100 mm；沟内纵向坡度不应小于 1%，沟底水落差不得超过 200 mm，金属檐沟、天沟的纵向坡度宜为 0.5%。

4. 雨水管的规格和间距

雨水管材料包括铸铁、镀锌薄钢板、塑料、石棉水泥和陶土等，外排水时可采用

UPVC管、玻璃钢管、金属管等，内排水时可采用铸铁管、镀锌钢管、UPVC管等。雨水管的直径有50、75、100、125、200(mm)几种规格，一般民用建筑雨水管常采用的直径为100 mm，面积较小的阳台或露台可采用直径为75 mm的雨水管。

雨水口的间距过大会引起沟内垫坡材料过厚，使天沟容积减小，大雨时雨水溢向屋面引起渗漏。两个雨水口的间距一般不宜大于下列数值：有外檐天沟时24 m、采用内排水时15 m。雨水口中心距端部女儿墙内边不宜小于0.5 m。

6.3 平屋面防水构造认知

讨论： 某实训楼为高层建筑，采用现浇钢筋混凝土屋面、SBS改性沥青卷材，请思考该建筑防水的构造做法是怎样的？

6.3.1 平屋面的组成

视频：平屋面防水构造认知(一)

根据屋面的防水等级、是否上人、有没有保温或隔热要求、防水材料的种类等的不同，屋面的构造也不同。《屋面工程技术规范》(GB 50345—2012)规定，平屋面的基本构造层次为保护层、隔离层、防水层、找平层、保温层、找坡(平)层、结构层。如图6-9(a)所示，设计人员可根据功能需要和经验对屋面的各个层次进行增减，并合理安排各个层次的位置。设置隔汽层时平屋面的构造如图6-9(b)所示；不设置保温层时平屋面的构造如图6-9(c)所示。

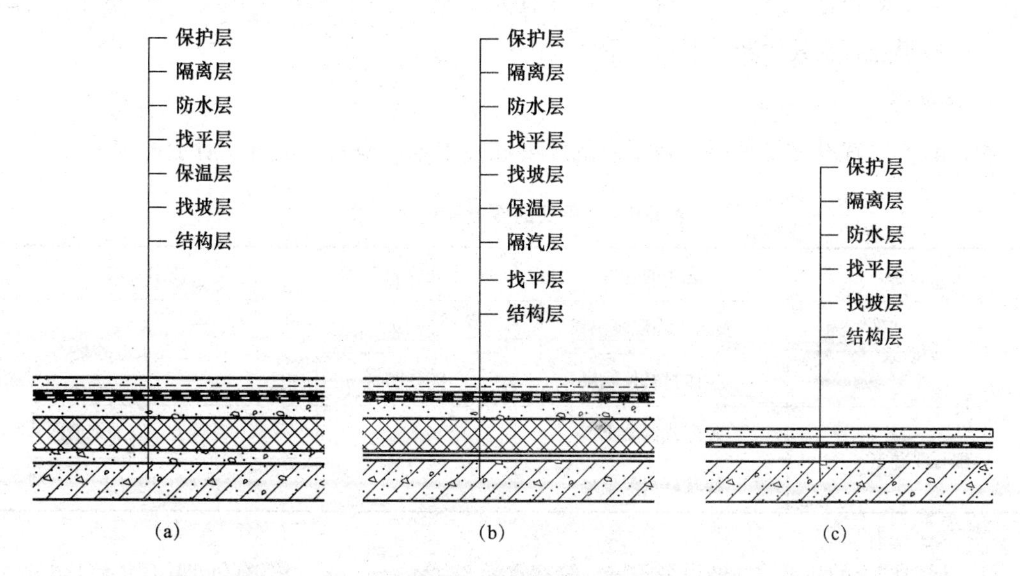

图6-9 平屋面的组成

(a)平屋面的基本构造；(b)设置隔汽层时平屋面的构造；(c)不设置保温时平屋面的构造

以卷材、涂膜防水的各种屋面的基本构造层次宜符合表 6-8 所示的要求。设计人员可根据建筑物的性质、使用功能、气候条件等因素进行组合。

表 6-8　屋面的基本构造层次

屋面类型		基本构造层次(自上而下)
卷材、涂膜防水屋面	正置式屋面	保护层、隔离层、防水层、找平层、保温层、找平层、找坡层、结构层
	倒置式屋面	保护层、保温层、防水层、找平层、找坡层、结构层
	种植式屋面	种植隔热层、保护层、耐根穿刺防水层、防水层、找平层、保温层、找平层、找坡层、结构层
	架空屋面	架空隔热层、防水层、找平层、保温层、找平层、找坡层、结构层
	蓄水屋面	蓄水隔热层、隔离层、防水层、找平层、保温层、找平层、找坡层、结构层

注：1. 表中结构层包括混凝土基层和木基层；防水层包括卷材和涂膜防水层；保护层包括块体材料、水泥砂浆、细石混凝土保护层；

2. 有隔汽要求的屋面，应在保温层与结构层之间设置隔汽层。

下面以卷材、涂膜防水屋面为例说明对各个层次的要求及相关规定。

1. 结构层

卷材防水屋面的结构层通常为具有一定强度和刚度的预制或现浇钢筋混凝土屋面板。

2. 找坡层

混凝土结构层宜采用结构找坡，坡度不应小于 3%；当屋面采用材料找坡时，宜采用质量小、吸水率低和有一定强度的材料，坡度宜为 2%。轻质材料可采用 1∶(6～8)的水泥炉渣或水泥膨胀蛭石或其他轻质混凝土等。

3. 找平层

卷材的基层宜设置找平层，找平层的厚度和技术要求应符合表 6-9 所示的规定。

表 6-9　找平层的厚度和技术要求

找平层分类	适用的基层	厚度/mm	技术要求
水泥砂浆	整体现浇混凝土板	15～20	1∶2.5 水泥砂浆
	整体材料保温层	20～25	
细石混凝土	装配式混凝土板	30～35	C20 混凝土，宜加钢筋网片
	块状材料保温层		C20 混凝土

注：保温层上的找平层应留设分隔缝，缝宽宜为 5～20 mm，纵、横缝的间距不宜大于 6 mm。

铺设防水层之前，找平层必须干净、干燥。可将 1 m^2 卷材平坦地铺在找平层上，静置 3～4 h 后掀开检查，找平层覆盖部位与卷材上未见水印，即可铺设防水层。

4. 防水层

防水层是能够隔绝水而不使水向建筑物内部渗透的构造层。应按不同的屋面防水等级和设防要求来选择防水材料的种类和所需的防水道数。

(1)防水材料的种类：平屋面的主防水层有卷材防水层、涂膜防水层和复合防水层三种。

①卷材防水层是指采用防水卷材经纵、横向搭接形成整体的防水层。防水卷材主要有合成高分子防水卷材和高聚物改性沥青防水卷材两类。

合成高分子防水卷材常用的有三元乙丙橡胶防水卷材、氯化聚乙烯防水卷材、氯化聚乙烯-橡胶共混防水卷材、聚氯乙烯防水卷材(P 型)等。高聚物改性沥青防水卷材常用的有 APP 改性沥青防水卷材(聚酯胎或玻纤胎)、SBS 改性沥青防水卷材(聚酯胎或玻纤胎)、自黏橡胶沥青防水卷材(聚乙烯膜或铝箔)等。

②涂膜防水层是指采用防水涂料在施工现场涂刷固化形成的防水层。防水涂料按照主要组成材料可分为高分子防水涂料、聚合物水泥防水涂料和改性沥青防水涂料。

③复合防水层是指由彼此相容的卷材和涂料组合而成的防水层。一般要求涂膜在下，卷材在上。

相容性是指相邻两种材料之间互不产生有害的物理和化学作用的性能，如防水材料与基层处理剂、胶黏剂、密封膏、涂料保护层之间；两种防水材料复合使用时；基层处理剂与密封膏之间等。相容性既指材料之间不会发生影响产品性能的化学反应，也包括施工过程中和形成复合防水层后不会产生不利的影响，如卷材施工过程中破坏已经成膜的涂料、涂料固化过程中造成卷材起鼓等。

(2)卷材防水层铺贴顺序和方向。卷材防水层铺贴顺序和方向应符合以下要求：卷材防水层施工时，应先进行细部构造处理，然后由屋面最低标高向上铺贴；檐沟、天沟卷材施工时，宜顺檐沟、天沟方向铺贴，搭接缝应顺流水方向：卷材宜平行屋脊铺贴，上、下层卷材不得相互垂直铺贴。

(3)卷材搭接缝要求。卷材搭接缝应符合以下要求：平行屋脊的搭接缝应顺流水方向，搭接缝宽度应符合表 6-10 所示的规定；同一层相邻两幅卷材短边搭接缝错开不应小于 500 mm；上、下层卷材长边搭接缝应错开，且不应小于幅宽的 1/3；叠层铺贴的各层卷材，在天沟与屋面的交接处，应采用插接法搭接，搭接缝应错开；搭接缝宜留在屋面与天沟侧面，不宜留在沟底。

表 6-10　卷材搭接缝宽度

卷材类别	卷材名称	搭接缝宽度/mm
合成高分子防水卷材	胶黏剂	80
	胶黏带	50
	单缝焊	60，有效焊接宽度不小于 25
	双缝焊	80，有效焊接宽度 10×2+空腔宽

续表

卷材类别	卷材名称	搭接缝宽度/mm
高聚物改性沥青防水卷材	胶黏剂	100
	自黏	80

(4)其他施工要求。立面或大坡面铺贴卷材时，应采用满粘法，并宜减少卷材短边搭接。

高聚物改性沥青防水卷材的铺贴方法有冷粘法和热熔法两种。冷粘法是用胶黏剂将卷材粘贴在找平层上，或利用某些卷材的自黏性进行铺贴。用冷粘法铺贴卷材时应注意平整顺直，搭接尺寸准确，不扭曲，卷材下面的空气应予排除并将卷材辊压黏结牢固。热熔法是用火焰加热器将卷材均匀加热至表面光亮发黑，然后立即滚铺卷材使之平展并辊压牢固。

采用热熔型沥青防水卷材，可起到涂膜与卷材之间优势互补和复合防水的作用，更有利于提高屋面防水工程质量，应当提倡和推广应用。为了防止加热温度过高，导致改性沥青中的高聚物发生裂解而影响质量，规范规定采用专用的导热油炉加热熔化改性沥青，要求加热温度不应高于 200 ℃，使用温度不应低于 180 ℃。根据《屋面工程质量验收规范》(GB 50207—2012)第 6.2.5 条的规定，用热熔法铺贴卷材时应符合下列要求：

(1)火焰加热器应均匀加热，不得加热不足或烧穿卷材；

(2)卷材表面热熔后应立即滚铺，卷材下面的空气应排尽，并应辊压黏结牢固；

(3)卷材接缝部位应溢出热熔的改性沥青胶，溢出的改性沥青胶宽度宜为 8 mm；

(4)铺贴的卷材应平整顺直，搭接尺寸应准确，不得扭曲、皱折；

(5)厚度小于 3 mm 的高聚物改性沥青防水卷材，严禁采用热熔法施工。

合成高分子防水卷材冷粘法施工应符合下列规定：基层胶黏剂应涂刷在基层及卷材底，涂刷应均匀、不露底、不堆积；铺贴卷材应平整顺直，不得皱折、扭曲，拉伸卷材；应辊压排除卷材下的空气，黏结牢固；搭接缝口应采用材性相容的密封材料封严；冷粘法施工温度不应低于 5 ℃。

5. 隔离层

隔离层是消除相邻两种材料之间的黏结力、机械咬合力、化学反应等不利影响的构造层。隔离层的作用是找平、隔离。由于保护层与防水层之间存在黏结力和机械咬合力，当刚性保护层膨胀变形时，会对防水层造成损坏，故在块体材料、水泥砂浆、细石混凝土等刚性保护层与卷材、涂膜防水层之间应设置隔离层，同时，它可防止保护层施工时对防水层的损坏。

隔离层可采用干铺塑料膜、土工布或卷材，也可铺抹低强度等级砂浆，不同隔离层材料的适用范围和技术要求应符合表 6-11 所示的规定。

表 6-11　不同隔离层材料的适用范围和技术要求

隔离层材料	适用范围	技术要求
塑料膜	块体材料、水泥砂浆保护层	0.4 mm 厚聚乙烯膜或 3 mm 厚发泡聚乙烯膜

续表

隔离层材料	适用范围	技术要求
土工布	块体材料、水泥砂浆保护层	200 g/m^2 聚酯无纺布
卷材	块体材料、水泥砂浆保护层	石油沥青卷材一层
低强度等级砂浆	细石混凝土保护层	10 mm厚黏土砂浆，石灰膏：砂：黏土＝1：2.4：3.6
		10 mm厚石灰砂浆，石灰膏：砂＝1：4
		5 mm厚掺有纤维的石灰砂浆

6. 保护层

保护层是对防水层或保温层起防护作用的构造层。

柔性防水层上做保护层，能够保护柔性防水层免受臭氧、紫外线、腐蚀介质侵蚀，免受外力刺伤损害，降低防水层表面温度。有保护层与无保护层相比，使用寿命一般可延长一倍至数倍。卷材或涂膜防水层上应设置保护层。

保护层的材料选用和设计与防水层材料性能及屋面使用功能有关，见表6-12。

表6-12　保护层材料的适用范围和技术要求

保护层材料	适用范围	技术要求
浅色涂料	不上人屋面	丙烯酸系反射膜
铝箔	不上人屋面	0.05 mm厚铝箔反射膜
矿物颗粒	不上人屋面	不透明的矿物颗粒
水泥砂浆	不上人屋面	20 mm厚1：2或M15水泥砂浆
块体材料	上人屋面	地砖或30 mm厚C20细石混凝土预制块
细石混凝土	上人屋面	40 mm厚C20细石混凝土或50 mm厚C20细石混凝土内配ϕ4@100双向钢筋网片

(1)不上人屋面保护层。不上人屋面保护层主要是解决柔性防水层的日光暴晒问题，防止紫外线照射；有条件的话，还需解决热老化问题。不上人屋面保护层可采用预制板或浅色涂料或铝箔或矿物粒料。

(2)上人屋面保护层。随着我国城市化进程的不断深入，城市人均用地仅为发达国家的1/4，城市空间作为一种不可再生的资源，必须加以利用，只要有可能，就要按上人屋面设计，也就是按能够进行简单的户外活动进行设计，以方便住在高处人们进行户外活动。

上人屋面保护层可采用块体、细石混凝土等材料。上人屋面保护层设计应符合下列规定：

(1)块体保护层。采用块体保护层时，应在防水层上设置隔离层。为避免高温时块体膨胀隆起，块体保护层应设分格缝，其纵、横间距不大于10 m，分隔缝宽度一般为20 mm，并用密封胶嵌填，可兼具辅助防水的作用。

(2)细石混凝土保护层。细石混凝土整体保护层是在防水层上铺设隔离层后直接浇筑细石混凝土，一般厚度为40～50 mm，有时还配以钢筋作为使用面层。

细石混凝土保护层表面应抹平压光，避免出现起皮、起砂现象，并作分格处理，分格间距不大于6 m，宜设在板端或支承梁处，分格缝处配筋断开，缝宽一般为10～20 mm，并应用密封材料嵌填。

细石混凝土保护层是很好的辅助防水层，但荷载大，大跨度结构不能采用，而且对柔性防水层的维修困难，一旦维修，先要掀去细石混凝土保护层，既给施工带来了困难，还增加了费用。

7. 隔汽层

隔汽层是指阻止室内水蒸气渗透到保温层内的构造层。

《平屋面建筑构造》(12J201)规定，在我国严寒及寒冷地区且室内空气湿度大于75%，其他地区室内空气湿度常年大于80%，或采用纤维状保温材料时，保温层下应选用气密性、水密性好的材料做隔汽层。温水游泳池、公共浴室、厨房操作间、开水房等的屋面应设置隔汽层。除此之外，建议少设置隔汽层。在正置式屋面中隔汽层应设置在结构层上，保温层下。

隔汽层是一道很弱的防水层，却具有较好的蒸汽渗透阻，大多选用气密性、水密性好的防水卷材或涂料，并宜选择其蒸汽渗透阻较大者。为了提高抵抗基层变形的能力，隔汽层采用卷材时宜优先采用空铺法铺贴。

隔汽层的做法同防水层，应沿周边墙面向上连续铺设，高出保温层上表面不得小于150 mm，隔汽层周边不需要与保温层上的防水层连接。这是由于隔汽层不是防水层，与防水设防无关联；此外，隔汽层施工在前，保温层和防水层施工在后，几道工序无法做到同步，防水层与墙面交接处的泛水处理与隔汽层无关联。

局部隔汽时，隔汽层应扩大至潮湿房间以外至少1.0 m处。

6.3.2 平屋面的细部构造节点

平屋面的构造节点，如女儿墙、天沟和檐沟、檐口、变形缝、雨水管、出屋面管道、出入口等屋面细部，是防水的重点部位，各部位防水处理不好，都会有渗漏的隐患，并且维修困难，会造成很大的麻烦。因此，必须重视这些部位的防水处理。

视频：平屋面防水构造认知(二)

1. 女儿墙

女儿墙的防水重点是压顶、泛水、防水层收头的处理。女儿墙防水构造应符合下列规定：

(1)压顶。压顶是指在女儿墙最顶部现浇混凝土(内配2根通长细钢筋)，用来压住女儿墙，使之连续性、整体性更好。

女儿墙压顶可采用混凝土或金属制品。压顶向内排水坡度不应小于5%，压顶内侧下端应作滴水处理。

(2)泛水。泛水是指屋面与凸出屋面的垂直墙面、管道、烟囱、出入孔等交接处的防水构造处理。

动画：女儿墙外排水及组合式外排水

泛水构造应注意以下几点：

①铺贴泛水处的卷材应采用满粘法，附加层在平面和立面的宽度均不应小于 250 mm，并加铺一层附加卷材。

②屋面与立墙相交处应做成圆弧形，高聚物改性沥青防水卷材的圆弧半径采用 50 mm，合成高分子防水卷材的圆弧半径为 20 mm，使卷材紧贴于找平层上，而不致出现空鼓现象。

③女儿墙压顶可采用混凝土或金属制品。压顶向内排水坡度不应小于 5%，压顶内侧下端应作滴水处理。

④低女儿墙泛水处的防水层可直接铺贴或涂刷至压顶下，卷材收头应用金属压条钉压固定，并应用密封材料封严，如图 6-10(a)所示。

⑤高女儿墙泛水处的防水层泛水高度不应小于 250 mm，泛水上部的墙体应作防水处理，如图 6-10(b)所示。

女儿墙泛水处的防水层表面，宜涂刷浅色涂料或浇筑细石混凝土加以保护。

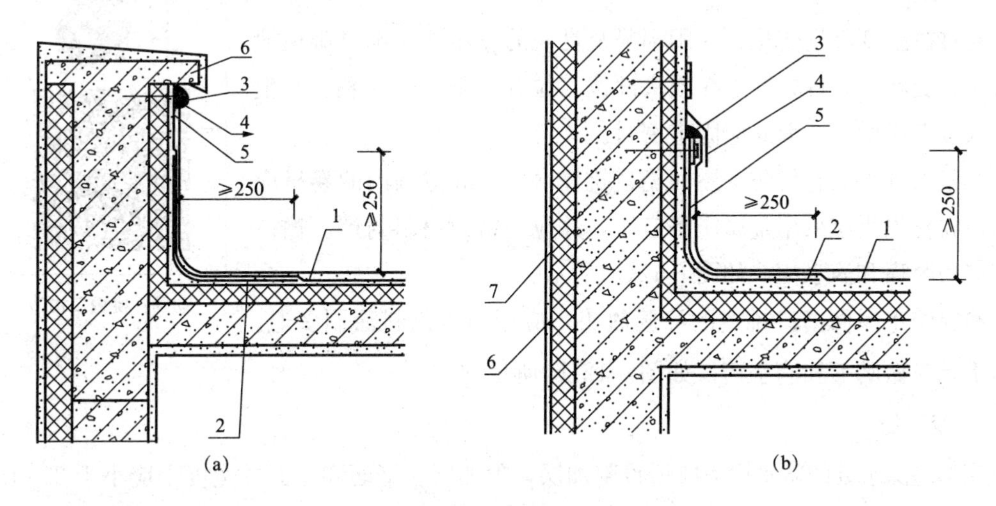

图 6-10　女儿墙泛水构造

(a)低女儿墙泛水

1—防水层；2—附加层；3—密封材料；4—金属压条；5—水泥钉；6—压顶

(b)高女儿墙泛水

1—防水层；2—附加层；3—密封材料；4—金属盖板；5—保护层；6—金属压条；7—水泥钉

2. 天沟、檐沟

天沟、檐沟是排水集中的部位，为确保其防水效果，天沟、檐沟应增设附加防水层。当主防水层为高聚物改性沥青防水卷材或合成高分子防水卷材时，附加层宜选用防水涂膜，既适应较复杂部位的施工，又减少了密封处理的困难，形成优势互补的复合防水层。

天沟、檐沟纵向坡度不应小于 1%，沟底水落差不得超过 200 mm，即要求雨水口距离分水脊线不得超过 20 m。

檐沟和天沟的防水层下应增设附加层，附加层伸入屋面的宽度不应小于 250 mm；檐沟防水层和附加层应由沟底翻上至外侧顶部，卷材收头应用金属压条钉压，并应用密封材料封严，涂膜收头应用防水涂料多遍涂刷；檐沟外侧下端应做鹰嘴或滴水槽；檐沟外侧高于屋面结构板时，应设置溢水口。檐沟防水构造如图 6-11 所示。

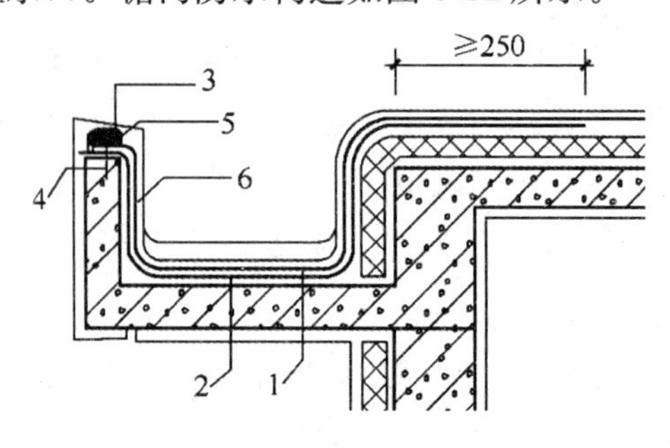

图 6-11　檐沟防水构造

1—防水层；2—附加层；3—密封材料；4—水泥钉；5—金属压条；6—保护层

3. 檐口挑檐

卷材在温度反复变化、太阳辐射及臭氧的作用下，不可避免地会收缩、变硬，并首先发生在收头部位：拉开、剥离、卷翘、发生蹿水或被大风掀起，因此应固定密封。

动画：挑檐口构造

无组织排水的卷材防水屋面檐口挑檐 800 mm 范围内的卷材应满粘，卷材收头应采用金属压条钉压，并应用密封材料封严。檐口下端应做鹰嘴和滴水槽，如图 6-12(a)所示。

涂膜防水屋面檐口挑檐的涂膜收头，应用防水涂料涂刷多遍。檐口下端应做鹰嘴和滴水槽，如图 6-12(b)所示。

4. 变形缝

变形缝泛水处的防水层下应增设附加层，附加层在平面和立面的宽度不应小于 250 mm；防水层应铺贴或涂刷至泛水墙的顶部；变形缝内应预填不燃保温材料，上部应采用防水卷材封盖，并放置衬垫材料，再在其上干铺一层卷材。

等高变形缝顶部宜加扣混凝土或金属盖板，如图 6-13(a)所示；高低跨变形缝在立墙泛水处，应采用有足够变形能力的材料和构造作密封处理，如图 6-13(b)所示。

5. 雨水口

雨水口是用来将屋面雨水排至雨水管而在檐口处或檐沟内开设的洞口，要求排水通畅，不易堵塞和渗漏。雨水口的位置应尽可能比屋面或檐沟面低，有垫坡层或保温层的屋面，可在雨水口直径 500 mm 范围内减薄形成漏斗形，使之排水通畅，避免积水。雨水口宜采用金属或塑料制品制作。有组织外排水最常用的有檐沟与女儿墙雨水口两种形式，有组织内排水的雨水口则设在天沟上，其构造与外排水檐沟式相同。

雨水口周围直径 500 mm 范围内排水坡度不应小于 5%，并应用防水涂料涂封，其厚度

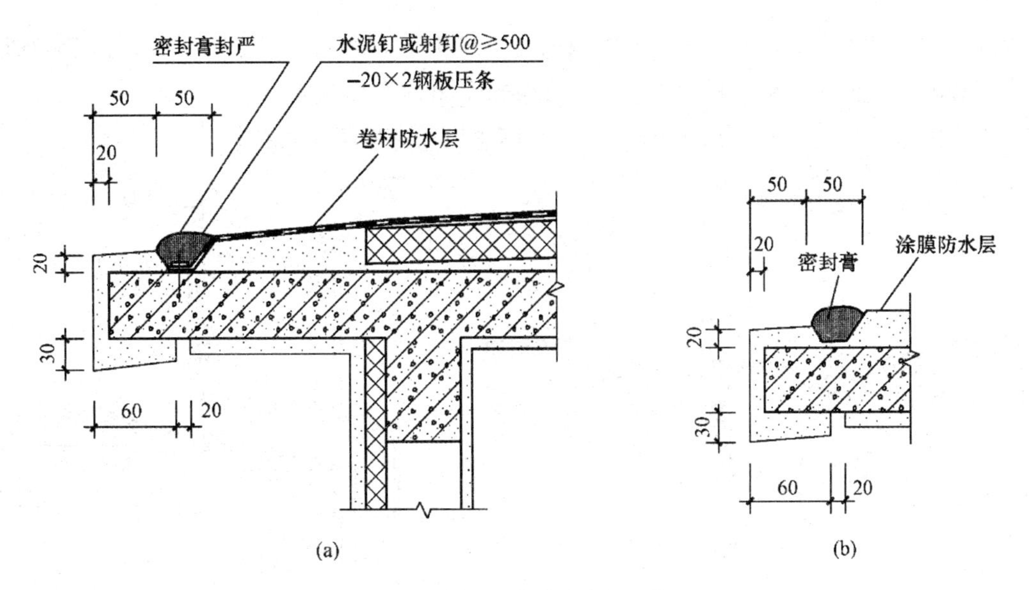

图 6-12　卷材、涂膜防水屋面檐口

(a)卷材防水屋面檐口；(b)涂膜防水屋面檐口

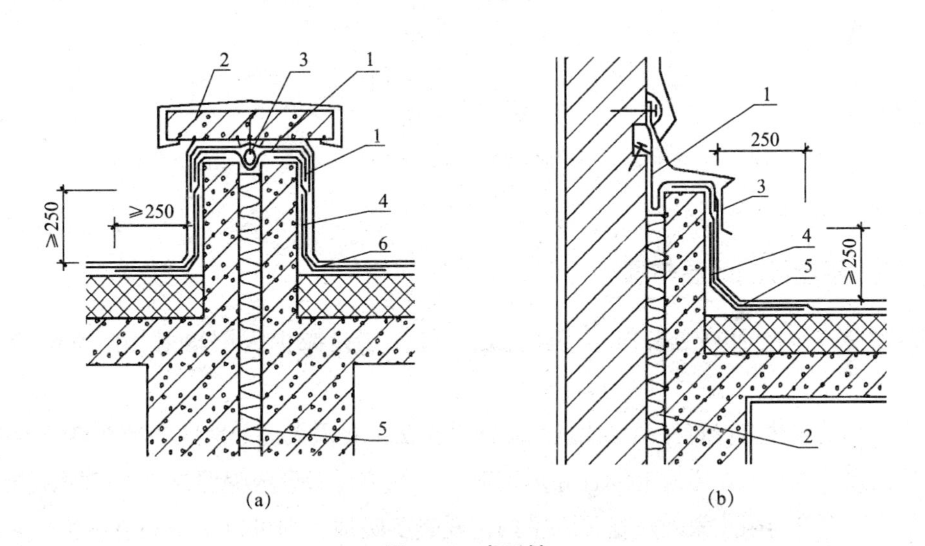

图 6-13　变形缝

(a)等高变形缝

1—卷材封盖；2—混凝土盖板；3—衬垫材料；4—附加层；5—不燃保温材料；6—防水层

(b)高低跨变形缝

1—卷材封盖；2—不燃保温材料；3—金属盖板；4—附加层；5—防水层

不应小于 2 mm。雨水口与基层接触处，应留宽度为 20 mm、深度为 20 mm 凹槽，嵌填密封材料。

雨水口分为直式雨水口和横式雨水口两类，直式雨水口适用于中间天沟、挑檐沟和女儿墙内排水天沟，横式雨水口适用于女儿墙外排水。

雨水口的构造要点：雨水口可采用塑料或金属制品制作，雨水口的金属配件均应作防锈处理，雨水口周围直径 500 mm 范围内坡度不应小于 5%，防水层下应增设涂膜附加层；防水层和附加层伸入雨水口杯内不应小于 50 mm，并应黏结牢固。

直式雨水口构造如图 6-14(a)所示。横式雨水口构造如图 6-14(b)所示。

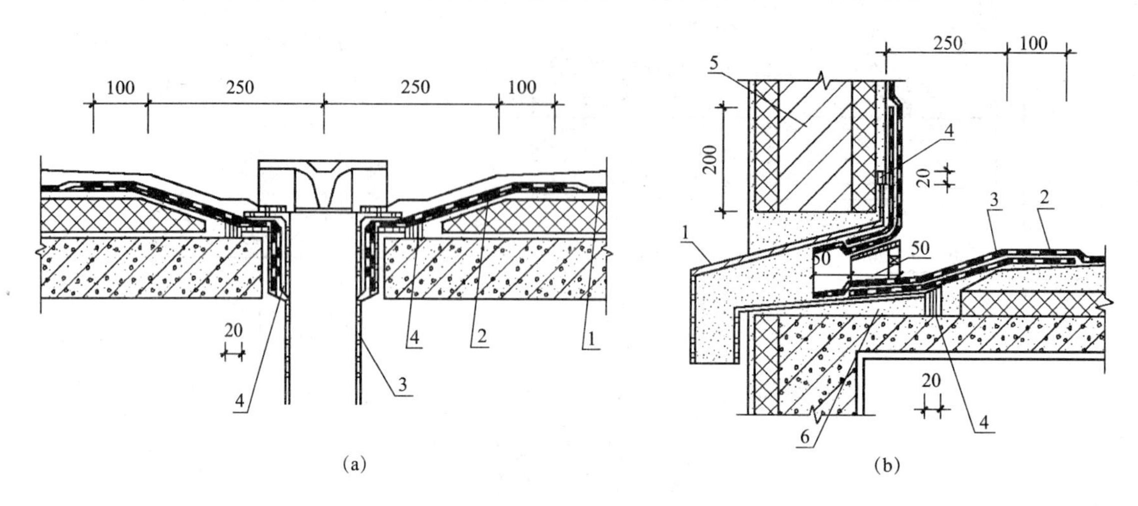

图 6-14 雨水口

(a)直式雨水口

1—防水层；2—附加层；3—水落管；4—密封胶

(b)横式雨水口

1—水落管；2—防水层；3—附加层；4—密封胶；5—女儿墙；6—水泥砂浆找平层

6.3.3 平屋面的保温与隔热

保温层是减少屋面热交换作用的构造层；隔热层是减少太阳辐射热向室内传递的构造层。

屋面工程的绝热有设置保温层或隔热层两种做法。我国大部分地区冬冷夏热，冬季采暖，夏季制冷。按节能要求在屋面上设置导热系数小的绝热材料形成保温层，冬冷时阻止室内热量向外散发，夏热时阻止室外热量传入室内。夏热冬暖地区则可以采用隔热做法——在屋面上设置架空板、蓄水池，覆土种植，喷涂热反射涂料等措施，阻止室外热量传入室内。

除保温隔热的目的外，保温隔热层还有减少屋面结构层温差变形的作用，可降低基层裂缝及外墙与屋面交接处产生裂缝的概率。因此，只要条件允许，屋面均应设置保温隔热层。

保温隔热层设计内容包括绝热材料的选择、厚度的确定和技术要求。其厚度应按现行建筑节能标准计算确定。

1. 保温层

(1)保温材料。屋面保温层应根据屋面所需导热系数或热阻选择轻质、高效的保温材料，以保证屋面保温性能和使用要求。保温层有三种类型，即板状材料保温层、纤维材料保温层、整体材料保温层。保温层及其绝热材料应符合《屋面工程技术规范》(GB 50345—2012)的规定，具体见表 6-13。

表 6-13　保温层及其绝热材料

保温层	绝热材料
板状材料保温层	聚苯乙烯泡沫塑料，硬质聚氨酯泡沫塑料、膨胀珍珠岩制品、泡沫玻璃制品、加气混凝土砌块、泡沫混凝土砌块
纤维材料保温层	玻璃棉制品，岩棉、矿渣棉制品
整体材料保温层	喷涂硬泡聚氨酯、现浇泡沫混凝土

(2)保温层的位置。防水层与保温层的位置关系：防水层设置在保温层上，称为正置式；防水层设置在保温层下，称为倒置式。

防水层设置在保温层上的做法是较常见的构造做法，这种做法施工方便，有利于进行屋面找坡。防水层可以保护吸水率较高的保温层，避免保温层被雨水侵蚀，降低保温效果。

防水层设置在保温层下的倒置式做法，防水层不易受到来自外界的机械创伤。前提是保温层采用吸水率低且长期浸泡不腐烂的绝热材料，如挤塑型聚苯乙烯泡沫塑料板、硬泡聚氨酯板、硬泡聚氨酯防水保温复合板、泡沫玻璃等。混凝土或泡沫混凝土吸湿性强，不宜采用，尤其严寒及多雪地区不宜采用。

2. 隔热层

在我国南方地区，夏季时间较长、气温较高，随着人们生活的不断改善，对住房的隔热要求也逐渐提高。屋面隔热层设计应根据地域、气候、屋面形式、建筑环境、使用功能等条件，采取种植、架空或蓄水等隔热措施，再通过技术和经济比较后确定。从发展趋势看，由于绿色环保及美化环境的要求，种植隔热方式胜于架空隔热方式和蓄水隔热方式。常用的隔热措施有屋面通风隔热、蓄水隔热和种植隔热三种。

(1)种植屋面。种植屋面的构造层次应包括植被层、种植土、过滤层、排(蓄)水层、保护层、耐根穿刺防水层、防水层、找平层、找坡层、保温层和结构层。

种植隔热层所用材料及植物等应与当地气候条件相适应，并应符合环境保护的要求。

种植土应根据种植植物的要求选择综合性能良好的材料，其厚度应根据不同种植土和植物种类等确定。

种植隔热层宜根据植物种类及环境布局的需要进行分区布置，分区布置应设置挡墙或挡板；过滤层宜采用 200～400 g/m^2 的土工布，过滤层应沿种植土周边向上铺设至种植土高度；排水层材料应根据屋面功能及环境、经济条件等进行选择；种植土四周应设挡墙，挡墙下部应设泄水孔，并应与排水出口连通。

种植隔热层的屋面坡度大于 20%时，其排水层、种植土应采取防滑措施。屋面坡度大于 50%时，防滑难度大，故不宜采用种植隔热层。

(2)架空屋面。我国广东、广西、湖南、湖北、四川等省属于夏热冬暖地区，为了解决炎热季节室内温度过高的问题，多采用架空隔热层。

架空屋面采用防止太阳光直接照射屋面上表面的结构，利用架空隔热层内空气的流动，减少太阳辐射热向室内传递，故宜用于屋面通风良好的建筑物。由于城市建筑密度不断加大，不少城市高层建筑林立，造成风力减弱、空气对流较差，严重影响架空隔热层的隔热效果。

架空隔热层宜在屋面有良好通风的建筑物上采用，适用于夏季炎热和较炎热地区，不宜在寒冷地区采用。

架空屋面自上而下的基本构造做法是在卷材、涂膜屋面或倒置式屋面上做支墩（或支架）和架空板，如图 6-15 所示。其构造层次为架空隔热层、保护层、防水层、找平层、找坡层、保温层和结构层。

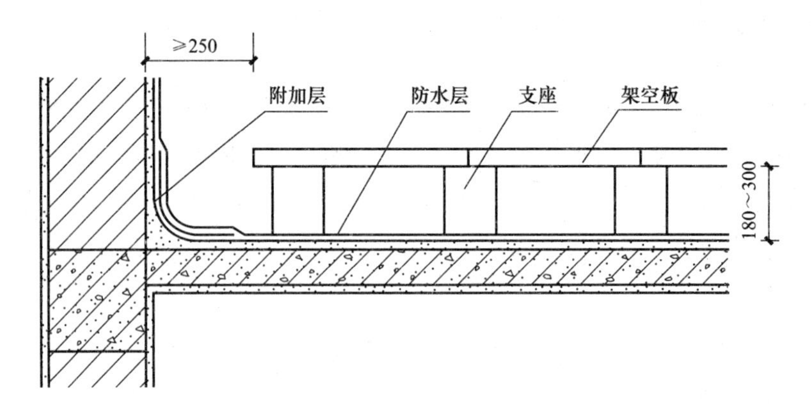

图 6-15　架空屋面的构造层次

架空屋面坡度不宜大于 5%，一般为 2%～5%。架空隔热制品一般采用配双向钢筋网片的细石混凝土板，原来使用的大阶砖、配镀锌铁丝的水泥板，因强度低、易破碎、使用寿命短已逐渐被淘汰。

架空隔热层的关键是要确保通风，因此，应有一定的架起高度，宜为 180～300 mm，如混凝土砌块架空为 190 mm，砖墩架空为 240 mm 或 180 mm，纤维水泥架空板凳架空为 200 mm；屋面一般没有女儿墙和山墙，若有，架空板与女儿墙的距离不应小于 250 mm；进风口宜设置在当地炎热季节最大频率风向的正压区，出风口宜设置在负压区；当屋面宽度大于 10 m 时，架空隔热层中部应设置通风屋脊。

(3)蓄水屋面。蓄水屋面是在屋面上蓄积一定厚度的水，利用水分蒸发吸收阳光辐射热和空气中的热量，减少屋面吸收的热能，从而达到隔热的目的。

蓄水隔热层的蓄水池一般应采用强度等级不低于 C25、抗渗等级不低于 P6 的现浇混凝土。由于地震设防地区和振动较大的建筑物上易开裂造成渗漏，不适合采用蓄水隔热层；另外，我国目前蓄水池均为敞开式的，冬季如果不将水排除，则易冻冰而导致胀裂损坏，故蓄水隔热层不宜在北方寒冷地区的建筑物上采用，而适用于炎热地区的一般民用建筑。

为了保证蓄水池的防水可靠性，蓄水屋面蓄水池内宜采用 20 mm 厚渗透结晶型防水砂浆抹面，且池底排水坡度不宜大于 0.5%。

为了防止蓄水面积过大引起屋面开裂及损坏防水层，蓄水隔热层应划分为若干蓄水区和设置分仓缝。蓄水区每区的边长不宜大于 10 m，在变形缝的两侧应分成两个互不连通的蓄水区。长度超过 40 m 的蓄水屋面应分仓设计，分仓隔墙可采用现浇混凝土或砌体砌筑。

蓄水池的蓄水深度宜为 150～200 mm；低于此深度隔热效果不理想，高于此深度会加重荷载，隔热效果提高并不大，且当水较深时，夏季白天水温升高，晚间水温降低放热，反而导致室温增加。蓄水隔热层设置人行通道，是为了使用过程中的管理。

蓄水池应设排水管、溢水口和给水管，排水管用于清理时排水，故应与排水出口连通；溢水口用于暴雨水位过高时有组织排水，溢水口距离分仓墙顶面的高度不得小于 100 mm；给水管用于补充水分。

6.4 坡屋面构造认知

讨论：我国传统的建筑屋面形式大多采用坡屋面，现代别墅也有很多坡屋面形式。同学们想一想，平屋面和坡屋面的构造做法是否相同呢？

《坡屋面工程技术规范》(GB 50693—2011)规定，坡度大于等于 3%的屋面叫作坡屋面。

由于坡屋面排水快，防渗漏，造型美，空间利用率高，在蓝天、白云、绿树的映衬下，显得突出、雅致，使人易于接近，更好地美化了环境、丰富了生活，所以近年来坡屋面在建筑中得以广泛应用。

坡屋面与平屋面相比也有其不足之处：一是坡屋面构造复杂，施工烦琐，工期长；二是材料用料多，建筑空间虽有一部分空间被利用(阁楼)，但要设天窗、楼梯和承重楼板等；三是坡屋面受热面积大，是热岛效应的制造者、强化者；四是维修不便。

目前，坡屋面的类型主要有两种：一种是屋面下的空间不被利用、坡度较小的坡屋面，这种坡屋面形成了双层屋面，保温隔热效果好，但浪费材料和空间，一般都是为了造型和排水的需要而设；另一种是屋面下的空间被利用、坡度较大的坡屋面，这种坡屋面可以设置开启窗，达到明亮、舒适、通风良好的效果，可以作为家庭的书房、活动房、仓库或公建的办公用房等。坡屋面实例如图 6-16 所示。

6.4.1 坡屋面的组成

坡屋面工程设计应遵循“技术可靠、因地制宜、经济适用”的原则。

坡屋面工程设计内容包括确定屋面防水等级、屋面坡度，选择屋面工程材料，防水、排水系统设计，保温隔热设计，通风系统设计，抗震、防火设计，防雷设计等。

1. 坡屋面的防水等级

根据国家建筑标准设计图集《坡屋面建筑构造(一)》(09J202-1)，坡屋面工程设计应根据建筑物的性质、重要程度、地域环境、使用功能要求，以及屋面防水层设计使用年限，分为一级防水和二级防水，见表 6-14。

图 6-16　坡屋面实例

表 6-14　坡屋面防水等级

项目	坡屋面防水等级	
屋面防水等级	一级	二级
防水层设计使用年限	≥20 年	≥10 年
注：1. 大型公共建筑、医院、学校等重要建筑屋面的防水等级为一级，其他为二级。 2. 工业建筑屋面的防水等级按使用要求确定。		

2. 坡屋面坡度

根据建筑物高度、风力、环境等因素，确定坡屋面类型、坡度和防水垫层。

防水垫层是指坡屋面中通常铺设在瓦材或金属板下面的防水材料，根据坡屋面的类型来选用，见表 6-15，从表中可以看出瓦屋面、一级压型金属板屋面和装配式轻型坡屋面应选防水垫层。

表 6-15　坡屋面类型、坡度和防水垫层

坡度与垫层	屋面类型						
	沥青瓦屋面	块瓦屋面	波形瓦屋面	金属板屋面		防水卷材屋面	装配式轻型坡屋面
				压型金属板屋面	夹芯板屋面		
适用坡度/%	≥20	≥30	≥20	≥5	≥5	≥3	≥20

续表

坡度与垫层	屋面类型						
	沥青瓦屋面	块瓦屋面	波形瓦屋面	金属板屋面		防水卷材屋面	装配式轻型坡屋面
				压型金属板屋面	夹芯板屋面		
防水垫层	应选	应选	应选	一级应选 二级宜选	—	—	应选

3. 坡屋面的组成

《坡屋面工程技术规范》(GB 50963—2011)对瓦屋面、金属板屋面、防水卷材及装配式轻型坡屋面的材料和构造都作了相关规定。近年来，随着建筑设计的多样化，为了满足造型和艺术的要求，有较大坡度的屋面工程也越来越多地采用了瓦屋面。瓦是最古老的建筑材料之一，也是最主要的屋面材料之一，故这里主要介绍瓦屋面。

坡屋面从结构上讲，一般包括结构层、防水垫层、保温隔热层和屋面瓦四个部分。由于技术的发展和推进，这四个结构层次在有的体系中体现并不明显，如保温隔热层和结构复合保温隔热层同时作为防水垫层、保温隔热层和瓦复合等。

6.4.2 坡屋面的基本构造

坡屋面按照结构形式可分为混凝土结构坡屋面(无檩体系)、木结构与轻钢结构坡屋面(有檩体系)；按照基层形式可分为现浇混凝土结构、木结构、轻钢结构、混凝土条板结构等。

1. 混凝土结构坡屋面(无檩体系)

(1)结构层。坡屋面的结构层一般为现浇钢筋混凝土屋面板，也可称为无檩体系屋面。

混凝土结构坡屋面的常用形式有单坡屋面、双坡屋面、四坡屋面、曼莎屋面(图 6-17)和拱形屋面五种。其中，曼莎屋面是折线或复折线屋面的统称，屋面通过折线被分成现浇钢筋混凝土上下几个屋面，上屋面坡度小，下屋面坡度大。

(a)

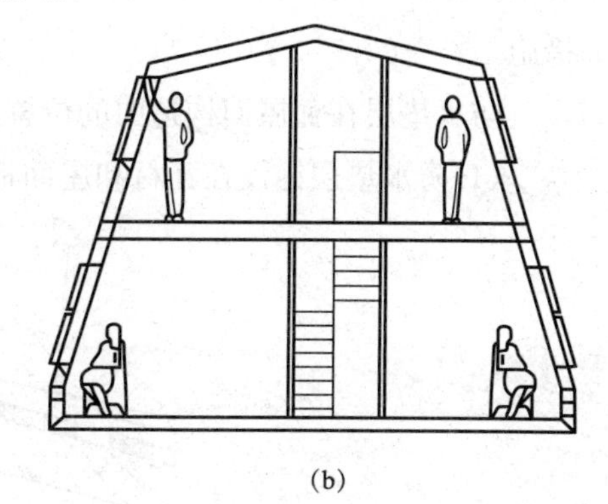

(b)

图 6-17 曼莎屋面

(2)防水垫层。防水垫层是指坡屋面中通常铺设在瓦材或金属板下面的防水材料。

瓦屋面中应设防水垫层，防水垫层的材料种类和厚度应根据防水等级、屋面类型、屋面坡度和采用的瓦材或板材等选择，见表 6-16、表 6-17。

表 6-16　瓦屋面的防水等级和防水做法

防水等级	防水做法
一级	瓦＋防水层
二级	瓦＋防水垫层

表 6-17　一级设防瓦屋面的主要防水垫层种类和厚度

防水垫层种类	厚度/mm
自黏聚合物沥青防水垫层	≥1.0
聚合物改性沥青防水垫层	≥2.0
波形沥青板通风防水垫层	≥2.4
SBS、APP 改性沥青防水卷材	≥3.0
自黏聚合物改性沥青防水卷材	≥1.5
合成高分子类防水卷材	≥1.2
合成高分子类防水涂料	≥1.5
高聚物改性沥青防水涂料	≥2.0
注：适用于一级的防水垫层材料也适合二级，防水垫层厚度小于表中规定的只适用于二级。	

有空气间层隔热要求的屋面，应选择隔热防水垫层；瓦屋面采用纤维状材料做保温隔热层或湿度较大时，保温隔热层上宜增设透气防水垫层。防水垫层可空铺、满粘或机械固定。当屋面坡度>50%时，防水垫层宜采用机械固定或满粘法施工；防水垫层的搭接宽度不得小于 100 mm。屋面防水等级为一级时，固定钉穿透非自黏防水垫层，钉孔部位应采取密封措施。

防水垫层在瓦屋面构造中的位置主要有以下五种形式：

(1)防水垫层铺设在瓦材和屋面板之间，屋面为内保温隔热构造，如图 6-18 所示。

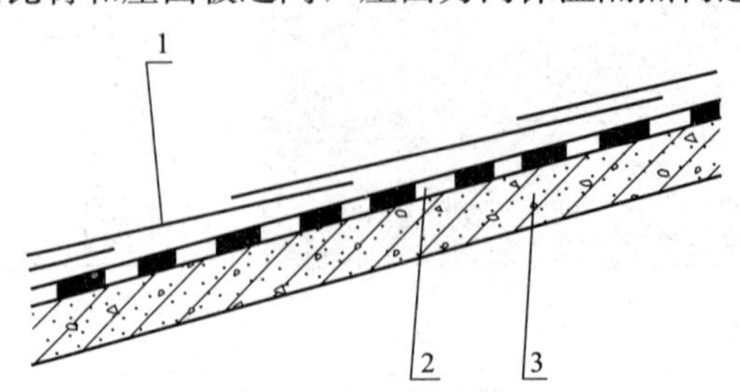

图 6-18　防水垫层的位置(一)

1—瓦材；2—防水垫层；3—屋面板

(2)防水垫层铺设在持钉层和保温隔热层之间，应在防水垫层上铺设配筋细石混凝土持钉层，如图 6-19 所示。

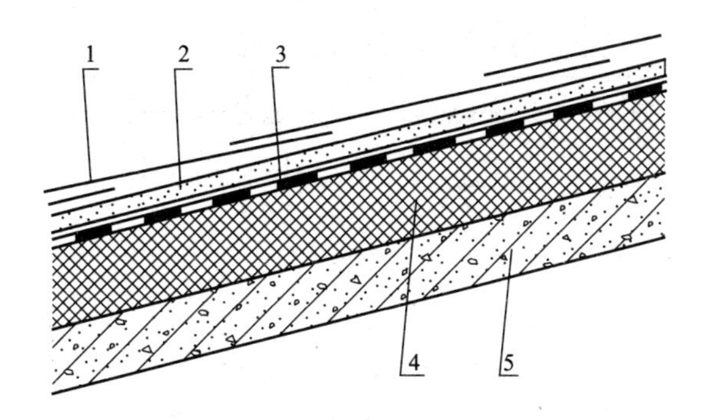

图 6-19　防水垫层的位置(二)

1—瓦材；2—持钉层；3—防水垫层；4—保温隔热层；5—屋面板

(3)防水垫层铺设在保温隔热层和屋面板之间，瓦材应固定在配筋细石混凝土持钉层上，如图 6-20 所示。

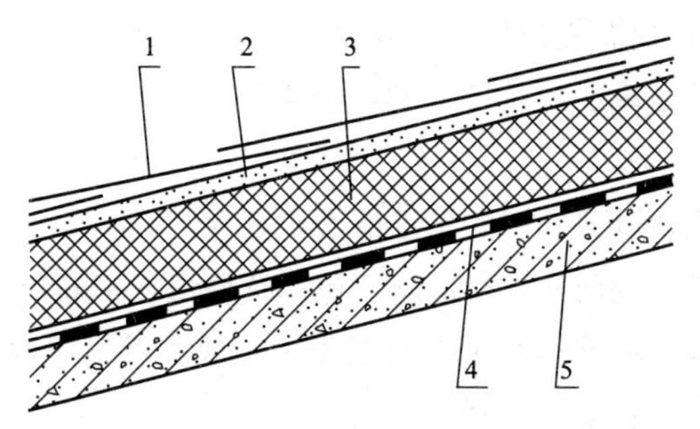

图 6-20　防水垫层的位置(三)

1—瓦材；2—持钉层；3—保温隔热层；4—防水垫层；5—屋面板

(4)防水垫层或隔热防水垫层铺设在挂瓦条和顺水条之间，防水垫层宜呈下垂凹形，如图 6-21 所示。

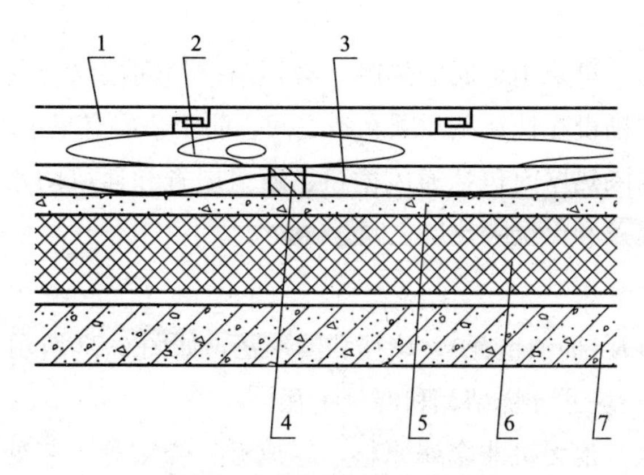

图 6-21　防水垫层的位置(四)

1—瓦材；2—挂瓦条；3—防水垫层；4—顺水条；5—持钉层；6—保温隔热层；7—屋面板

(5)波形沥青通风防水垫层，应铺设在挂瓦条和保温隔热层之间，如图 6-22 所示。

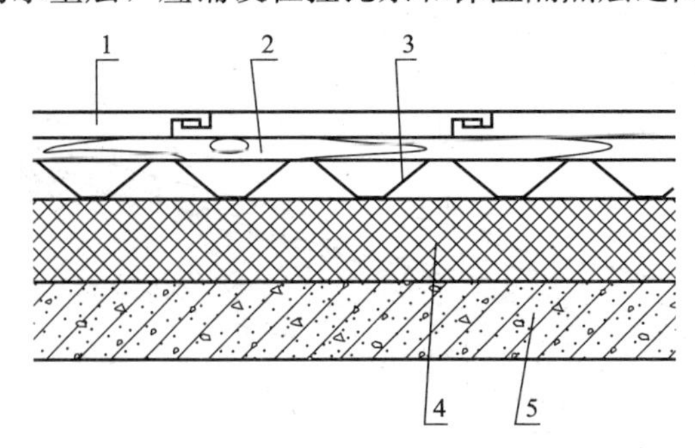

图 6-22　防水垫层的位置(五)

1—瓦材；2—挂瓦条；3—波形沥青通风防水垫层；4—保温隔热层；5—屋面板

2. 保温隔热构造

坡屋面保温构造形式主要有采用绝热材料的保温屋面、采用通风和反射构造的通风隔热屋面。

(1)保温屋面。坡屋面保温隔热材料可采用硬质聚苯乙烯泡沫塑料保温板、硬质聚氨酯泡沫保温板、喷涂硬泡聚氨酯、岩棉、矿棉或玻璃棉等，其厚度应经过节能计算确定。不宜采用散状保温材料。

①采用加气混凝土砌块卧浆铺砌的保温屋面，宜选配轻质瓦。

②选用重质瓦时，须采用防止下滑措施，包括脊处预埋钢筋及檐处反梁。其构造层次：混凝土屋面板、绝热材料、配筋的纤维细石混凝土板或配置钢筋网片的纤维防水水泥砂浆基层、防水垫层、顺水条、挂瓦条、瓦。

③现喷硬泡聚氨酯绝热材料时，构造层次为：混凝土屋面板、挂瓦条(加高 30 mm，开排水口，条间喷涂聚氨酯硬泡)。

④选择挤塑聚苯板或硬质聚氨酯泡沫板时，也可采用混凝土屋面板、防水垫层、顺水条、挂瓦条(加高 30 mm，条间干铺保温板、瓦)。

(2)通风隔热屋面。

①单一隔热的屋面，可采用金属隔热膜，必须与空气间层结合使用方可达到效果。防水垫层或隔热防水垫层铺设在挂瓦条和顺水条之间，防水垫层宜呈下垂凹形。

②采用通风构造的隔热屋面包括通风檐口、通风屋脊和通风防水垫层。波形沥青通风防水垫层应铺设在挂瓦条和保温隔热层之间。

3. 屋面瓦

屋面瓦可分为沥青瓦(即油毡瓦)、块瓦和波形瓦，如图 6-23 所示。

(1)块瓦屋面构造。块瓦分烧结瓦和混凝土瓦。

烧结瓦是由黏土或其他无机非金属原料，经成型、烧结等工艺处理，用于建筑物屋面覆盖及装饰用的板状或块状烧结制品。

块瓦按铺设部位可分为屋面瓦和配件瓦。屋面瓦按形状分为平瓦、双筒瓦、滴水瓦、

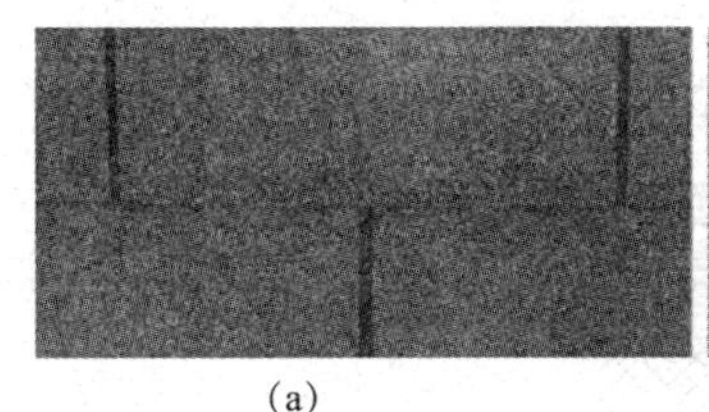
(a)

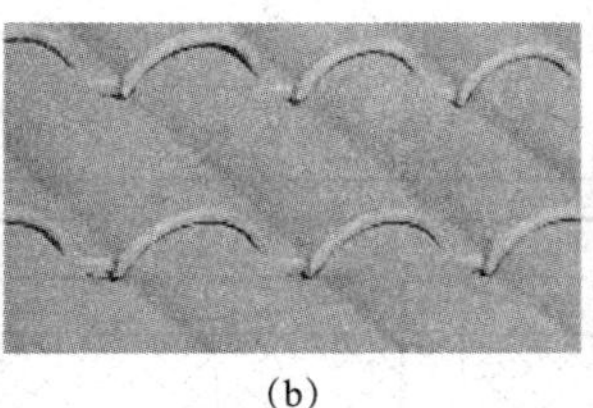
(b)

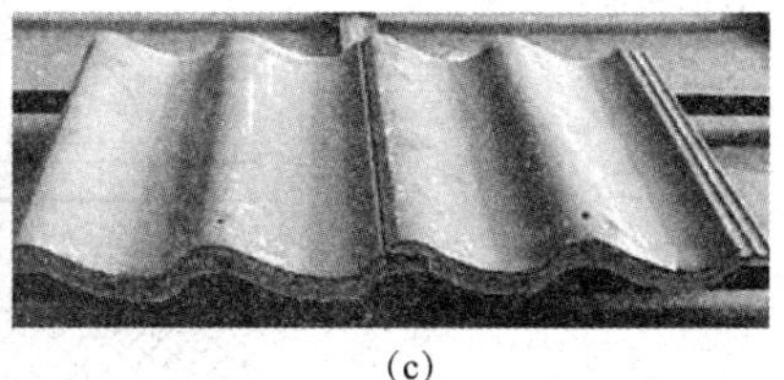
(c)

图 6-23　瓦的外形

(a)沥青瓦；(b)块瓦；(c)波形瓦

沟头瓦、S 瓦、J 瓦和其他异形瓦；配件瓦按功能分为脊瓦和檐口瓦等。

块瓦按表面状态可分为表面有釉和无釉两种。

块瓦的铺装应采取干法挂瓦，传统的湿法卧瓦施工效率低，容易污染屋面，荷载较大，外观不易平齐。

干法挂瓦采用经过防腐处理的木质挂瓦条，用钢钉或射钉按合理的间距固定于屋面基层，一步到位地达到瓦片的平整与搭接长度的要求，并用钢钉将瓦片与挂瓦条固定牢靠。

①一般保温屋面。保温隔热层上铺设细石混凝土保护层做持钉层时，防水垫层应铺设在持钉层上，构造层次(由上到下的顺序)为块瓦、挂瓦条、顺水条、防水垫层、持钉层、保温隔热层、屋面板，如图 6-24 所示。

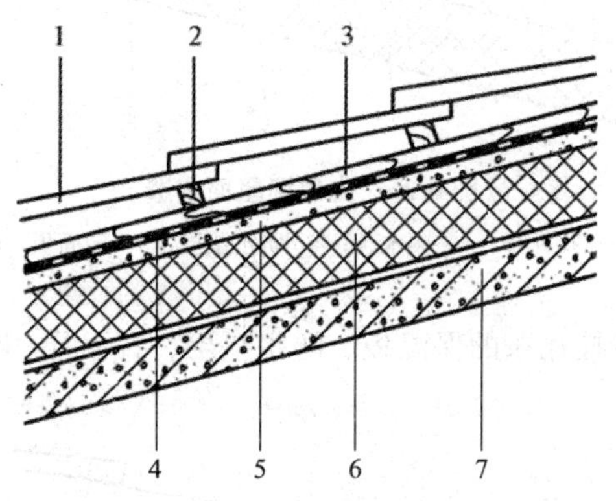

图 6-24　一般保温屋面构造

1—块瓦；2—挂瓦条；3—顺水条；4—防水垫层；
5—持钉层；6—保温隔热层；7—屋面板

②保温隔热屋面。保温隔热层镶嵌在顺水条之间时，应在保温隔热层上铺设防水垫层，构造层次(由上到下的顺序)为块瓦、挂瓦条、顺水条、防水垫层或隔热防水垫层、保温隔热层、屋面板，如图 6-25 所示。

③内保温屋面。屋面为内保温隔热构造时，防水垫层应铺设在屋面板上，构造层次(由上到下的顺序)为块瓦、挂瓦条、顺水条、防水垫层、屋面板、保温层，如图 6-26 所示。

④绝热材料具有挂瓦功能的屋面。采用具有挂瓦功能的保温隔热层时，在屋面板上做水泥砂浆找平层，防水垫层应铺设在找平层上，保温层应固定在防水垫层上，构造层次(由

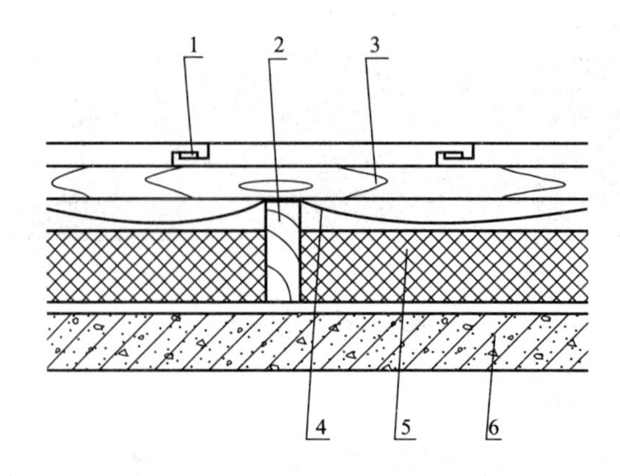

图 6-25 保温隔热屋面构造

1—块瓦；2—顺水条；3—挂瓦条；4—防水垫层或隔热防水垫层；

5—保温隔热层；6—屋面板

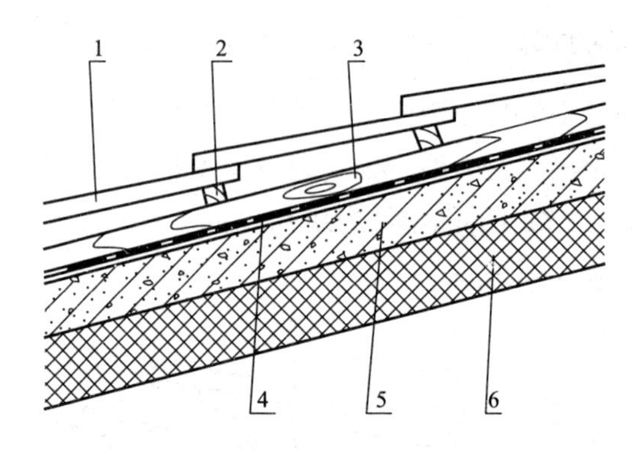

图 6-26 内保温屋面构造

1—块瓦；2—挂瓦条；3—顺水条；4—防水垫层；5—屋面板；6—保温层

上到下的顺序)为块瓦、带挂瓦条的保温板、防水垫层、找平层(兼作持钉层)、屋面板，如图 6-27 所示。

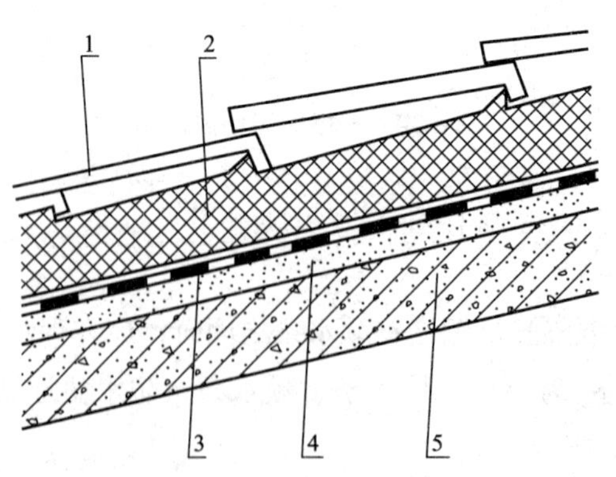

图 6-27 绝热材料具有挂瓦功能的屋面构造

1—块瓦；2—带挂瓦条的保温板；3—防水垫层；4—找平层(兼作持钉层)；5—屋面板

(2)沥青瓦屋面构造。沥青瓦是以玻璃纤维为胎基，经渗涂石油沥青后，一面覆盖彩色矿物粒料，另一面撒以隔离材料制成的柔性瓦状屋面的防水片材。其过去被称为油毡瓦、多彩沥青油毡瓦和玻纤沥青瓦。

沥青瓦可分为平面沥青瓦(单层瓦)和叠合沥青瓦(叠层瓦)，叠合沥青瓦比平面沥青瓦的屋面立体感更强。平面沥青瓦适用于防水等级为二级的坡屋面，叠合沥青瓦适用于防水等级为一级或二级的坡屋面。沥青瓦的规格一般为 1 000 mm×333 mm，厚度不小于 2.6 mm，平均每平方米用量为 7 片。沥青瓦的固定方式是采用以钉为主，黏结为辅的方法。

沥青瓦屋面的构造层次(由上到下的顺序)为沥青瓦、持钉层、防水层或防水垫层、保温隔热层、屋面板，如图 6-28 所示。

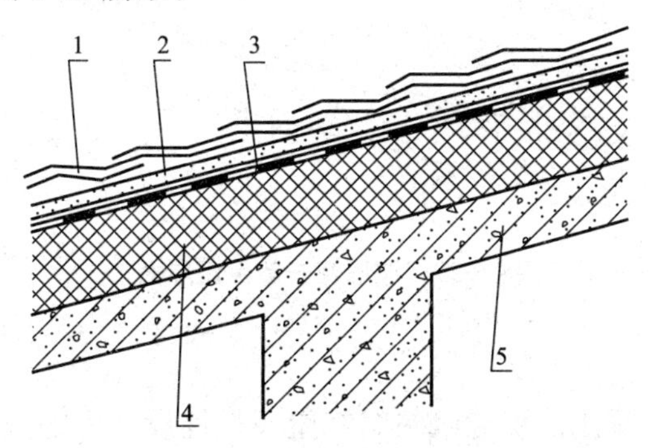

图 6-28　沥青瓦屋面构造

1—沥青瓦；2—持钉层；3—防水层或防水垫层；4—保温隔热层；5—屋面板

沥青瓦屋面持钉层的厚度应符合表 6-18 所示的要求。

表 6-18　沥青瓦屋面持钉层的厚度

序号	持钉层的材料	厚度/mm
1	木板	≥20
2	胶合板或定向刨花板	≥11
3	结构用胶合板	≥9.5
4	细石混凝土	≥35

(3)波形瓦。波形瓦可分为沥青波形瓦、树脂波形瓦、纤维水泥波形瓦、聚氯乙烯塑料波形瓦、玻纤增强聚酯波形瓦五类，适用于防水等级为二级的坡屋面。其中，沥青波形瓦是由植物纤维在特定的温度和压力下，浸渍沥青压制而成的波形瓦，具有较好的隔热性和耐腐蚀性。

波形瓦屋面的基本层次(由上到下的顺序)为波形瓦、持钉层、防水层或防水垫层、保温层、结构层。

波形瓦屋面承重层为混凝土屋面板和木屋面板时，如果有保温要求，可以设置外保温隔热层；不设置屋面板的屋面，可设置内保温隔热层。波形瓦由于尺寸较大、安装简单，在有檩体系中得到广泛应用，可不设置望板，直接将波形瓦固定在檩条上。

①一般保温屋面。屋面板上铺设保温隔热层，保温隔热层上做细石混凝土持钉层(细石混凝土层中的配筋应与屋面板的预埋钢筋头固定)时，防水垫层应铺设在持钉层上，波形瓦应固定在持钉层上，不用顺水条、挂瓦条。构造层次(由上到下的顺序)为波形瓦、防水垫层、持钉层、保温隔热层、屋面板，如图 6-29 所示。

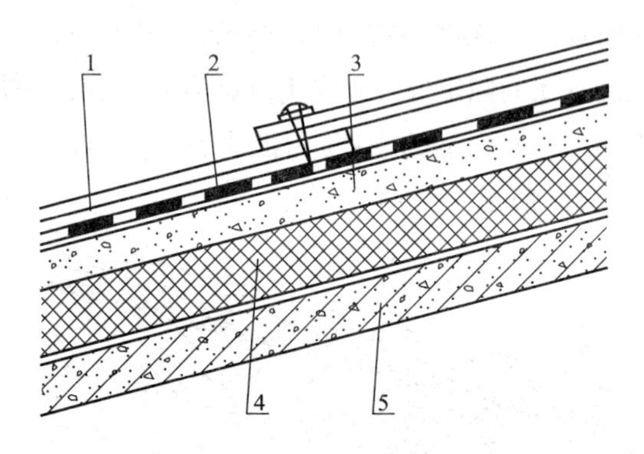

图 6-29　波形瓦一般保温屋面

1—波形瓦；2—防水垫层；3—持钉层；4—保温隔热层；5—屋面板

②内保温隔热屋面。采用内保温隔热时，屋面板铺设在木檩条上，防水层应铺设在屋面板上，木檩条固定在钢屋架上，角钢固定件长应为 100～150 mm，波形瓦固定在屋面板上，构造层次(由上到下的顺序)为波形瓦、防水垫层、屋面板、木檩条、屋架、角钢固定件，如图 6-30 所示。

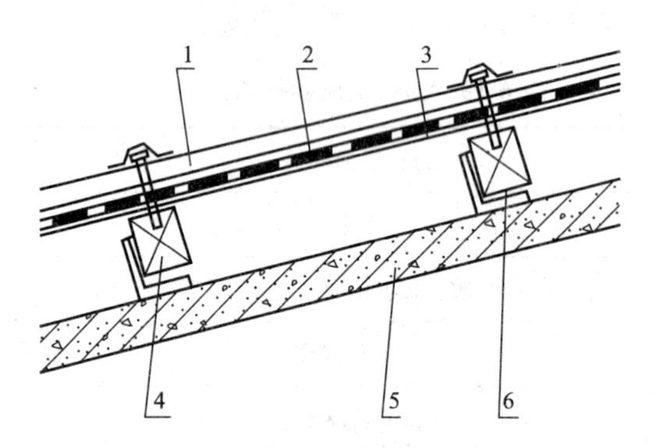

图 6-30　波形瓦内保温隔热屋面

1—波形瓦；2—防水垫层；3—屋面板；4—木檩条；5—屋架；6—角钢固定件

6.4.3　坡屋面的保温与隔热

坡屋面的保温材料可根据工程具体要求选用松散材料、块体材料或板状材料。保温层一般布置在瓦材与檩条或望板之间，也可设置在吊顶上面。

炎热地区为了隔热，可以在进气口和排气口之间形成屋面内的自然通风，以减少由屋面传入室内的辐射热，达到隔热的目的。进气口一般设置在檐墙上、屋檐部位或室内天棚上；出气口最好设置在屋脊处，以增大高差，有利于空气流通。另外，在坡屋面上设置双层屋面，可以利用屋面内、外的热压差和迎风面的压力差，组织空气对流，带走热空气，如图 6-31 所示。

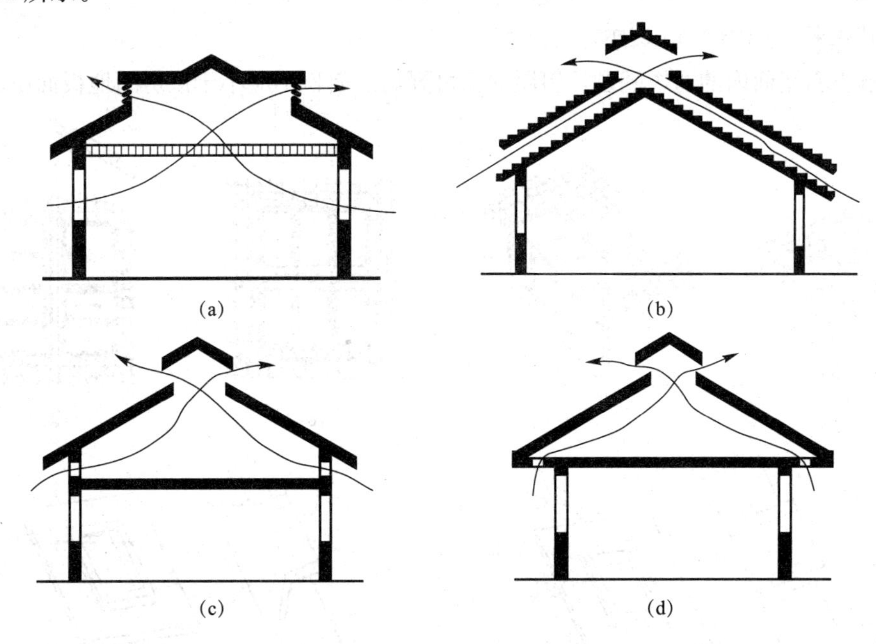

(a)　　(b)　　(c)　　(d)

图 6-31　通风坡屋面

(a)进气口在天棚上；(b)双层屋面；(c)进气口在檐墙上；(d)进气口在屋檐部位

6.4.4　坡屋面的采光和通风

坡屋面下可利用的空间称为斜屋面，要更好地满足各种使用要求，必须具有良好的天然采光和自然通风，因此，坡屋面上应设置凸出屋面的老虎窗和斜屋面窗。

老虎窗(图 6-32)的造型多样，可根据建筑物的不同需要而定，如立面可做成三角形、四边形、五边形和圆形等。

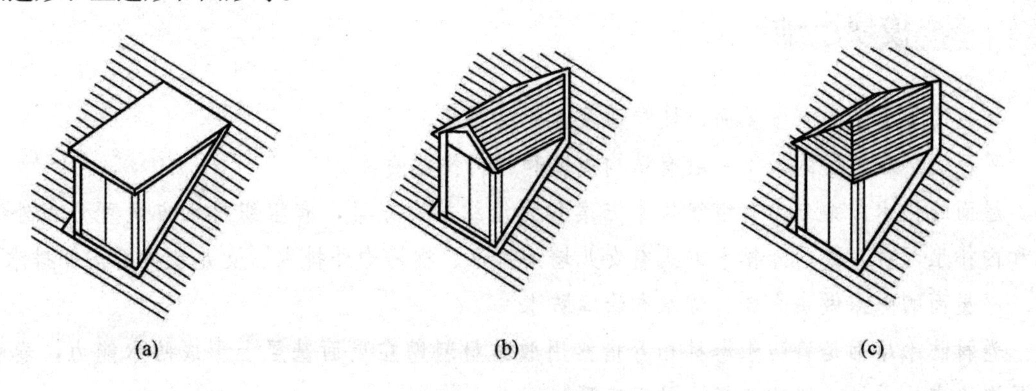

(a)　　(b)　　(c)

图 6-32　老虎窗

(a)一坡水；(b)两坡水；(c)三坡水

斜屋面窗是安装在斜屋面上、平行于屋面且可开启的窗。其类型有与屋面平行的直口或八字口斜屋面窗、八字口组合式斜屋面窗、斜十立组合式屋面窗的单窗或组合窗和屋脊组合式斜屋面窗等。玻璃面积相同的斜屋面窗要比老虎窗进光量多40%左右，能提供更充足的光线和视野，如图6-33所示。

为了解决斜屋面内的通风问题，斜屋面窗可开启的面积不应小于该房间地板面积的1/20。

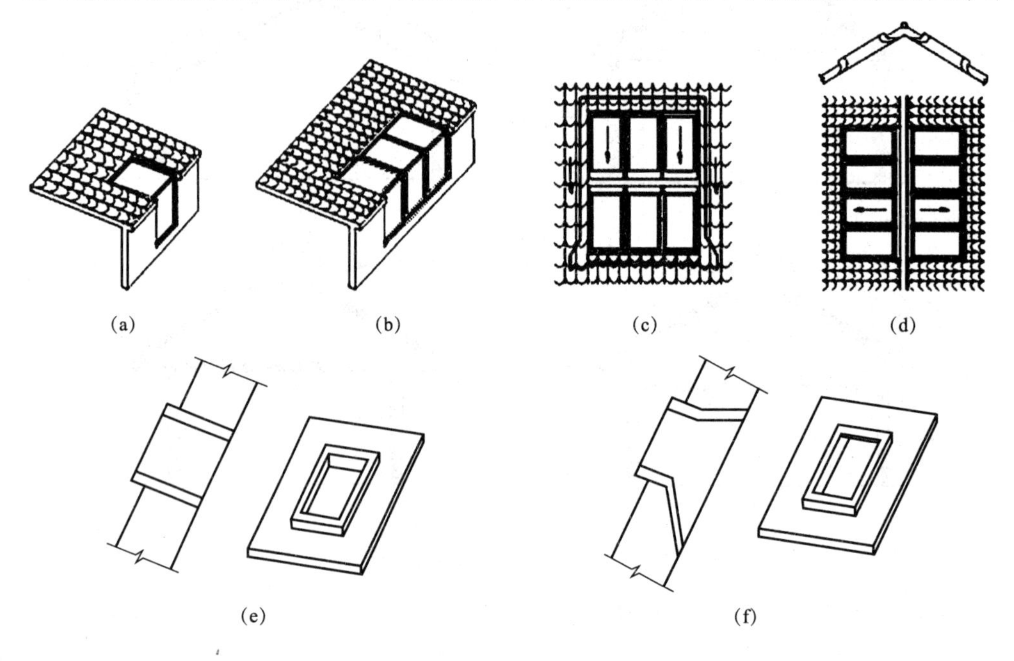

图6-33　斜屋面窗

(a)斜十立组合式屋面窗的单窗；(b)斜十立组合式屋面窗的组合窗；
(c)、(d)屋脊组合式斜屋面窗；(e)与屋面平行的直口斜屋面窗反梁；
(f)与屋面平行的八字口斜屋面窗反梁

模块小结

常见的屋面形式有平屋面、坡屋面及曲面屋面等。

平屋面形成坡度的做法一般有结构找坡和材料找坡两种。

屋面的排水方案分为有组织排水方案和无组织排水方案，有组织排水方案可分为外排水和内排水两种形式，外排水方式有女儿墙外排水、挑檐沟外排水、女儿墙挑檐沟外排水。

平屋面的防水做法有卷材防水和涂膜防水。

卷材防水屋面是将防水卷材相互搭接用胶结材料贴在屋面基层上形成防水能力，卷材应具有一定的柔性，能适应部分屋面变形。

卷材防水屋面由结构层、找坡层、找平层、防水层、隔离层和保护层组成。

卷材防水屋面在处理好大面积屋面防水的同时，应注意泛水、檐口、雨水口以及变形缝等部位的细部构造处理。

涂膜防水是用防水涂料直接涂刷在屋面基层上，利用涂料干燥或固化以后的不透水性来达到防水的目的。

在寒冷地区或有空调要求的建筑中，屋面应作保温处理，以减少室内的热损失，降低能源消耗。保温构造处理的方法通常是在屋面中增设保温层。

保温材料要求密度小、孔隙多、导热系数小。保温层位置主要有两种情况，最常见的是将保温层设置在结构层与防水层之间。

模块7　门窗构造认知

知识目标

门窗的作用、门窗的构造要求；

门的分类、木门的构造组成、门的安装；

窗的分类、木窗的构造组成、窗的安装；

塑钢、铝合金门窗的安装。

能力目标

了解门窗的作用和构造要求，能结合《民用建筑设计统一标准》(GB 50352—2019)中关于门窗的设计要求，了解设计师的设计意图，能识读建筑施工图中平面图、立面图、门窗详图中门窗的相关信息；

掌握门窗的分类，熟悉木门、木窗的构造与组成，能结合《住宅建筑构造》(11J930)正确地进行施工指导；

熟悉塑钢、铝合金门窗的选型和连接构造，能结合《住宅建筑构造》(11J930)正确地进行施工指导。

7.1　门窗认知

讨论： 门窗是建筑物中不可或缺的通风、保温、隔热构件，那么，门窗还有哪些功能呢？

门窗是房屋建筑的围护构件，对保证建筑物的安全、坚固、舒适起着很大的作用，门的作用是供交通出入及分隔、联系建筑空间，有时也起通风和采光作用；窗的作用是采光、通风、观察和递物。另外，门窗对建筑物的外观及室内装修造型影响也很大。因此，对门窗的要求是坚固耐久、开启方便、便于维修，同时，要求门窗保温、隔热、防火和防水。

微课：门窗概述认知

7.1.1　门的分类与特点

(1)门按构造材料可分为木门、铝合金门、塑钢门、彩板门、玻璃钢门、钢门等。木门自重小、开启方便、易加工，所以在民用建筑中应用广泛。

(2)门按在建筑物中所处的位置可分为内门和外门。内门位于内墙上，起分隔作用，如隔声、阻挡视线等；外门位于外墙上，起围护的作用。

微课：门的概述认知

(3)门按使用功能可分为一般门和特殊门。一般门是满足人们最基本要求的门；特殊门除满足人们的基本要求外，还必须有特殊功能，如保温、隔声、防火、防护等。

(4)门按构造形式可分为镶板门、拼板门、夹板门、百叶门等。

(5)门按扇的开启方式可分为平开门、推拉门、弹簧门、折叠门、转门、卷帘门等(图 7-1)

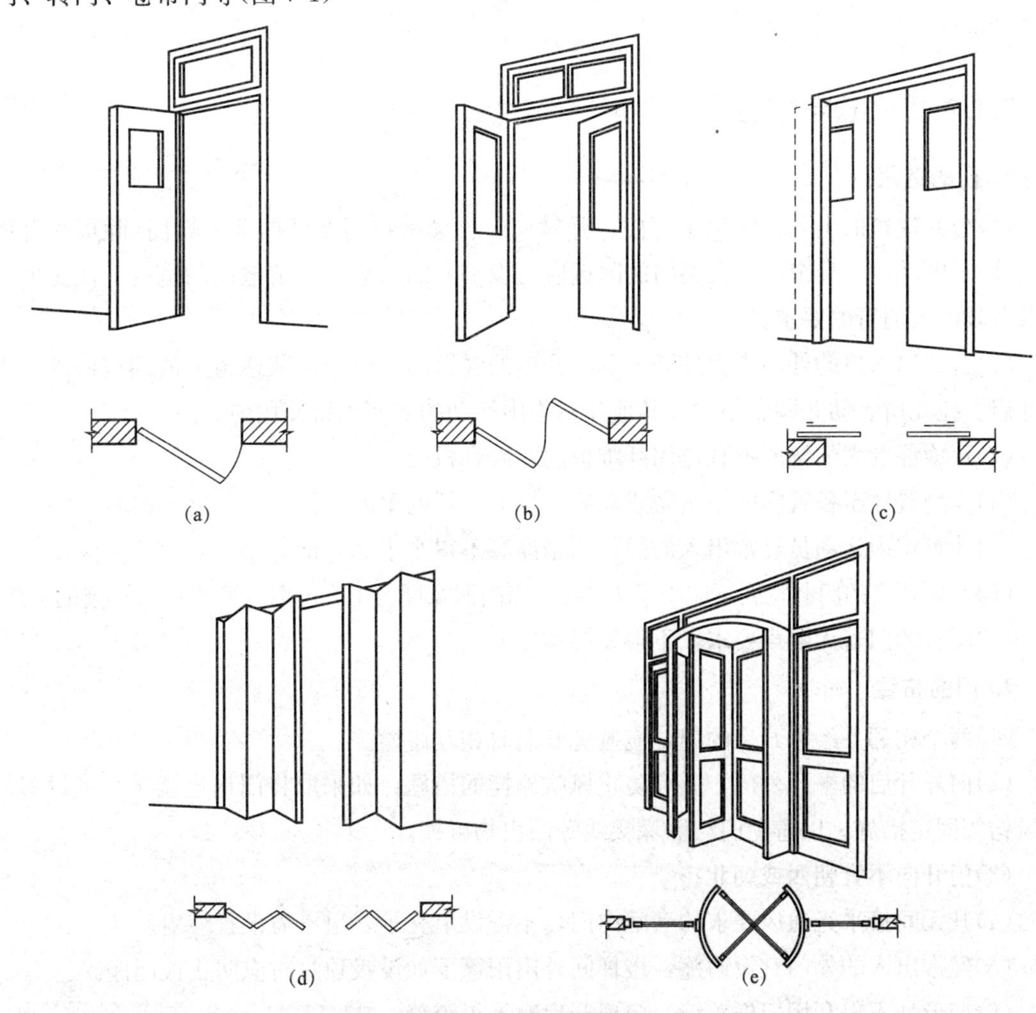

图 7-1　门按扇的开启方式分类

(a)、(b)平开门；(c)推拉门；(d)折叠门；(e)旋转门

①平开门：门扇与门框用铰链连接，门扇水平开启，有单扇、双扇及向内开、向外开之分。平开门构造简单，开启灵活，安装维修方便。

②推拉门：门扇沿着轨道左右滑行来启闭，有单扇和双扇之分，开启后，门扇可隐藏在墙体的夹层中或贴在墙面上。推拉门开启时不占空间，受力合理，不易变形，但构造较复杂。

③弹簧门：门扇与门框用弹簧铰链连接，门扇水平开启，可分为单向弹簧门和双向弹簧门，其最大优点是门扇能够自动关闭。

④折叠门：门扇由一组宽度约为 600 mm 的窄门扇组成，窄门扇之间采用铰链连接。开启时，窄门扇相互折叠移到侧边，占用空间少，但构造复杂。

⑤卷帘门：门扇由金属页片相互连接而成，在门洞的上方设置转轴，通过转轴的转动控制页片的启闭。卷帘门特点是开启时不占使用空间，但加工制作复杂，造价较高。

⑥旋转门：门扇有三扇或四扇，通过中间的竖轴组合起来，在两侧的弧形门套内水平旋转来实现启闭。旋转门有利于室内隔视线、保温、隔热和防风沙，并且对建筑立面有较强的装饰性。

7.1.2 门的选用与布置

1. 门的选用

(1)公共建筑的出入口常用平开门、弹簧门、自动推拉门及转门等。转门(除可平开的转门外)、电动门、卷帘门和大型门的附近应另设平开的疏散门。疏散门的宽度应满足安全疏散及残疾人通行的要求。

(2)公共出入口的外门应为外开或双向开启的弹簧门。位于疏散通道上的门应向疏散方向开启。托儿所、幼儿园、小学或其他儿童集中活动的场所不得使用弹簧门。

(3)环境湿度大的场所不宜选用纤维板门或胶合板门。

(4)大型餐厅至备餐间的门宜做成双扇、分上下行的单面弹簧门，要镶嵌玻璃。

(5)体育馆内运动员经常出入的门，门扇净高不得小于 2.2 m。

(6)双扇开启的门洞宽度不应小于 1.2 m，当门洞宽度为 1.2 m 时，宜采用大小扇的形式。

(7)所有的门若无隔声要求，不得设门槛。

2. 门的布置

(1)两个相邻并经常开启的门，应避免开启时相互碰撞。

(2)向外开启的平开外门，应有防止风吹碰撞的措施，如采取将门退进墙洞，或设置门挡风钩等固定措施，以避免门与墙垛腰线等凸出物碰撞。

(3)门开向不宜朝西或朝北。

(4)凡无间接采光通风要求的套间内门，不需设上亮子，也不需设置纱扇。

(5)经常出入的外门宜设雨篷，楼梯间外门雨篷下如设吸顶灯时应防止被门碰碎。

(6)变形处不得利用门框盖缝，门扇开启时不得跨缝。

(7)住宅内门的位置和开启方向应结合家具布置考虑。

7.1.3 窗的分类与特点

(1)窗按构造材料可分为铝合金窗、塑钢窗、彩板窗、木窗、钢窗等。铝合金窗和塑钢窗材质好、坚固耐久、密封性好，在建筑工程中应用广泛，而木窗由于耐久性差、易变形、不利于节能，国家已限制使用。

(2)窗按层数可分为单层窗和双层窗。单层窗构造简单、造价低，适用于一般建筑；双层窗保温隔热效果好，适用于对建筑要求高的建筑。

(3)窗按扇的开启方式可分为固定窗、平开窗、悬窗、立转窗、推拉窗、百叶窗等(图 7-2)。

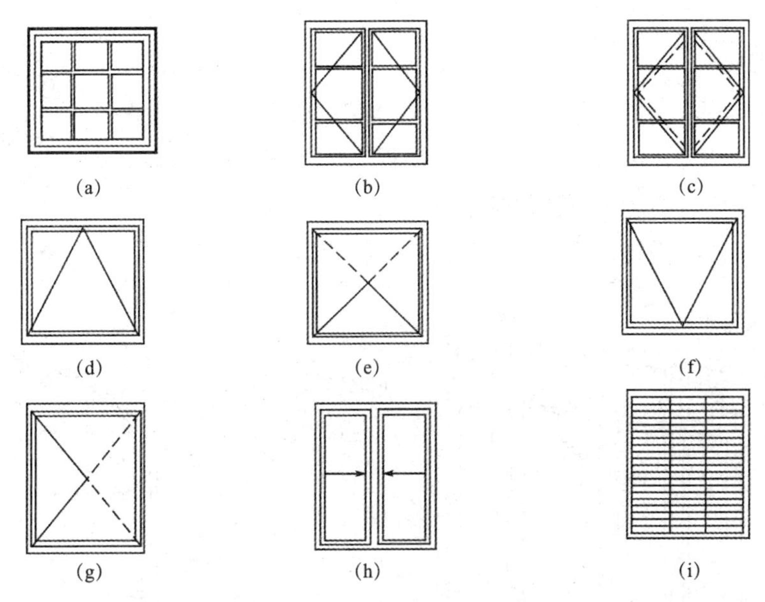

图 7-2 窗按扇的开启方式分类

(a)固定窗；(b)平开窗(单层外开)；(c)平开窗(双层内外开)；(d)上悬窗；(e)中悬窗；(f)下悬窗；(g)立转窗；(h)推拉窗；(i)百叶窗

①固定窗：将玻璃直接镶嵌在窗框上，不设可活动的窗扇，一般用于只要求有采光、眺望功能的窗，如走道的采光窗和一般窗的固定部分。

②平开窗：窗扇一侧用铰链与窗框相连，窗扇可向外或向内水平开启。平开窗构造简单，开关灵活，制作与维修方便，在一般建筑中采用较多。

③悬窗：窗扇绕水平轴转动的窗，按照旋转轴的位置可分为上悬窗、中悬窗和下悬窗，上悬窗和中悬窗的防雨、通风效果好，常用作门上的亮子和不方便手动开启的高侧窗。

④立转窗：窗扇绕垂直中轴转动的窗。这种窗通风效果好，但不严密，不宜用于寒冷和多风沙的地区。

⑤推拉窗：窗扇沿着导轨或滑槽推拉开启的窗，有水平推拉窗和垂直推拉窗两种。推拉窗开启后不占室内空间，窗扇的受力状态好，适宜安装大玻璃，但通风面积受限制。

⑥百叶窗：窗扇一般用塑料、金属或木材等制成小板材，与两侧框料连接，有固定式和活动式两种。百叶窗的采光效率低，主要用于遮阳、防雨及通风。

7.2 门的构造认知

讨论：住宅中木门使用非常广泛，那么，木门由哪些部分组成？木门的安装方法如何？

微课：门的构造认知

7.2.1 门的组成与尺度

1. 门的组成

门一般由门框、门扇、五金零件及附件组成(图 7-3)。门框是门与墙体的连接部分，由上框、边框、中横框和中竖框组成。门扇一般由上、中、下冒头和边梃组成骨架，中间固定门芯板。五金零件包括铰链、插销、门锁、拉手等。附件有贴脸板、筒子板等。

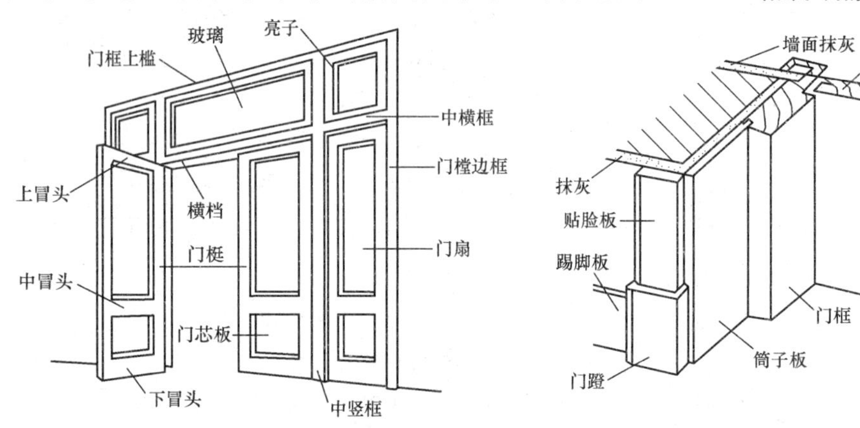

图 7-3 门的组成

2. 门的尺度

门的尺度指门洞的高、宽尺寸，应满足人流疏散，搬运家具、设备的要求，并应符合《建筑模数协调标准》(GB/T 50002—2013)的规定。一般情况下，公共建筑的单扇门宽度为950～1 000 mm，双扇门宽度为 1 500～1 800 mm，高度为 2.1～2.3 m；居住建筑的门可略小些，外门宽度为 900～1 000 mm，房间门宽度为 900 mm，厨房门宽度为 800 mm，厕所门宽度为 700 mm，高度统一为 2.1 m。供人日常生活活动进出的门，门扇高度通常为 1 900～2 100 mm，单扇门宽度为 800～1 000 mm，辅助房间如浴厕、贮藏室的门宽度为 600～800 mm，腰头窗高度一般为 300～900 mm。工业建筑的门可按需要适当提高。

对于人员密集的剧院、电影院、礼堂、体育馆等公共场所中观众厅的散门，一般按每百人取 0.6～1.0 m(宽度)；当人员较多时，出入口应分散布置的门可按需要适当提高。

7.2.2 木门的构造

木门主要由门框、门扇、腰头窗、贴脸板(门线)、筒子板(垛头板)和配套五金件等部分组成。

1. 门框

门框的断面形状与尺寸取决于门扇的开启方式和门扇的层数，由于门框要承受各种撞击荷载和门扇的重量作用，应有足够的强度和刚度，故其断面尺寸较大(图 7-4)。

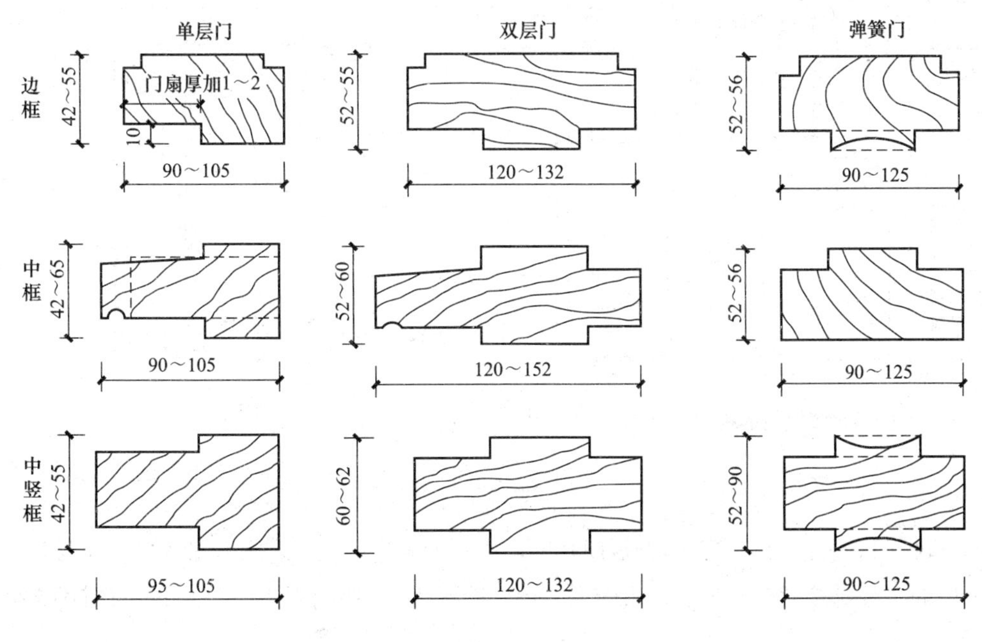

图 7-4　平开木门门框的断面形状与尺寸

门框用料一般分为四级，净料宽为 135、115、95、80(mm)四种，厚度分别为 52、67(mm)两种。门框用料的厚薄与木材优劣有关，一般采用松和杉；大门可为(60～70)mm×(140～150)mm(毛料)，内门可为(50～70)mm×(100～120)mm，有纱门时用料宽度不宜小于 150 mm。

门框在洞口中的位置如图 7-5 所示。

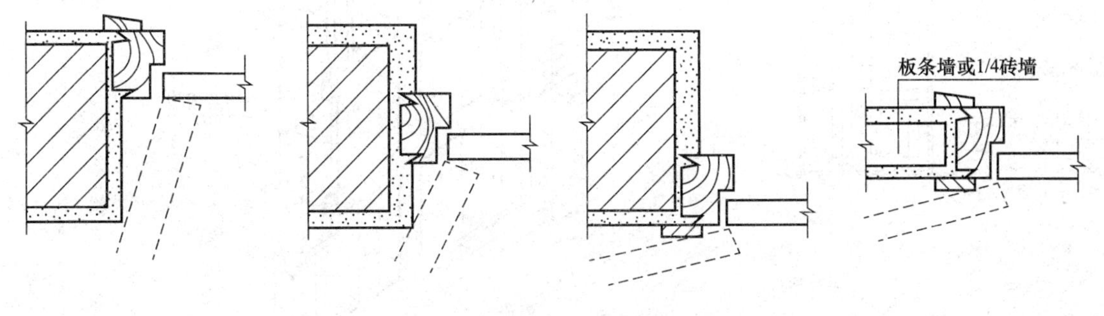

图 7-5　门框在洞口中的位置

2. 门扇

木门门扇的做法很多，常见的有镶板门、夹板门、拼板门、玻璃门和弹簧门等。

(1)镶板门：由上、中、下冒头和边梃组成骨架，中间镶嵌门芯板，门芯板可采用 15 mm 厚的木板拼接而成，也可采用胶合板、硬质纤维板或玻璃等(图 7-6)。

(2)夹板门：用小截面的木条(35 mm×50 mm)组成骨架，在骨架的两面铺钉胶合板或纤维板等(图 7-7)。

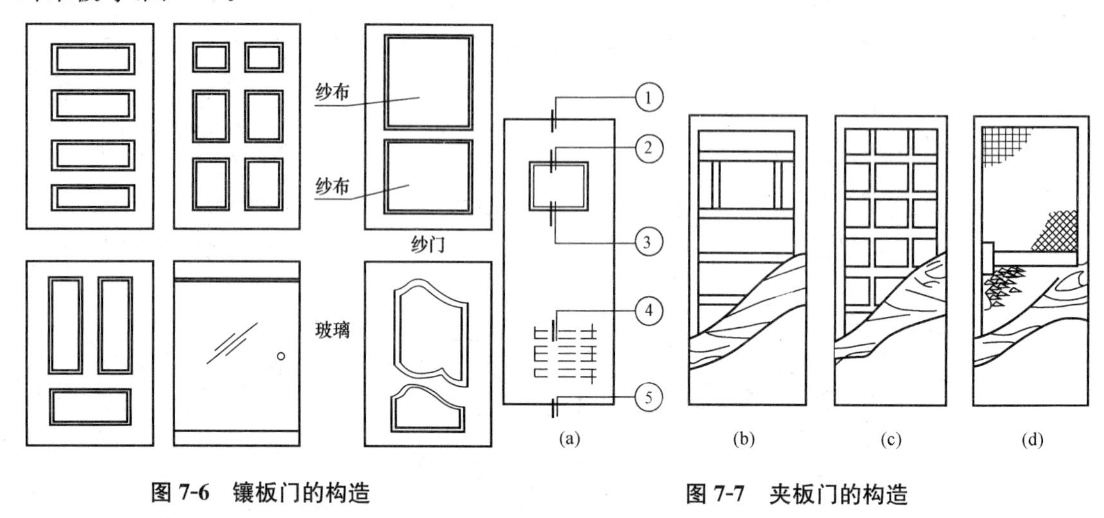

图 7-6　镶板门的构造

图 7-7　夹板门的构造

(a)门窗外观；(b)水平骨架；(c)双向骨架；(d)格状骨架

(3)拼板门：拼板门的构造与镶板门相同，由骨架和拼板组成，只是拼板门的拼板用 35～45 mm 厚的木板拼接而成，因而自重较大，但坚固耐久，多用于库房、车间的外门(图 7-8)。

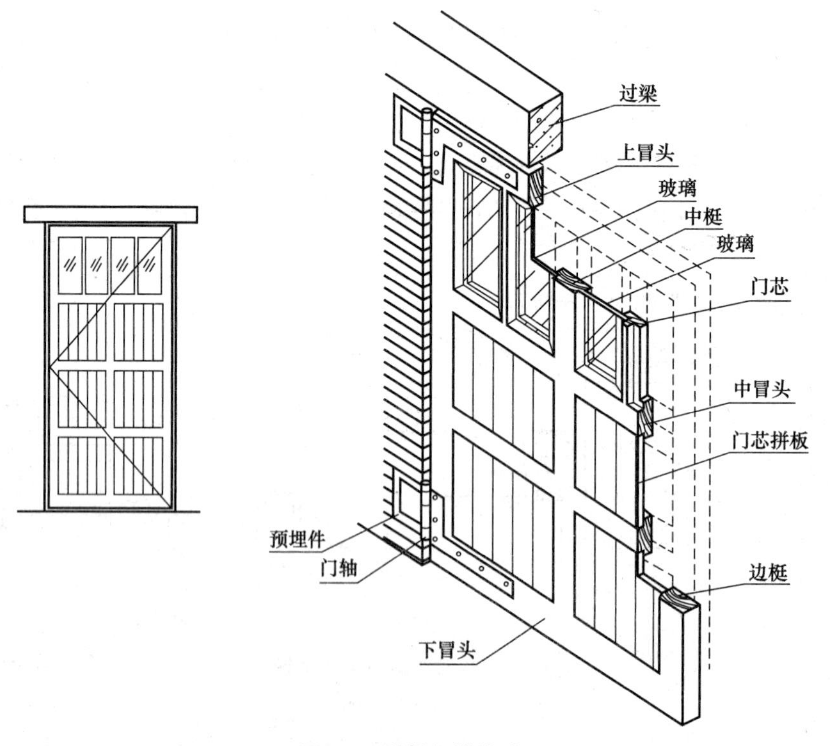

图 7-8　拼板门的构造

(4)玻璃门：玻璃门的构造与镶板门基本相同，只是门芯板用玻璃代替，用在要求采光与透明的出入口处，如图 7-9 所示。

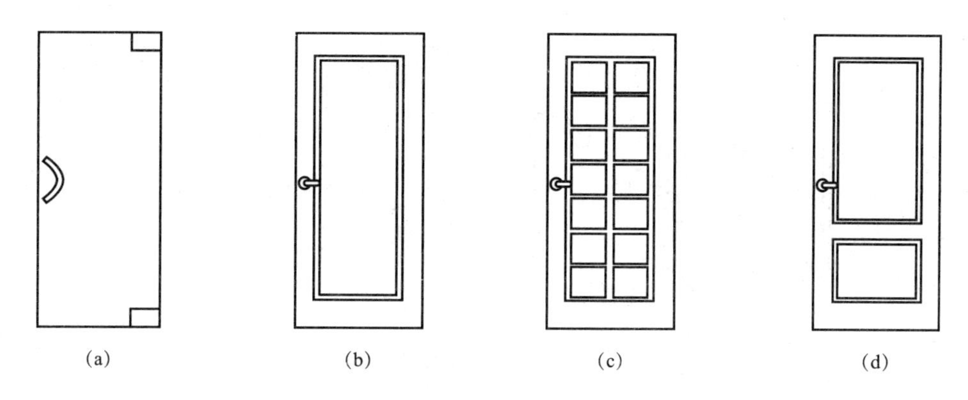

图 7-9　玻璃门的构造

(a)钢化玻璃一整片的门；(b)四方框里放入压条，固定住玻璃的门；

(c)装饰方格中放入玻璃的门；(d)腰部下镶板上面装玻璃的门

(5)弹簧门：单面弹簧门多为单扇，常用于需有温度调节及气味要遮挡的房间，如厨房、厕所等；双面弹簧门适用于公共建筑的过厅、走廊及人流较多的房间。弹簧门须用硬木制作，门扇厚度为 42～50 mm，上冒头及边框宽度为 100～120 mm，下冒头宽度为 200～300 mm（图 7-10）。铝合金地弹簧的构造如图 7-11 所示。

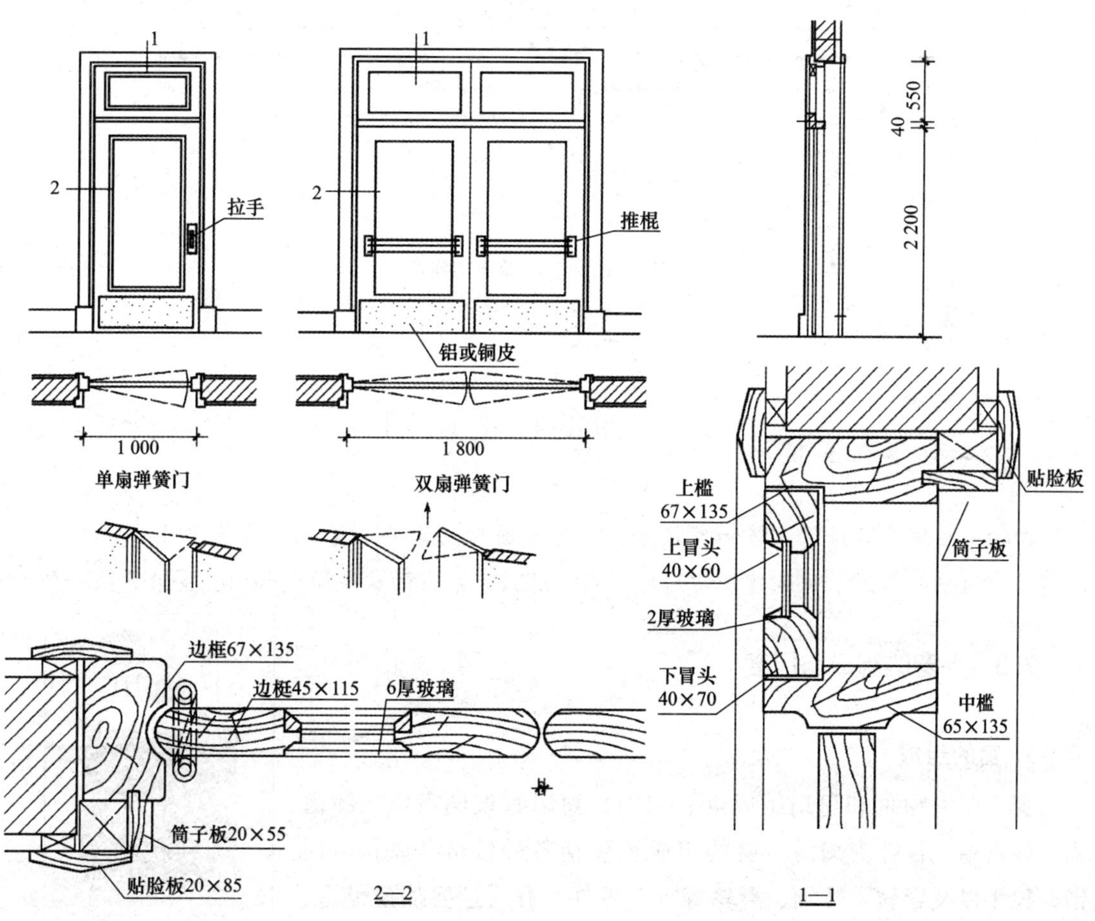

图 7-10　弹簧门的构造

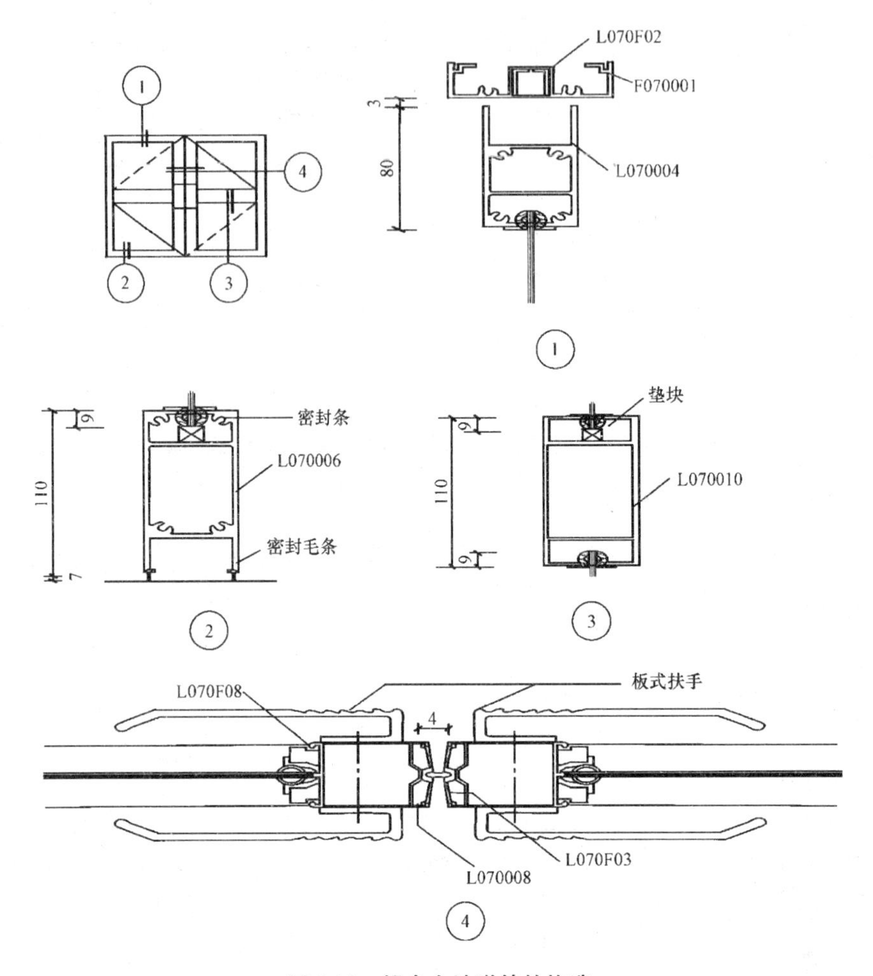

图 7-11　铝合金地弹簧的构造

7.3　窗的构造认知

讨论：我国南方属于温暖和炎热地区，为了通风的需要，窗扇经常处于开启状态，所以通常采用平开窗。木窗是建筑常用的形式，那么，木窗的构造组成如何？安装方法如何？

7.3.1　窗的组成与尺度

视频：窗的构造认知

1. 窗的组成

窗主要由窗框和窗扇组成(图 7-12)。窗扇有玻璃窗扇、纱窗扇、板窗扇、百叶窗扇等。窗的组成还包括各种铰链、风钩、插销、拉手以及导轨、转轴、滑轮等五金零件，有时还要加设窗台、贴脸、窗帘盒等。

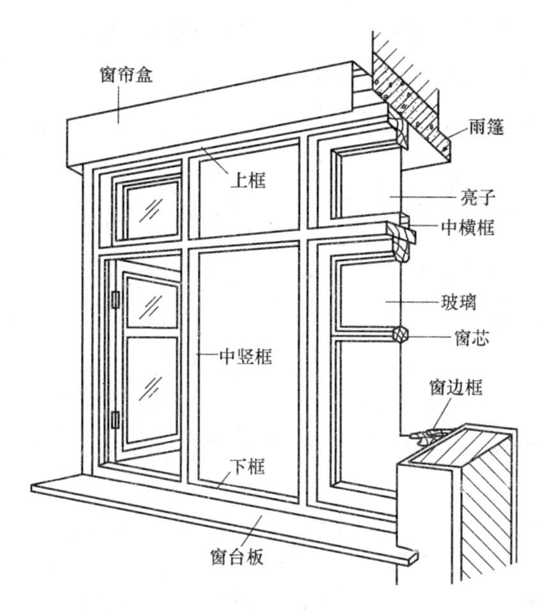

图 7-12　窗的组成

(1)窗框。

①窗框由上框、中框、下框、边框用合角全榫拼接而成。窗框的安装方法有立口和塞口两种。

a. 立口：施工时先将窗樘安装好后砌窗间墙。上、下档各伸出约半砖长的木段(羊角或走头)，在边框外侧每 500～700 mm 设置一木拉砖或铁脚砌入墙身。该安装方法的特点是窗框与墙的连接紧密，但施工不便，窗樘及其临时支撑易被碰撞，所以较少采用。

b. 塞口：在砌墙时先留出窗洞，以后安装窗框。为了加强窗樘与墙的联系，窗洞两侧每隔 500～700 mm 砌入一块半砖大小的防腐木砖(窗洞每侧应不少于两块)，安装窗樘时用长钉或螺钉将窗樘钉在木砖上，也可在樘子上钉铁脚，再用膨胀螺钉在墙上或用膨胀螺钉直接把樘子钉于墙上。

②安装窗框时应注意：

a. 塞樘子的窗樘每边应比窗洞小 10～20 mm；

b. 为了抵御风雨，外侧须用砂浆嵌缝，也可加钉压缝条或油膏嵌缝，在寒冷地区应用纤维或毡类(如毛毡、矿棉、麻丝或泡沫塑料绳等)垫塞；

c. 靠墙一面易受潮变形，常在窗樘外侧开槽，并作防腐处理。

③安装窗框与窗扇时应注意：

a. 一般窗扇都用铰链、转轴或滑轨固定在窗樘上。通常在窗框上做铲口，深为 10～12 mm，也有钉小木条形成铲口的。为了提高防风雨能力，可适当提高铲口深度(约 15 mm)或钉密封条，或在窗框留槽，形成空腔的回风槽。

b. 外开窗的上口和内开窗的下口，一般须做披水板及滴水槽以防止雨水内渗，同时，在窗框内槽及窗盘处做积水槽及排水孔将渗入的雨水排除。

④窗框断面形状与尺寸。一般尺度的单层窗窗樘的厚度常为 40～50 mm，宽度为 70～95 mm，中竖梃双面窗扇需加厚一个铲口的深度 10 mm，中横档除加厚 10 mm 外，若要加披水，一般还要加宽 20 mm 左右。

(2)窗扇。

①平开玻璃窗。一般由上、下冒头和左、右边梃榫接而成，有的中间还设置窗棂。窗扇厚度为 35～42 mm，一般为 40 mm。上、下冒头及边梃的宽度视木料材质和窗扇大小而定，一般为 50～60 mm，下冒头可较上冒头适当加宽 10～25 mm，窗棂宽度为 27～40 mm。

平开玻璃窗常用玻璃厚度为 3 mm，较大面积可采用 5 mm 或 6 mm。为了隔声、保温可采用双层中空玻璃；需遮挡或模糊视线时可选用磨砂玻璃或压花玻璃；为了安全可采用夹丝玻璃、钢化玻璃以及有机玻璃等；为了防晒可采用有色、吸热和涂层、变色等种类的玻璃。

②双层窗

a. 子母窗扇：由两个玻璃大小相同、窗扇用料大小不同的窗扇合并而成，用一个窗框，一般为内开。

b. 内外开窗：在一个窗框上内、外开双铲口，一扇向内，另一扇向外，必要时内层窗扇在夏季还可取下或换成纱窗。

c. 大小扇双层内开窗：可分开窗框，也可用同一窗樘，但占用室内空间。

2. 窗的尺度

窗的尺度一般由采光通风要求、结构构造要求和建筑造型等因素决定，同时应符合模数制要求。

一般平开窗的窗扇宽度为 400～600 mm，高度为 800～1 500 mm，亮子高 300～600 mm，固定窗和推拉窗尺寸可大些。

3. 窗的选用与布置

(1)窗的选用。

①面向外廊的居室、厨厕窗应向内开，或在人的高度以上外开，并应考虑防护安全及密闭性要求。

②对于低、多、高层的所有民用建筑，除高级空调房间外(确保昼夜运转)均应设纱扇，并应注意防止走道、楼梯间、次要房间因漏装纱扇而常进蚊蝇。

③高温、高湿及防火要求高时，不宜用木窗。

④锅炉房、烧火间、车库等处的外窗，可不装纱扇。

(2)窗的布置。

①楼梯间外窗应考虑各层圈梁走向，避免冲突。

②楼梯间外窗做内开扇时，开启后不得在人的高度内凸出墙面。

③窗台高度由工作面需要而定，一般不宜低于工作面(900 mm)，窗台过高或上部开启时，应考虑开启方便，必要时加设开闭设施。

④窗下做暖气片时，窗台板下净高、净宽需满足暖气片及阀门操作的空间需要。

⑤窗台高度低于 800 mm 时，需有防护措施。窗前有阳台或大平台时除外。

⑥错层住宅屋顶不上人处，尽量不设窗，有采光需要或检修需设窗时，应有可锁启的铁栅栏，以免儿童上屋顶发生事故，并可以减少屋面损坏及相互窜通。

7.3.2 铝合金窗的构造

铝合金窗多采用水平推拉式的开启方式，窗扇在窗框的轨道上滑动开启。窗扇与窗框之间用尼龙密封条进行密封，以避免金属材料之间相互摩擦。玻璃卡在铝合金窗框料的凹槽内，并用橡胶压条固定(图 7-13)。

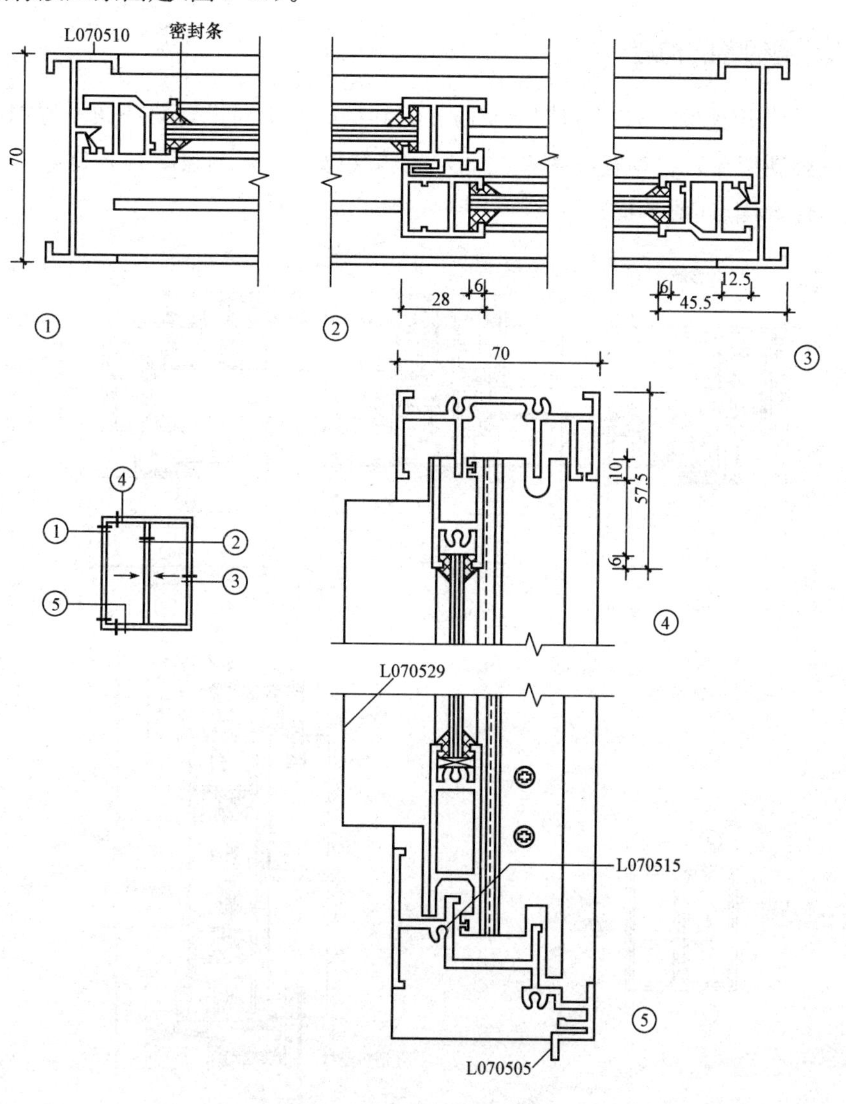

图 7-13 铝合金窗的构造

铝合金窗一般采用塞口的方法安装，固定时，窗框与墙体之间采用预埋铁件、燕尾铁脚、膨胀螺栓、射钉等方式连接(图 7-14)。

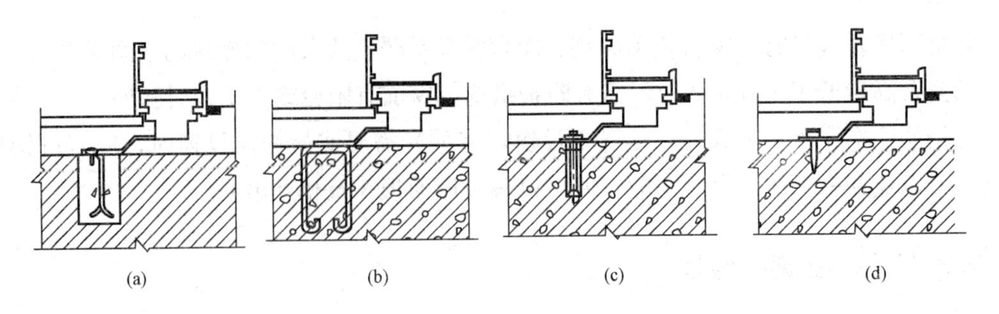

图 7-14　铝合金窗框与墙体的固定方式

(a)预埋铁件；(b)燕尾铁脚；(c)膨胀螺栓；(d)射钉

7.3.3　塑钢窗的构造

塑钢窗是以 PVC 为主要原料制成空腹多腔异型材，中间设置薄壁加强型钢，经加热焊接而成的一种新型窗，它具有导热系数低，耐弱酸碱，无须油漆，具有良好的气密性、水密性、隔声性等优点(图 7-15)。

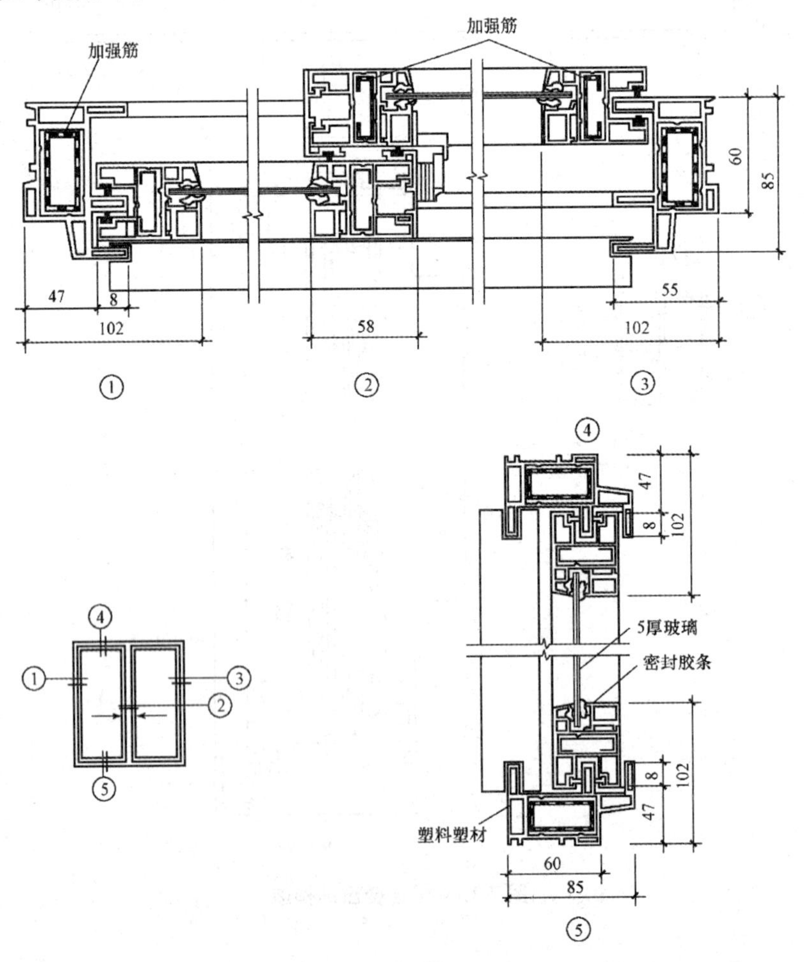

图 7-15　塑钢窗的构造

塑钢窗的开启方式及安装构造与铝合金窗基本相同。

7.3.4 节能窗的构造

节能窗是从热力学的观点来考虑如何减少热量的流失和能量的浪费，从而达到节能的目的。节能主要从三个方面着手：第一，从窗的结构设计考虑；第二，从窗体材料考虑，节能玻璃是关键；第三，从窗框材料考虑。

目前，在建筑中常用的节能窗型为平开窗和固定窗。平开窗分内外平开窗、正规的铝合金平开窗。其窗扇和窗扇间、窗扇和窗扇框通常用良好的橡胶做密封压条。在窗扇关闭后，密封橡胶压条压得很紧，密封性能很好，很少有空隙，即便有空隙也是微乎其微的，很难形成对流，这种窗型的热量流失主要由于玻璃和窗框、窗扇型材的热传导和辐射，如果能很好地解决上述玻璃和窗框、窗扇型材的热传导，平开窗的节能性能会得到有力的保证。从结构上讲，平开窗在节能方面有明显的优势，平开窗可称为真正的节能型固定窗，窗框嵌在墙体内，玻璃直接安在窗框上，玻璃和窗框的接缝以前用胶条密封，因胶条受冷热影响极易脱落，现在已改用密封胶，把玻璃和窗框接触的四边密封。如密封胶密封严密，会产生良好的水密性和气密性，空气很难通过密封胶形成对流，因此对流热损失极少，玻璃和窗框的热传导是热损失的源泉。对大面积玻璃和少量窗框型材，在材料形式上采取有效措施，可以大大提高节能效果。从结构上讲，固定窗是节能效果最理想的窗型。固定窗的缺点是无法通风通气，所以可在固定窗上安装小型上翻下翻窗，或在大的固定窗的一侧安装一个小的平开窗，专门作定时通风通气之用。

7.4 遮阳板的构造认知

讨论：《夏热冬冷地区居住建筑节能设计标准》(JGJ 134—2010)规定外窗(包括阳台门透明部分)面积不应过大，外窗宜设置活动外遮阳；《民用建筑热工设计规范》(GB 50176—2016)第9.2.1条规定：北回归线以南地区，各朝向门窗洞口均宜设计建筑遮阳；北回归线以北的夏热冬暖、夏热冬冷地区，除北向外的门窗洞口宜设计建筑遮阳；寒冷B区东、西向和水平朝向门窗洞口宜设计建筑遮阳；严寒地区、寒冷A区、温和地区建筑可不考虑建筑遮阳。那么，在建筑中是怎样满足遮阳这一需求和功能的呢？

7.4.1 遮阳板的作用

遮阳是为了防止阳光直接射入室内，避免夏季室内温度过高和产生眩光而采取的构造措施。建筑遮阳措施有三种：一是绿化遮阳；二是调整建筑物的构配件；三是在窗洞口周围设置专门的遮阳设施。遮阳设施有活动遮阳板和固定遮阳板两种类型，如图7-16所示。

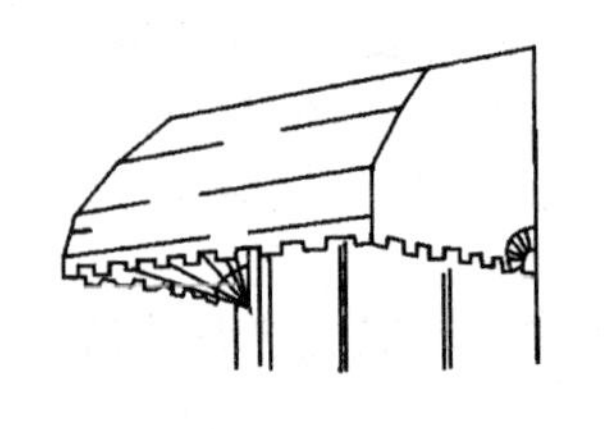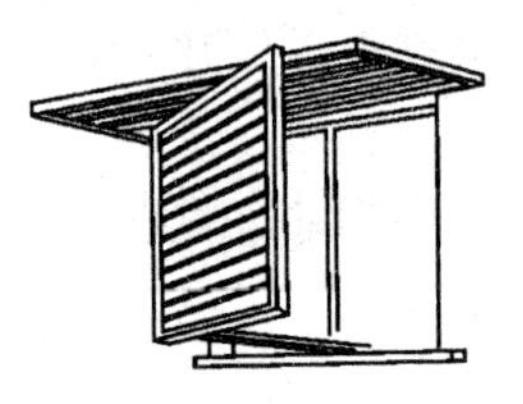

图 7-16　遮阳设施的形式

7.4.2　固定遮阳板的形式

固定遮阳板的基本形式有水平式、垂直式、综合式和挡板式(图 7-17)。

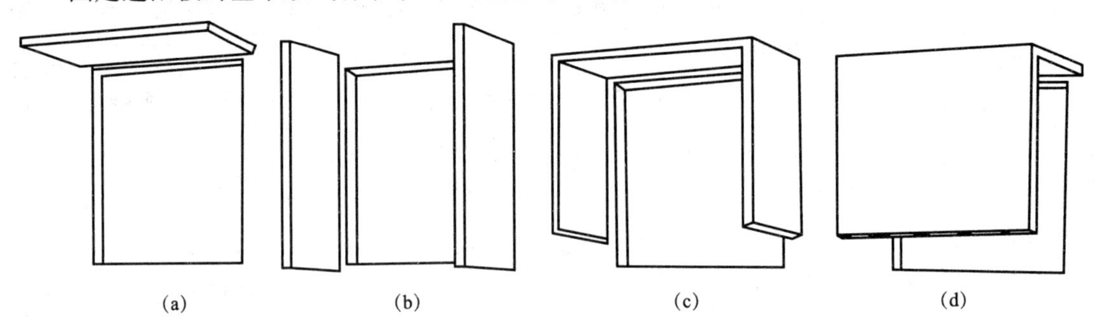

图 7-17　固定遮阳板的基本形式

(a)水平式；(b)垂直式；(c)综合式；(d)挡板式

(1)水平式遮阳板，主要遮挡太阳高度角较大时从窗口上方照射下来的阳光，主要适用于朝南的窗洞口。

(2)垂直式遮阳板，主要遮挡太阳高度角较小时从窗口侧面射来的阳光，主要适用于南偏东、南偏西及其附近朝向的窗洞口。

(3)综合式遮阳板，是水平式和垂直式遮阳板的综合，能遮挡从窗口两侧及前上方射来的阳光，其遮阳效果比较均匀，主要适用于南、东南、西南及其附近朝向的窗洞口。

(4)挡板式遮阳板，主要遮挡太阳高度角较小时从窗口正面射来的阳光，主要适用于东、西及其附近朝向的窗洞口。

在实际工程中，遮阳板可由基本形式演变出造型丰富的其他形式。如为避免单层水平式遮阳板的挑出尺寸过大，可将水平式遮阳板重复设置成双层或多层；当窗间墙较窄时，可将综合式遮阳板连续设置；挡板式遮阳板结合建筑立面处理，或连续或间断。同时，遮阳板的形式要与建筑立面相符合。

模块小结

门在建筑上的主要功能是围护，分隔和室内、外交通疏散，并兼有采光、通风和装饰作用。

窗的主要建筑功能是通风和采光，兼有装饰、观景的作用。

门按开启方式分为平开门、弹簧门、推拉门、折叠门、转门，其他还有上翻门、升降门、卷帘门等。

木门主要由门樘、门扇、腰头窗、贴脸板、筒子板、配套五金件等部分组成。

窗主要由窗框、窗扇和五金零件组成。

铝合金门的形式很多，其构造方法由铝合金门框、门扇、腰窗及五金零件组成。

建筑的外遮阳是非常有效的遮阳措施。

模块 8　变形缝构造认知

知识目标

伸缩缝、沉降缝、防震缝的概念；

伸缩缝、沉降缝、防震缝的设置原则；

变形缝在墙体、楼地面、屋面各位置的构造做法。

能力目标

熟悉变形缝的概念；

掌握变形缝的设置原则；

掌握变形缝在墙体、楼地面、屋顶各位置的构造处理方法。

8.1　变形缝的类型认知

讨论： 在实际的建筑工程中，变形缝是如何设计和设置的呢？为什么要设置变形缝？它和施工缝、后浇带一样吗？

8.1.1　变形缝的概念

由于温度变化、地基不均匀沉降和地震等外界因素的影响，建筑物结构内部将产生附加应力和变形，造成建筑物的开裂和变形，甚至引起结构破坏，影响建筑物的使用与安全。为了避免上述情况发生，通常在房屋结构薄弱的部位设置构造缝，把建筑物分成若干个相对独立的部分，以保证各部分能自由变形。这种预留的人工构造缝称为变形缝。

微课：变形缝的类型及设置原则认知

8.1.2　变形缝的类型

变形缝按其功能的不同可分为伸缩缝、沉降缝和防震缝三种。

1. 伸缩缝

伸缩缝也称为温度缝，是指为了避免温度变化引起的破坏，沿建筑物长度方向每隔一定距离预留一定宽度的缝隙。

当下列情况出现时，建筑中需要设置伸缩缝：

(1)建筑长度超过一定长度；

(2)建筑平面复杂，变化较多；

(3)建筑中结构类型变化较大。

设置伸缩缝时，通常是沿建筑物长度方向每隔一定距离或结构变化较大处在垂直方向预留缝隙。伸缩缝的宽度一般为 20～30 mm。伸缩缝的间距与结构材料、类型、施工方式、环境因素有关，见表 8-1、表 8-2。

表 8-1　砌体房屋伸缩缝的最大间距

屋盖或楼盖类别		间距/m
整体式或装配整体式钢筋混凝土结构	有保温层或隔热层的屋盖、楼盖	50
	无保温层或隔热层的屋盖	40
装配式有檩体系钢筋混凝土结构	有保温层或隔热层的屋盖	75
	无保温层或隔热层的屋盖	60
瓦材屋盖、木屋盖或楼盖、轻钢屋盖		100

注：1. 对烧结普通砖、多孔砖、配筋砌块砌体房屋取表中数值；对石砌体、蒸压灰砂砖、蒸压粉煤灰砖和混凝土砌块房屋取表中数值乘以 0.8 的系数。当有实践经验并采取有效措施时，可不遵守本表规定。

2. 在钢筋混凝土屋面上挂瓦的屋盖应按钢筋混凝土屋盖采用。

3. 按本表设置的墙体伸缩缝，一般不能同时防止钢筋混凝土屋盖的温度变形和砌体干缩变形引起的墙体局部裂缝。

4. 层高大于 5 m 的烧结普通砖、多孔砖、配筋砌块砌体结构单层房屋，其伸缩缝间距可取表中数值乘以 1.3。

5. 温差较大且变化频繁地区和严寒地区不采暖的房屋及构筑物墙体的伸缩缝的最大间距，应按表中数值予以适当减小。

6. 墙体的伸缩缝应与结构的其他变形缝相重合，在进行立面处理时，必须保证缝隙的伸缩作用。

表 8-2　钢筋混凝土结构房屋伸缩缝的最大间距

结构类型		室内或土中/m	露天/m
排架结构	装配式	100	70
框架结构	装配式	75	50
	现浇式	55	35
剪力墙结构	装配式	65	40
	现浇式	45	30
挡土墙及地下室墙壁等结构	装配式	40	30
	现浇式	30	20

续表

结构类型	室内或土中/m	露天/m
注：1. 装配整体式结构房屋的伸缩缝间距宜按表中现浇式的数值取用。 2. 框架-剪力墙结构或框架-核心筒结构房屋的伸缩缝间距可根据结构的具体布置情况取表中框架结构与剪力墙结构之间的数值。 3. 当屋面无保温或隔热措施时，框架结构、剪力墙结构的伸缩缝间距宜按表中露天栏的数值取用。 4. 现浇挑檐、雨罩等外露结构的伸缩缝间距不宜大于 12 m。		

2. 沉降缝

沉降缝是为了预防建筑物各部分由不均匀沉降引起的房屋破坏，在建筑物某些部位设置的从基础到屋面全部断开的变形缝。当建筑物有下列情况时，应考虑设置沉降缝：

(1)同一建筑物相邻两部分高差在两层以上或超过 10 m 时；

(2)建筑物建造在地基承载力相差较大的土壤上时；

(3)建筑物的基础承受的荷载相差较大时；

(4)原有建筑物和新建、扩建的建筑物之间；

(5)相邻基础的宽度和埋深相差悬殊时；

(6)建筑物形体比较复杂，连接部位又比较薄弱时。

设沉降缝时，应从建筑的基础、墙体、楼层及屋顶等部分全部在垂直方向断开，使各部分形成能各自自由沉降的独立的刚度单元。基础必须断开是沉降缝不同于伸缩缝的主要特征。地基越软弱，建筑高度越大，沉降缝宽度越大。沉降缝宽度与地基情况和建筑高度有关，见表 8-3。沉降缝一般兼起伸缩缝的作用，其构造与伸缩缝基本相同，但盖缝条及调节片构造必须注意能保证在水平方向和垂直方向自由变形。

表 8-3　沉降缝的宽度

地基情况	建筑高度	沉降缝宽度/mm
一般地基	$H<5$ m	30
	$H=5\sim10$ m	50
	$H=10\sim15$ m	70
软弱地基	2～3 层	50～80
	4～5 层	80～120
	5 层以上	＞120
湿陷性黄土地基	—	≥30，＜70

3. 防震缝

强烈地震对地面建筑物和构筑物的影响或损坏是极大的，因此在地震区建造房屋时必须充分考虑地震对建筑物所造成的影响。我国建筑抗震设计规范中明确了我国各地区建筑物抗震的基本要求。建筑物的抗震通常可以从设置防震缝和对建筑进行抗震加固两方面考虑。

防震缝的作用是将建筑物分成若干体型简单、结构刚度均匀的独立单元，以防止建筑物的各部分在地震时相互拉伸、挤压或扭转，造成变形和破坏。当建筑物有下列情况时，应考虑设置防震缝：

(1)当建筑平面形体复杂且有较长的凸出部分时，设缝将它们分开，使各部分平面形成简单规整的独立单元；

(2)建筑物立面高差在 6 m 以上，或建筑有错层且错层楼板高差较大时；

(3)建筑物相邻部分的结构刚度和质量相差悬殊时；

(4)地基沉降不均匀，各部分沉降差较大时。

防震缝宽度与结构形式、设防烈度等有关，对多层房屋一般为 70～100 mm，对高层砌体房屋可采用 100～150 mm。

8.2 变形缝的构造认知

讨论： 在工程实践中，常会遇到不同大小、不同形体、不同层高、建在不同地质条件上的建筑物，对某些建筑物，如果不考虑温度伸缩、沉降和地震的影响，就会产生裂缝甚至破坏。那么遇到这种情况时，如何处理并保证建筑使用周期呢？

8.2.1 伸缩缝的构造

伸缩缝要求将建筑物的墙体、楼层、屋面等地面以上的构件在结构和构造上全部断开，由于基础埋置在地下，受温度变化影响较小，故不必断开。

1. 墙体伸缩缝的构造

根据墙体的厚度和所用材料不同，伸缩缝可做成平缝、高低缝和企口缝等形式，如图 8-1 所示。伸缩缝的宽度一般为 20～30 mm。为减少外界环境对室内环境的影响以及考虑建筑立面处理的要求，需对伸缩缝进行嵌缝和盖缝处理，缝内一般填沥青麻丝、油膏、泡沫塑料等材料，当缝口较宽时，还应用镀锌薄钢板、彩色钢板、铝皮等金属调节片覆盖，一般外侧缝口用镀锌薄钢板或铝合金片盖缝，内侧缝口用木盖缝条盖缝。

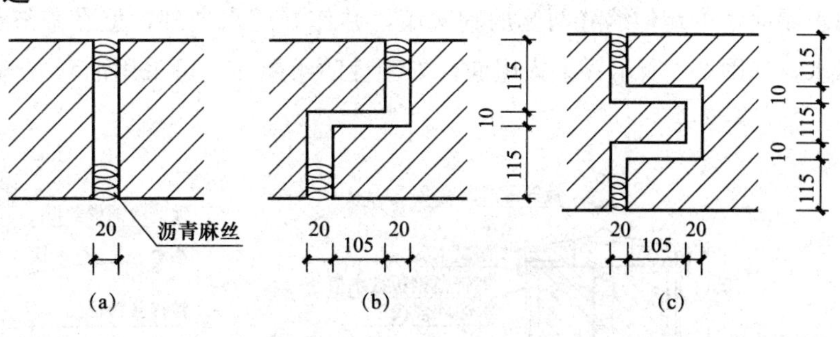

图 8-1 墙体伸缩缝的构造

(a)平缝；(b)高低缝；(c)企口缝

2. 楼地板层伸缩缝的构造

楼地板层伸缩缝的位置和宽度应与墙体、屋面变形缝一致。伸缩缝的处理应满足地面平整、光洁、防滑、防水和防尘等要求，可用油膏、沥青麻丝、橡胶、金属等弹性材料进行封缝，然后在上面铺钉活动盖板或橡胶、塑料板等地面材料。顶棚盖缝条只固定一侧，以保证两侧构件能自由伸缩变形。楼地板层伸缩缝的构造如图 8-2 所示。

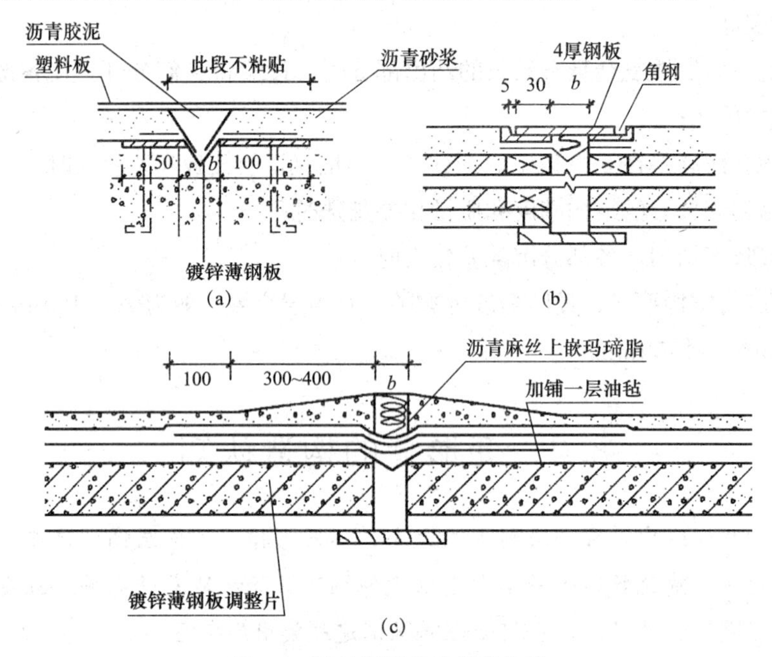

图 8-2 楼地板层伸缩缝的构造

(a)、(b)一般做法构造；(c)防水层楼面做法构造

3. 屋面伸缩缝的构造

屋面伸缩缝的处理应考虑屋面的防水构造和使用功能要求。一般不上人屋面，如卷材防水屋面，可在伸缩缝两侧加砌矮墙，并作好泛水处理，但在盖缝处应保证自由伸缩而不漏水，如图 8-3 所示；上人屋面，如刚性防水屋面，可采用油膏嵌缝并做泛水。

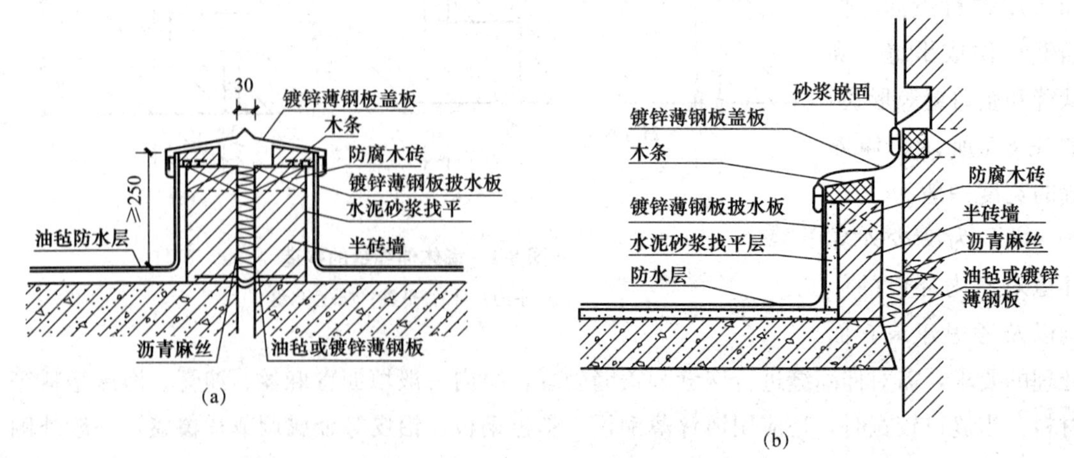

图 8-3 不上人屋面伸缩缝的构造

8.2.2 沉降缝的构造

1. 基础沉降缝

为了保证沉降缝两侧的建筑能够各自成独立的单元，应自基础开始在结构及构造上将其完全断开，在构造上需要进行特殊的处理。基础沉降缝的构造如图 8-4 所示。

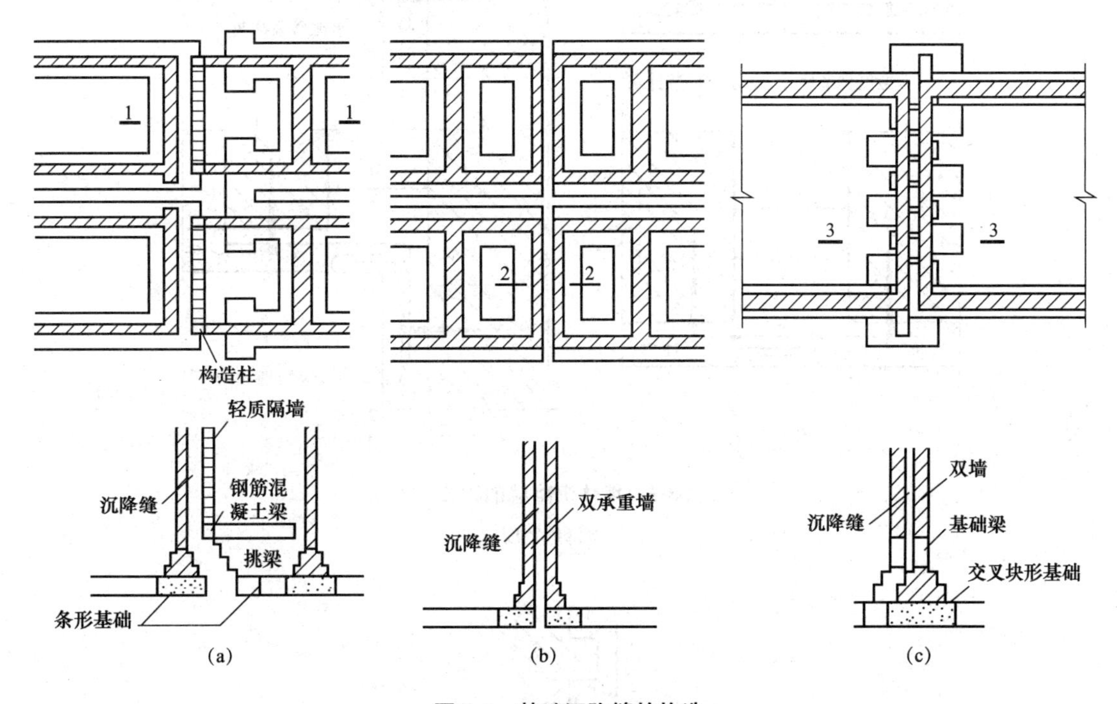

图 8-4 基础沉降缝的构造

(a)悬挑式；(b)双墙承重式；(c)跨越式

2. 墙体沉降缝

墙体沉降缝的构造与伸缩缝的构造基本相同，只是调节片或盖缝板在构造上需要保证两侧结构在竖向相对变位不受约束，如图 8-5 所示。

3. 屋面沉降缝

屋面沉降缝处泛水金属薄板或其他构件应满足沉降变形的要求，并有维修余地，如图 8-6 所示。

8.2.3 防震缝的构造

1. 防震缝两侧结构的布置

防震缝应沿建筑的全高设置，缝的两侧应布置墙或柱，形成双墙、双柱或一墙一柱，使各部分封闭，以增加刚度，如图 8-7 所示。由于建筑物的底部受地震影响较小，一般情况下基础不设置防震缝。当防震缝与沉降缝合并设置时，基础也应设缝断开。

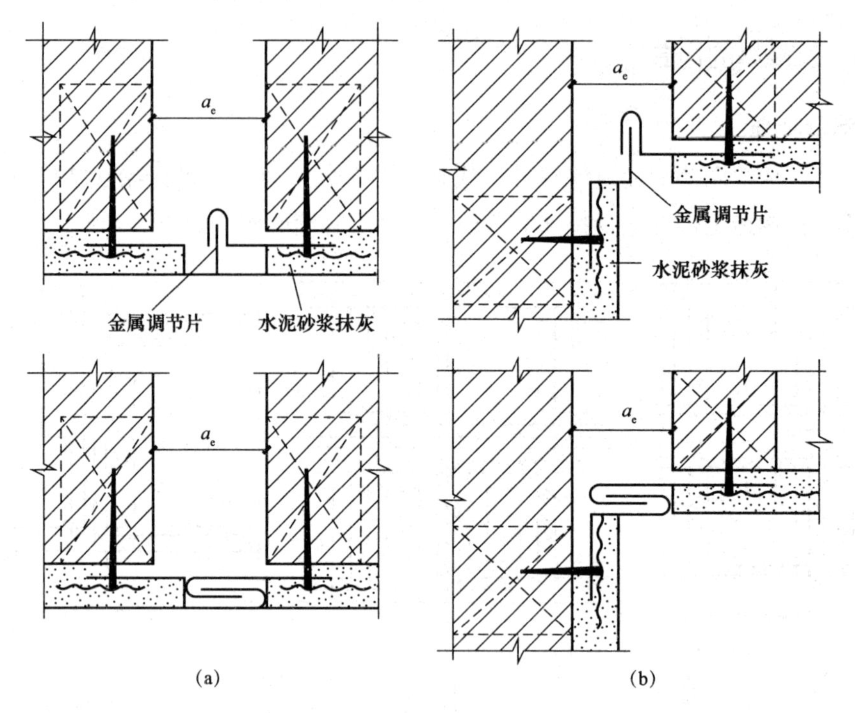

图 8-5　墙体沉降缝的构造

a_e—沉降缝宽度

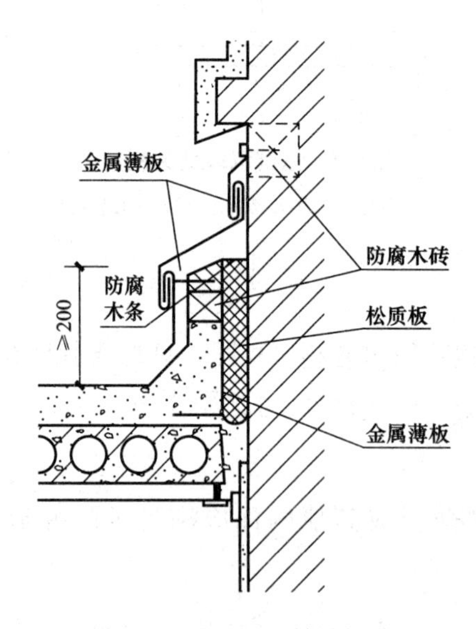

图 8-6　屋面沉降缝的构造

2. 墙体防震缝的构造

建筑物墙体防震缝处应用双墙使缝两侧的结构封闭，其构造要求与伸缩缝相同，但不应做错口缝和企口缝，缝内不填任何材料。由于防震缝的宽度较大，因此在构造上应充分考虑盖缝条的牢固性和适应变形的能力，作好防水、防风措施，如图 8-8 所示。

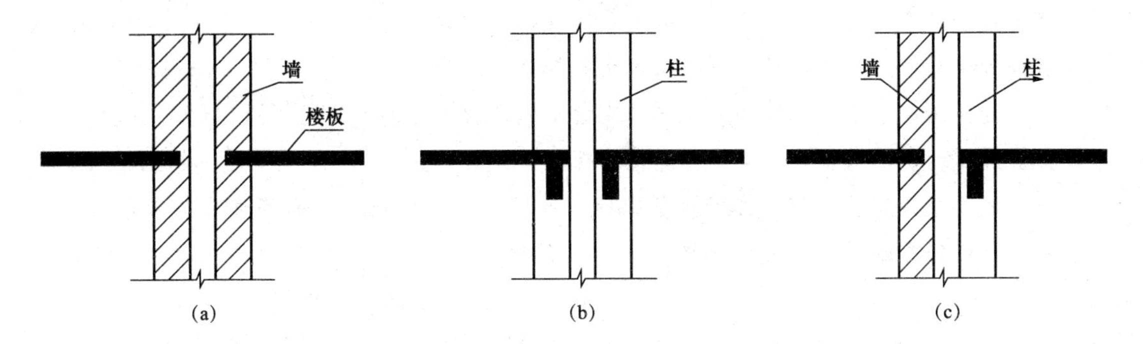

图 8-7　防震缝两侧结构的布置

(a)双墙方案；(b)双柱方案；(c)一墙一柱方案

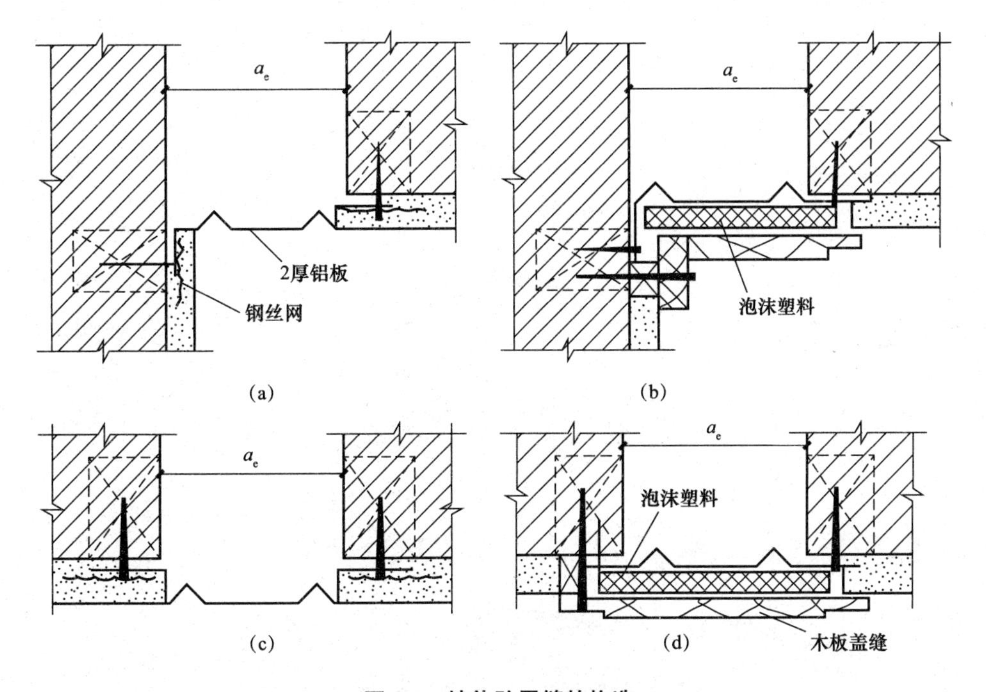

图 8-8　墙体防震缝的构造

(a)外墙转角；(b)内墙转角；(c)外墙平缝；(d)内墙平缝

a_e—防震缝宽度

3. 屋面防震缝的构造

屋面防震缝应沿房屋全高设置，在防震缝处应加强上部结构和基础的连接，与伸缩缝、沉降缝统一布置，满足防震缝设计要求。

变形缝是为了解决建筑物由于受温度变化、不均匀沉降及地震等因素影响产生裂缝的

一种措施，按其作用的不同分为伸缩缝、沉降缝、防震缝三种。

伸缩缝是为防止由于建筑物超长而产生的伸缩变形。

沉降缝是解决由于建筑物高度不同、重量不同等而产生的不均匀沉降变形。

防震缝是为解决地震时产生的相互撞击变形而设置的。

伸缩缝要求在建筑的同一位置将基础以上的墙体、楼板层、屋面等部分全部断开，分为各自独立的能在水平方向自由伸缩的部分，而基础部分因受温度变化影响较小，不需要断开。

设置沉降缝时，必须将建筑的基础、墙体、楼层及屋面等部分全部在垂直方向断开，使各部分形成各自自由沉降的、独立的刚度单元。

防震缝的构造与伸缩缝相似。

参 考 文 献

[1]中华人民共和国住房和城乡建设部．GB 50352—2019 民用建筑设计统一标准[S]．北京：中国建筑工业出版社，2019.

[2]中华人民共和国住房和城乡建设部，中华人民共和国国家质量监督检验检疫总局．GB/T 50504—2009 民用建筑设计术语标准[S]．北京：中国计划出版社，2009.

[3]中华人民共和国建设部，中华人民共和国国家质量监督检验检疫总局．GB 50368—2005 住宅建设规范[S]．北京：中国建筑工业出版社，2006.

[4]中华人民共和国住房和城乡建设部．GB/T 50002—2013 建筑模数协调标准[S]．北京：中国建筑工业出版社，2014.

[5]中华人民共和国住房和城乡建设部．GB 50016—2014 建筑设计防火规范（2018 年版）[S]．北京：中国计划出版社，2018.

[6]中华人民共和国住房和城乡建设部．JGJ/T 67—2019 办公建筑设计标准[S]．北京：中国建筑工业出版社，2020.

[7]中华人民共和国住房和城乡建设部．JGJ 230—2010 倒置式屋面工程技术规程[S]．北京：中国建筑工业出版社，2011.

[8]中华人民共和国住房和城乡建设部．GB 50108—2008 地下工程防水技术规范[S]．北京：中国计划出版社，2009.

[9]中华人民共和国住房和城乡建设部．JGJ 134—2010 夏热冬冷地区居住建筑节能设计标准[S]．北京：中国建筑工业出版社，2010.

[10]中华人民共和国住房和城乡建设部．GB 50037—2013 建筑地面设计规范[S]．北京：中国计划出版社，2014.

[11]中华人民共和国住房和城乡建设部．GB 50693—2011 坡屋面工程技术规范[S]．北京：中国计划出版社，2012.

[12]中华人民共和国住房和城乡建设部．全国民用建筑工程设计技术措施（2009 年版）[S]．北京：中国计划出版社，2009.

[13]中华人民共和国住房和城乡建设部．JGJ/T 261—2011 外墙内保温工程技术规程[S]．北京：中国建筑工业出版社，2012.

[14]中华人民共和国住房和城乡建设部．GB 50345—2012 屋面工程技术规范[S]．北京：中国建筑工业出版社，2012.

[15]中华人民共和国住房和城乡建设部．GB 50763—2012 无障碍设计规范[S]．北京：中国建筑工业出版社，2012.

[16]中华人民共和国住房和城乡建设部. GB 50096—2011 住宅设计规范[S]. 北京：中国计划出版社，2012.
[17]中华人民共和国住房和城乡建设部. JGJ 3—2001 高层建筑混凝土结构技术规程[S]. 北京：中国建筑工业出版社，2011.
[18]中华人民共和国住房和城乡建设部. GB 50003—2011 砌体结构设计规范[S]. 北京：中国计划出版社，2012.
[19]中华人民共和国建设部，中华人民共和国国家质量监督检验检疫总局. GB 50038—2005 人民防空地下室设计规范[S]. 北京：中国计划出版社，2006.
[20]中华人民共和国国家质量监督检验检疫总局，中国国家标准化管理委员会. GB/T 8478—2020 铝合金门窗[S]. 北京：中国标准出版社，2021.
[21]中华人民共和国住房和城乡建设部. GB/T 50001—2017 房屋建筑制图统一标准[S]. 北京：中国建筑工业出版社，2018.
[22]同济大学，西安建筑科技大学，东南大学，等. 房屋建筑学[M]. 5 版. 北京：中国建筑工业出版社，2016.
[23]赵研. 房屋建筑学[M]. 2 版. 北京：高等教育出版社，2013.
[24]崔艳秋，吕树俭. 房屋建筑学[M]. 3 版. 北京：中国电力出版社，2014.
[25]陈守兰，赵敬辛. 房屋建筑学[M]. 北京：科学出版社，2014.
[26]王卓. 房屋建筑学[M]. 北京：清华大学出版社，2012.
[27]曹长礼，孙晓丽. 房屋建筑学[M]. 2 版. 西安：西安交通大学出版社，2014.
[28]张宏哲，鲍鲲鹏，王卓男. 房屋建筑学[M]. 南京：江苏科学技术出版社，2013.
[29]李必瑜，王雪松. 房屋建筑学[M]. 5 版. 武汉：武汉理工大学出版社，2014.